Das Ingenieurwissen: Chemie

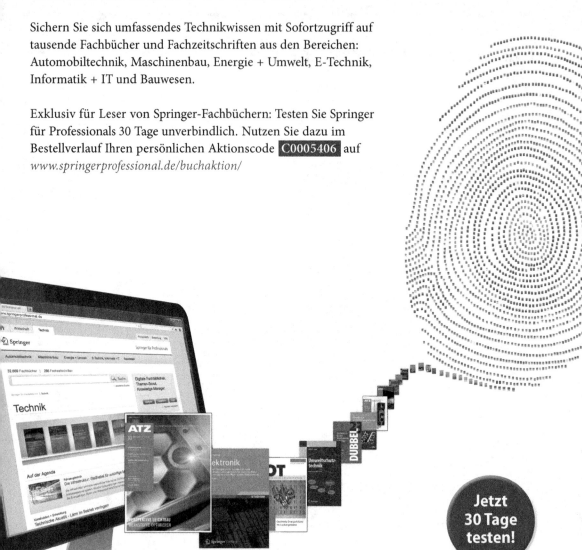

Bodo Plewinsky · Manfred Hennecke ·
Wilhelm Oppermann

Das Ingenieurwissen:
Chemie

 Springer Vieweg

Bodo Plewinsky
Berlin, Deutschland

Manfred Hennecke
BAM Bundesanstalt für Materialforschung und -
prüfung
Berlin, Deutschland

Wilhelm Oppermann
Technische Universität Clausthal
Clausthal-Zellerfeld, Deutschland

ISBN 978-3-642-41123-6   ISBN 978-3-642-41124-3 (eBook)
DOI 10.1007/978-3-642-41124-3

Die Deutsche Nationalbibliothek verzeichnet diese Publikation in der Deutschen Nationalbibliografie; detaillierte bibliografische Daten sind im Internet über http://dnb.d-nb.de abrufbar.

Das vorliegende Buch ist Teil des ursprünglich erschienenen Werks „HÜTTE - Das Ingenieurwissen", 34. Auflage.

Gedruckt auf säurefreiem und chlorfrei gebleichtem Papier.

Springer Vieweg ist eine Marke von Springer DE. Springer DE ist Teil der Fachverlagsgruppe Springer Science+Business Media
www.springer-vieweg.de

Vorwort

Die HÜTTE Das Ingenieurwissen ist ein Kompendium und Nachschlagewerk für unterschiedliche Aufgabenstellungen und Verwendungen. Sie enthält in einem Band mit 17 Kapiteln alle Grundlagen des Ingenieurwissens:

- Mathematisch-naturwissenschaftliche Grundlagen
- Technologische Grundlagen
- Grundlagen für Produkte und Dienstleistungen
- Ökonomisch-rechtliche Grundlagen

Je nach ihrer Spezialisierung benötigen Ingenieure im Studium und für ihre beruflichen Aufgaben nicht alle Fachgebiete zur gleichen Zeit und in gleicher Tiefe. Beispielsweise werden Studierende der Eingangssemester, Wirtschaftsingenieure oder Mechatroniker in einer jeweils eigenen Auswahl von Kapiteln nachschlagen. Die elektronische Version der Hütte lässt das Herunterladen einzelner Kapitel bereits seit einiger Zeit zu und es wird davon in beträchtlichem Umfang Gebrauch gemacht.

Als Herausgeber begrüßen wir die Initiative des Verlages, nunmehr Einzelkapitel in Buchform anzubieten und so auf den Bedarf einzugehen. Das klassische Angebot der Gesamt-Hütte wird davon nicht betroffen sein und weiterhin bestehen bleiben. Wir wünschen uns, dass die Einzelbände als individuell wählbare Bestandteile des Ingenieurwissens ein eigenständiges, nützliches Angebot werden.

Unser herzlicher Dank gilt allen Kolleginnen und Kollegen für ihre Beiträge und den Mitarbeiterinnen und Mitarbeitern des Springer-Verlages für die sachkundige redaktionelle Betreuung sowie dem Verlag für die vorzügliche Ausstattung der Bände.

Berlin, August 2013
H. Czichos, M. Hennecke

Das vorliegende Buch ist dem Standardwerk *HÜTTE Das Ingenieurwissen 34. Auflage* entnommen. Es will einen erweiterten Leserkreis von Ingenieuren und Naturwissenschaftlern ansprechen, der nur einen Teil des gesamten Werkes für seine tägliche Arbeit braucht. Das Gesamtwerk ist im sog. Wissenskreis dargestellt.

Das Ingenieurwissen
Grundlagen

Inhaltsverzeichnis

Chemie

B. Plewinsky
M. Hennecke
W. Oppermann

Chemie ist die Wissenschaft von chemischen Reaktionen und den physikalisch-chemischen Eigenschaften von Stoffen. Chemie befasst sich mit der Zusammensetzung und der Struktur von Substanzen ebenso wie mit den Bedingungen und Auswirkungen von Reaktionen.

Im Hochschulbereich wird die Chemie häufig in die Anorganische Chemie, die Organische Chemie und die Physikalische Chemie unterteilt; daneben sind als Teilfächer die Analytische Chemie, die Technische Chemie, die Makromolekulare Chemie und die Theoretische Chemie verbreitet.

Chemie hat Übergangsgebiete zur Physik (Atom- und Molekülphysik, Thermodynamik, Halbleiterphysik), Biologie (Biochemie, Molekularbiologie), den Geowissenschaften (Kristallographie) und den Ingenieurwissenschaften (Verfahrenstechnik, Werkstoffkunde, Umwelttechnik).

1 Atombau

1.1 Das Atommodell von Rutherford

Lenard (1903) untersuchte die Streuung von Elektronen an Metallfolien. Die Ergebnisse dieser Messungen ermöglichten Rückschlüsse auf die Größe der streuenden Metallatome. Bei der Verwendung langsamer (energiearmer) Elektronen ergab sich ein Atomradius von etwa 10^{-10} m. Wurden schnelle Elektronen verwendet, so führten die Versuchsergebnisse zu einem Radius von ca. 10^{-14} m. Rutherford führte mit α-Teilchen (das sind zweifach positiv geladene Heliumatome) ähnliche Streuversuche an dünnen Goldfolien durch.

In Übereinstimmung mit den Versuchsergebnissen, die Lenard mit schnellen Elektronen erhielt, ergaben Rutherfords Experimente einen Teilchenradius von etwa 10^{-14} m.

Folgerungen Rutherfords: Ein Atom besteht demnach aus einer Hülle und einem Kern. Der Durchmesser des Atomkerns beträgt etwa 10^{-14} m, der der Hülle ungefähr 10^{-10} m. Im Kern des Atoms muss praktisch die gesamte Masse des Atoms vereinigt sein, da sonst eine Ablenkung der relativ schweren α-Teilchen nicht möglich ist. Um den positiv geladenen Kern kreisen die fast masselosen, negativ geladenen Elektronen (Ruhemasse eines Elektrons $m_e = 9{,}1093897 \cdot 10^{-31}$ kg) mit einer solchen Geschwindigkeit, bei der die Zentrifugalkraft durch die Coulomb'sche Anziehungskraft gerade kompensiert wird (Planetenmodell des Atoms).

Kritik des Rutherford'schen Atommodells:
- Dieses Atommodell steht im Widerspruch zu den Gesetzen der klassischen Elektrodynamik, wonach elektrisch geladene Teilchen, die eine beschleunigte Bewegung ausführen, Energie in Form von elektromagnetischer Strahlung abgeben müssen. Deshalb können Elektronen in Atomen, die nach Rutherfords Vorstellungen aufgebaut sind, den Kern nicht mit konstantem Abstand umkreisen, sondern müssten sich spiralförmig dem Atomkern nähern, um schließlich auf ihn zu stürzen.
- Eine Erklärung der Linienstruktur der Atomspektren (vgl. B 20.4) ist mit diesem Atommodell nicht möglich.

1.2 Das Bohr'sche Atommodell

Um die unter 1.1 erwähnten Widersprüche der Rutherford'schen Theorie zu beseitigen, stellte Niels Bohr die folgenden zwei Postulate als Grundlagen seines Atommodells auf:

1. Es gibt Elektronenbahnen, auf denen die Elektronen den Atomkern umkreisen können, ohne Energie durch Strahlung zu verlieren (so genannte stationäre Zustände). Es existiert eine diskontinuier-

B. Plewinsky, M. Hennecke, W. Oppermann, *Das Ingenieurwissen: Chemie*,
DOI 10.1007/978-3-642-41124-3_1, © Springer-Verlag Berlin Heidelberg 2014

liche Schar solcher Bahnen. Für sie gilt die Bedingung, dass der Drehimpuls des Elektrons ein ganzzahliges Vielfaches des Drehimpulsquantums $\hbar = h/2\pi$ sein muss ($h = 6{,}62606896 \cdot 10^{-34}$ J s Planck-Konstante):

$$m_e \, v_n \, r_n = n\hbar$$

m_e Ruhemasse des Elektrons,

v_n Geschwindigkeit des Elektrons auf der n-ten Bahn,

r_n Radius der n-ten Bahn.

Die Zahl n, die als Haupt-Quantenzahl bezeichnet wird, kann ganzzahlige Werte von 1 bis unendlich annehmen.

2. Beim Übergang eines Elektrons zwischen zwei stationären Zuständen wird rein monochromatische Strahlung emittiert bzw. absorbiert. Ihre Frequenz ν ist durch die Energiedifferenz ΔE der stationären Zustände gegeben:

$$h\nu = \Delta E \, .$$

Leistung und Grenzen des Bohr'schen Atommodells

– *Atomspektren*: Das Linienspektrum des Wasserstoffatoms (vgl. B 20.4) lässt sich, wie Balmer empirisch fand, durch die folgende Gleichung darstellen:

$$\nu = R_\nu \left(\frac{1}{n_i^2} - \frac{1}{n_a^2} \right), \quad n_a > n_i \, .$$

$R_\nu = 3{,}28984195 \cdot 10^{15}$ Hz Rydberg-Frequenz,

n_i, n_a Haupt-Quantenzahlen.

Mithilfe der Bohr'schen Theorie ist es möglich, die Rydberg-Frequenz und damit das Spektrum des Wasserstoffatoms zu berechnen. Anschaulich lässt sich nach Bohr das Zustandekommen des Linienspektrums des Wasserstoffatoms folgendermaßen interpretieren: Durch Energiezufuhr wird das Elektron vom Grundzustand ($n = 1$) auf einen angeregten Zustand ($n_a > 1$) angehoben. Wenn das Elektron dann wieder auf eine energieärmere (kernnähere) Bahn ($n_i < n_a$) zurückfällt, gibt es Energie in Form eines Photons ab. Die Energie des Photons ist gleich der Energiedifferenz der beiden stationären Zustände (vgl. Bild 1-1).

Die Spektren von Atomen mit mehr als einem Elektron können mit Hilfe der Bohr'schen

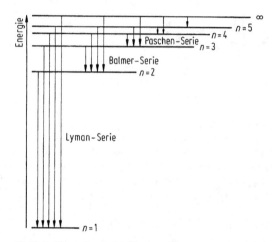

Bild 1-1. Termschema des Wasserstoffatoms

Theorie nicht mehr quantitativ beschrieben werden.

– *Periodensystem*: Das Bohr'sche Atommodell wurde besonders von Sommerfeld verfeinert. Diese erweiterte Theorie ermöglichte es, die Systematik des Periodensystems (siehe 2) mithilfe weiterer Quantenzahlen (siehe 1.4.2) zu deuten.

– *Heisenberg'sche Unschärferelation*: Nach Heisenberg ist es nicht möglich, gleichzeitig genaue Angaben über Ort und Geschwindigkeit von Partikeln zu machen. Es gilt (vgl. B 25.1):

$$\Delta p_x \Delta x \geq h/2\pi = \hbar \, .$$

$\Delta p_x, \Delta x$ Unbestimmtheit von Impuls- bzw. Ortskoordinaten derselben Raumrichtung.

Als Folge dieser Theorie muss die Vorstellung einer Teilchenbahn von Mikroobjekten – z. B. von Elektronen – aufgegeben werden.

1.3 Ionisierungsenergie, Elektronenaffinität

Als *Ionisierungsenergie* wird die Energie bezeichnet, die zur Abtrennung eines Elektrons aus einem Atom A erforderlich ist. Dieser Vorgang kann durch folgende Gleichung beschrieben werden:

$$A \rightarrow A^+ + e^- \, .$$

Von dem einfach positiv geladenen Ion A^+ können weitere Elektronen abgegeben werden. Auf diese Weise entstehen mehrfach geladene Ionen, z. B.:

$$A^+ \rightarrow A^{2+} + e^- \, .$$

Tabelle 1–1. Elektronenaffinität E_A einiger Atome

Vorgang				E_A/eV
F	+	e^-	→ F$^-$	−3,401
Cl	+	e^-	→ Cl$^-$	−3,613
Br	+	e^-	→ Br$^-$	−3,364
I	+	e^-	→ I$^-$	−3,059
H	+	e^-	→ H$^-$	−0,754
O	+	e^-	→ O$^-$	−1,461
O	+	$2\,e^-$	→ O^{2-}	+7,20

Die Ionisierungsenergie für die Abtrennung des ersten Elektrons ist für die Hauptgruppenelemente in den Tabellen 10-1 bis 10-8 angegeben.

Elektronenaffinität heißt die bei der Bildung negativ geladener Ionen aus Atomen freiwerdende oder benötigte Energie entsprechend der folgenden Reaktion:

$$A + e^- \rightarrow A^- .$$

An einfach negativ geladene Ionen können weitere Elektronen angelagert werden, z. B.:

$$A^- + e^- \rightarrow A^{2-} .$$

Tabelle 1-1 enthält einige Werte der Elektronenaffinität.

1.4 Das quantenmechanische Atommodell

1.4.1 Die Ψ-Funktion

In der Quantenmechanik wird jedem Zustand eines Atoms eine Funktion Ψ der Ortskoordinaten (x,y,z) seiner sämtlichen Elektronen zugeordnet (vgl. B 25.3). Aus diesen sog. Zustands- oder Wellenfunktionen lassen sich im Prinzip sämtliche Informationen über das System mathematisch errechnen. Die Wellenfunktion Ψ selbst hat keine anschauliche physikalische Bedeutung (Ψ nimmt in der Regel komplexe Werte an). Ihr Betragsquadrat $|\Psi|^2$ jedoch kann als Wahrscheinlichkeitsdichte bzw. Elektronendichte interpretiert werden. Beim Wasserstoffatom, das nur ein Elektron besitzt, gibt

$$|\Psi|^2(x, y, z)\, dx\, dy\, dz$$

die Wahrscheinlichkeit an, das Elektron im Volumenelement $dx\,dy\,dz$ anzutreffen. Entsprechend ist das Produkt

$$e|\Psi|^2(x, y, z)\,, \qquad e \text{ *Elementarladung* },$$

die Elektronendichte an der Stelle x, y, z.

1.4.2 Die Schrödinger-Gleichung für das Wasserstoffatom

Die Wellenfunktionen der stationären Zustände können durch Lösen der Schrödinger-Gleichung (vgl. B 25.3) ermittelt werden. Für das Elektron im Wasserstoffatom nimmt die zeitunabhängige Schrödinger-Gleichung die folgende Form an:

$$\nabla^2 \Psi + \frac{8\pi^2 m_e}{h^2}\left(E - \frac{e^2}{r}\right)\Psi = 0 .$$

∇^2 Laplace-Operator, m_e Ruhemasse des Elektrons, h Planck-Konstante, E Gesamtenergie, e Elementarladung, r Radius.

Zur Lösung der Schrödinger-Gleichung für das Wasserstoffatom ist es – wie auch bei der Behandlung anderer zentralsymmetrischer Probleme – zweckmäßig, eine Transformation der kartesischen Koordinaten (x, y, z) in Kugelkoordinaten (Radius r, Winkel θ und φ) vorzunehmen. Die Schrödinger-Gleichung hat nur für ganz bestimmte Werte der Energie E Lösungen Ψ. Diese Energiewerte heißen Eigenwerte, die zugehörenden Lösungen werden Eigenfunktionen oder Eigenzustände genannt.

Gehört zu jedem Energieeigenwert nur eine einzige Eigenfunktion, so bezeichnet man diesen Eigenwert als nicht entartet. Gehören dagegen mehrere Eigenfunktionen zum gleichen Energiewert, so spricht man von Entartung.

Die Lösungen der Schrödinger-Gleichung für das Wasserstoffatom haben die allgemeine Form

$$\Psi_{n,l,m}(r, \theta, \varphi) = R_{n,l}(r)Y_{l,m}(\theta, \varphi) .$$

$R_{n,l}(r)$ ist der Radialteil und $Y_{l,m}(\theta, \varphi)$ der Winkelteil der Wellenfunktion. Die Radialfunktion enthält nur die Parameter n und l, die Winkelfunktion nur l und m. Diese und ähnliche Funktionen, die die Zustände eines Elektrons in einem Atom beschreiben, werden häufig als Atomorbitale oder kurz Orbitale bezeichnet. Die Parameter n, l, m sind *Quantenzahlen*. Sie werden folgendermaßen benannt (vgl. Tabelle 1-2):

Haupt-Quantenzahl n

$n = 1, 2, 3, \dots$

Tabelle 1-2. Besetzungsmöglichkeiten der Elektronenzustände für die ersten vier Haupt-Quantenzahlen n; l Bahndrehimpuls-Quantenzahl, s Spin-Quantenzahl, Z_e maximale Zahl von Elektronen gleicher Haupt-Quantenzahl

n	Schale	l	Symbol	magnetische Quantenzahl	s	Z_e
1	K	0	1s	0	$\pm 1/2$	2
2	L	0	2s	0	$\pm 1/2$	
		1	2p	$-1, 0, +1$	$\pm 1/2$	8
3	M	0	3s	0	$\pm 1/2$	
		1	3p	$-1, 0, +1$	$\pm 1/2$	
		2	3d	$-2, -1, 0, +1, +2$	$\pm 1/2$	18
4	N	0	4s	0	$\pm 1/2$	
		1	4p	$-1, 0, +1$	$\pm 1/2$	
		2	4d	$-2, -1, 0, +1, +2$	$\pm 1/2$	
		3	4f	$-3, -2, -1, 0, +1, +2, +3$	$\pm 1/2$	32

Bahndrehimpuls-Quantenzahl (Neben-Quantenzahl) l
$$l = 0, 1, 2, \ldots, n-1$$
Magnetische Quantenzahl m
$$m = -l, -l+1, \ldots, -1, 0, +1, \ldots, l-1, l.$$
Aus historischen Gründen bezeichnet man Zustände mit $l = 0, 1, 2$ und 3 als s-, p-, d- bzw. f-Zustände. Zustände gleicher Haupt-Quantenzahl bilden eine so genannte Schale. Hierbei gelten folgende Bezeichnungen: Zustände mit $n = 1, 2, 3, 4$ oder 5 heißen K-, L-, M-, N- bzw. O-Schale. Beim Wasserstoffatom hängen die Eigenwerte der Energie nur von der Haupt-Quantenzahl n ab, d. h., innerhalb einer Schale sind alle Zustände entartet. Der Zustand niedrigster Energie (beim Wasserstoffatom bei $n = 1$) wird als Grundzustand bezeichnet.

Spin-Quantenzahl s: Elektronen haben drei fundamentale Eigenschaften: Masse, Ladung und Spin (Eigendrehimpuls). Der Spin kann durch die Spin-Quantenzahl s charakterisiert werden. Bei Elektronen kann s die Werte $+\frac{1}{2}$ und $-\frac{1}{2}$ annehmen.

1.4.3 Darstellung der Wasserstoff-Orbitale

Die Darstellung der Wellenfunktion erfordert mit den drei unabhängigen Variablen x, y, z bzw. r, θ, φ (vgl. 1.4.2) ein vierdimensionales Koordinatensystem. Zweidimensionale Teildarstellungen sind:

– Quasi-dreidimensionale Wiedergabe der Winkelfunktion $Y_{l,m}$. Die in Bild 1-2 dargestellten Flächen entstehen, indem man in jeder Raumrichtung den Betrag abträgt, den die jeweilige Winkelfunktion für diese Richtung liefert.

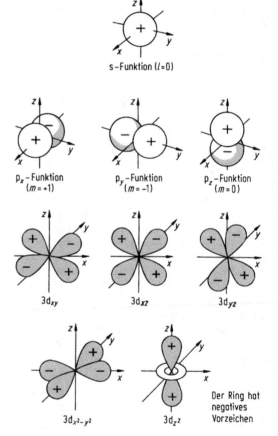

Bild 1-2. Graphische Darstellung der Winkelfunktion von Orbitalen des Wasserstoffatoms

– Darstellung des Radialteils der Wellenfunktion $R_{n,l}$ bzw. der Radialverteilung $4\pi r^2 R_{n,l}^2$ als Funktion des Radius r.

1.4.4 Mehrelektronensysteme

Infolge der Wechselwirkung zwischen den Elektronen ist die Schrödinger-Gleichung für Atome mit mehreren Elektronen nicht mehr exakt lösbar. Ein verbreitetes Näherungsverfahren besteht darin, die Wechselwirkung eines jeden Elektrons mit den anderen durch ein effektives Potential zu ersetzen, das dem elektrostatischen Potential der Anziehung durch den Atomkern überlagert wird. Auf diese Weise gelingt es, ein Mehrelektronensystem näherungsweise in lauter Einelektronensysteme zu entkoppeln, deren Schrödinger-Gleichungen dann separat gelöst werden können. Die resultierenden Orbitale ähneln weitgehend denen des Wasserstoffatoms. Sie haben dieselben Winkelanteile, jedoch andere Radialanteile als die entsprechenden Wellenfunktionen des Wasserstoffatoms. Wie beim Wasserstoffatom wird der Zustand eines Elektrons vollständig durch die Angabe der Werte der vier Quantenzahlen n, l, m und s beschrieben. Die Energieeigenwerte hängen nun jedoch von n und l ab, d. h., gegenüber dem Wasserstoffatom ist die l-Entartung aufgehoben.
Energien und Wellenfunktionen eines Atoms mit mehreren Elektronen werden nun aus denen der einzelnen Elektronen aufgebaut: die Energien als Summe, die Wellenfunktionen als Produkte der entsprechenden Einelektronenbeiträge.

1.5 Besetzung der Energieniveaus

Für ein Atom mit mehreren Elektronen erhält man den Grundzustand (in der oben beschriebenen Näherung) durch Besetzung der einzelnen Orbitale nach folgenden drei Regeln (häufig spricht man in diesem Zusammenhang auch von der Besetzung der Energieniveaus):

Energieregel: Die Besetzung der Niveaus mit Elektronen geschieht in der Reihenfolge zunehmender Energie. Für diese Reihenfolge gilt in der Regel folgendes Schema:
1s < 2s < 2p < 3s < 3p < 4s < 3d < 4p < 5s < 4d < 5p < 6s < 4f < 5d < 6p < 7s < 6d...

Pauli-Prinzip: In einem Atom können niemals zwei oder mehr Elektronen in allen vier Quantenzahlen übereinstimmen.

Hund'sche Regel: Atomorbitale, deren Energieeigenwerte entartet sind, werden zunächst mit Elektronen parallelen Spins besetzt.
Die Zahl der Elektronen, die die gleiche Haupt-Quantenzahl haben können, beträgt $2n^2$. Diese Verhältnisse sind in Tabelle 1-2 dargestellt.

1.6 Darstellung der Elektronenkonfiguration

Die Zusammensetzung eines Atomzustandes aus Zuständen seiner einzelnen Elektronen wird auch als Elektronenkonfiguration bezeichnet. Die Elektronenkonfiguration kann entweder symbolisch formelartig oder graphisch in der sog. *Pauling-Symbolik* angegeben werden. Die formelartige Darstellung verläuft nach folgendem Schema: Der Haupt-Quantenzahl folgt die Angabe der Neben-Quantenzahl in der historischen Bezeichnungsart. Als Exponent der Neben-Quantenzahl erscheint die Zahl der Elektronen, die das betrachtete Energieniveau besetzen.
Bei der Pauling-Symbolik wird jeder durch die Quantenzahlen n, l und m charakterisierte Zustand durch einen waagerechten Strich (oder durch ein Kästchen) markiert. Die Wiedergabe des Spinzustandes erfolgt mit einem Pfeil.
Die Elektronenkonfiguration der Elemente ist in den Tabellen 10-1 bis 10-8 enthalten.

Beispiel: Elektronenkonfiguration des Phosphoratoms im Grundzustand (Ordnungszahl 15).

$(1s)^2\ (2s)^2\ (2p)^6\ (3s)^2\ (3p)^3$
meist kürzer:
$1s^2 2s^2 2p^6 3s^2 3p^3$
oder:
[Ne] $3s^2 3p^3$

symbolische Darstellung, Pauling-Symbolik

1.7 Aufbau des Atomkerns

Der Atomkern besteht aus *Nukleonen* (Einzelheiten vgl. B 17). Darunter versteht man positiv geladene *Protonen* und elektrisch neutrale *Neutronen*. Die Massen von Protonen und Neutronen sind annähernd gleich groß (m_p = 1,672622 · 10^{-27} kg, m_n = 1,674927 · 10^{-27} kg). Bei einem elektrisch neutralen Atom ist die Zahl der Protonen oder die Kernladungszahl gleich der Zahl der Elektronen in der Atomhülle und gleich der Ordnungszahl im Periodensystem (vgl. 2). Durch diese Zahl werden die chemischen Elemente definiert:

> *Chemische Elemente bestehen aus Atomen gleicher Kernladungszahl.*

Als *Massenzahl* wird die Anzahl der in einem Atomkern enthaltenen Protonen und Neutronen bezeichnet. Kernarten, die durch eine bestimmte Zahl von Protonen und Neutronen charakterisiert sind, werden allgemein *Nuklide* genannt. *Isotope* sind Nuklide, die die gleiche Zahl von Protonen, aber eine unterschiedliche Anzahl von Neutronen enthalten. Nuklide gleicher Massenzahl heißen *Isobare*.

Chemische Elemente können als *Reinelemente* oder als *Mischelemente* vorliegen. Reinelemente sind dadurch gekennzeichnet, dass alle Atome die gleiche Zahl von Neutronen und damit auch die gleiche Massenzahl aufweisen. Bei Mischelementen kommen Nuklide mit unterschiedlicher Anzahl von Neutronen vor. Es ist üblich, die Ordnungszahl unten und die Massenzahl oben vor das Elementsymbol zu setzen.

Beispiele: Fluor ist ein Reinelement. Es existiert in der Natur ausschließlich in Form des Nuklides $^{19}_{9}$F. Kohlenstoff ist ein Mischelement. Die natürlich vorkommenden Isotope sind $^{12}_{6}$C, $^{13}_{6}$C und $^{14}_{6}$C (Häufigkeiten: 98,89 %, 1,11 %, Spuren). $^{14}_{6}$C ist radioaktiv (Halbwertszeit $T_{1/2}$ = 5730 a, vgl. 7.4.1) und zerfällt als β-Strahler in $^{14}_{7}$N.

2 Das Periodensystem der Elemente

Das Periodensystem wurde erstmals 1869 von L. Meyer und D. Mendelejew als Ordnungssystem der Elemente aufgestellt. In diesem System wurden die chemischen Elemente nach steigenden Werten der molaren Masse der Atome (vgl. 4.5) angeordnet. Das geschah schon damals in der Art, dass chemisch ähnliche Elemente, wie z. B. die Alkalimetalle (vgl. 10.2) oder die Halogene (vgl. 10.8), untereinander standen und eine Gruppe bildeten. In einigen Fällen war es aufgrund der Eigenschaften der Elemente oder ihrer

Verbindungen erforderlich, dieses Ordnungsprinzip durch Umstellungen zu durchbrechen, da sich sonst chemisch nicht verwandte Elemente in einer Gruppe befunden hätten. So steht z. B. das Element Tellur vor dem Iod, obwohl die molare Masse des Iods (126,9 g/mol) kleiner ist als die des Tellurs (127,6 g/mol).

2.1 Aufbau des Periodensystems

Die verbreitetste Form des Periodensystems (vgl. Tabelle 2-1) besteht aus 7 Perioden mit 18 Gruppen bzw. 8 Haupt- und 8 Nebengruppen sowie den Lanthanoiden und Actinoiden. Als Perioden werden die horizontalen, als Gruppen die vertikalen Reihen bezeichnet. Die Reihenfolge der Elemente wird durch ihre Ordnungszahl (Kernladungszahl, vgl. 1.7) bestimmt. Die Besetzung der einzelnen Energieniveaus geschieht mit wachsender Ordnungszahl nach den in 1.5 angegebenen Regeln. Die Periodennummer gibt die Haupt-Quantenzahl des höchsten im Grundzustand mit Elektronen besetzten Energieniveaus an. Innerhalb einer Gruppe des Periodensystems stehen Elemente, die ähnliches chemisches Verhalten zeigen. Die freien Atome dieser Elemente haben in der Regel die gleiche Elektronenkonfiguration in der äußersten Schale.

Nach ihrer Elektronenkonfiguration werden die Elemente folgendermaßen eingeteilt:

- *Hauptgruppenelemente* (s- und p-Elemente) Bei diesen Elementen werden die s- und p-Niveaus der äußersten Schale mit Elektronen besetzt. Unter den Hauptgruppenelementen befinden sich sowohl Metalle als auch Nichtmetalle. Die Eigenschaften dieser Elemente und ihrer Verbindungen sind in den Abschnitten 10.1 bis 10.9 behandelt. Nach der traditionellen Nummerierung der Gruppen haben die Hauptgruppen den Kennbuchstaben a.
- *Nebengruppenelemente* (d-Elemente) Bei den Elementen dieser Gruppen werden die d-Niveaus der zweitäußersten Schale mit Elektronen aufgefüllt. Die Nebengruppenelemente sind ausnahmslos Metalle, siehe Abschnitt 10.10 bis 10.17. Nach der traditionellen Nummerierung haben die Nebengruppen den Kennbuchstaben b.
- *Lanthanoide* und *Actinoide* (f-Elemente) sind in 10.18 und 10.19 besprochen. Bei diesen Elementgruppen werden die 4f- (bei den Lantha-

Tabelle 2-1. Das Periodensystem der Elemente

IUPAC1988	1	2	3	4	5	6	7	8	9	10	11	12	13	14	15	16	17	18
IUPAC1970	I A	II A	III A	IV A	V A	VI A	VII A	VIII A			I B	II B	III B	IV B	V B	VI B	VII B	VIII B
traditionell	I a	II a	III b	IV b	V b	VI b	VII b	VIII b			I b	II b	III a	IV a	V a	VI a	VII a	VIII a
	1 1,0079 H Wasserstoff																	2 4,003 He Helium
	3 6,941 Li Lithium	4 9,012 Be Beryllium											5 10,81 B Bor	6 12,011 C Kohlenstoff	7 14,0067 N Stickstoff	8 15,9994 O Sauerstoff	9 18,9984 F Fluor	10 20,16 Ne Neon
	11 22,99 Na Natrium	12 24,31 Mg Magnesium											13 26,98 Al Aluminium	14 28,0855 Si Silicium	15 30,9738 P Phosphor	16 32,066 S Schwefel	17 35,453 Cl Chlor	18 39,95 Ar Argon
	19 39,10 K Kalium	20 40,08 Ca Calcium	21 44,95 Sc Scandium	22 47,87 Ti Titan	23 50,94 V Vanadium	24 52,00 Cr Chrom	25 54,94 Mn Mangan	26 55,845 Fe Eisen	27 58,93 Co Cobalt	28 58,69 Ni Nickel	29 63,55 Cu Kupfer	30 65,39 Zn Zink	31 69,72 Ga Gallium	32 72,61 Ge Germanium	33 74,92 As Arsen	34 78,96 Se Selen	35 79,904 Br Brom	36 83,80 Kr Krypton
	37 85,47 Rb Rubidium	38 87,62 Sr Strontium	39 88,91 Y Yttrium	40 91,22 Zr Zirconium	41 92,91 Nb Niob	42 95,94 Mo Molybdän	43 (98) Tc Technetium	44 101,1 Ru Ruthenium	45 102,9 Rh Rhodium	46 106,4 Pd Palladium	47 107,9 Ag Silber	48 112,4 Cd Cadmium	49 114,8 In Indium	50 118,7 Sn Zinn	51 121,8 Sb Antimon	52 127,6 Te Tellur	53 126,9 I Iod	54 131,3 Xe Xenon
	55 132,9 Cs Caesium	56 137,3 Ba Barium	57 138,9 La Lanthan	72 178,5 Hf Hafnium	73 180,9 Ta Tantal	74 183,8 W Wolfram	75 186,2 Re Rhenium	76 190,2 Os Osmium	77 192,2 Ir Iridium	78 195,1 Pt Platin	79 197,0 Au Gold	80 200,6 Hg Quecksilber	81 204,4 Tl Thallium	82 207,2 Pb Blei	83 209,0 Bi Bismut	84 (209) Po Polonium	85 (210) At Astat	86 (222) Rn Radon
	87 (223) Fr Francium	88 (226) Ra Radium	89 (227) Ac Actinium	104 (265) Rf Rutherfordium	105 (262) Db Dubnium	106 (266) Sg Seaborgium	107 (264) Bh Bohrium	108 (269) Hs Hassium	109 (268) Mt Meitnerium	110 (269) Ds Darmstadtium	111 (280) Rg Roentgenium	112 (285) Cn Copernicium						

Lantha- noide	58 140,1 Ce Cer	59 140,9 Pr Praseodym	60 144,2 Nd Neodym	61 147,0 Pm Promethium	62 150,4 Sm Samarium	63 152,0 Eu Europium	64 157,3 Gd Gadolinium	65 158,9 Tb Terbium	66 162,5 Dy Dysprosium	67 164,9 Ho Holmium	68 167,3 Er Erbium	69 168,9 Tm Thulium	70 173,0 Yb Ytterbium	71 175,0 Lu Lutetium
Acti- noide	90 232,0 Th Thorium	91 231,0 Pa Protactinium	92 238,0 U Uran	93 (237) Np Neptunium	94 (244) Pu Plutonium	95 (243) Am Americium	96 (247) Cm Curium	97 (247) Bk Berkelium	98 (251) Cf Californium	99 (252) Es Einsteinium	100 (257) Fm Fermium	101 (258) Md Mendelevium	102 (259) No Nobelium	103 (262) Lr Lawrencium

Legende:

Ordnungszahl → 29 63,55 ← molare Masse
Cu ← Atomsymbol
deutscher Name → Kupfer

Die Zahlen in Klammern sind die Massenzahlen des längstlebigen Nuklids von radioaktiven Elementen

noiden) bzw. die 5f-Niveaus (bei den Actinoiden) aufgefüllt. Sämtliche Elemente der beiden Elementgruppen sind Metalle.

2.2 Periodizität einiger Eigenschaften

Alle vom Zustand der äußeren Elektronenhülle abhängigen physikalischen und chemischen Eigenschaften der Elemente ändern sich periodisch mit der Ordnungszahl. Für die Hauptgruppenelemente gelten z. B. folgende Periodizitäten (vgl. Tabelle 2-1):

- *Atomradien*. Innerhalb jeder Gruppe nehmen die Atomradien von oben nach unten zu (vgl. Tabellen 10-1 bis 10-16). Innerhalb einer Periode nehmen sie mit steigender Ordnungszahl ab.

  Beispiel: Atomradien der Elemente der 2. Periode: $_3$Li: 152 pm, $_4$Be: 112 pm, $_5$B: 79 pm, $_6$C: 77 pm, $_7$N: 55 pm, $_8$O: 60 pm, $_9$F: 71 pm.
- *Ionisierungsenergie*. Innerhalb jeder Gruppe nimmt die Ionisierungsenergie (vgl. 1.3) von oben nach unten ab, innerhalb einer Periode von links nach rechts zu. Die Alkalimetalle weisen besonders kleine, die Edelgase besonders große Werte der Ionisierungsenergie auf (vgl. Tabellen 10-1 bis 10-18).
- *Metallischer und nichtmetallischer Charakter. Reaktivität.* Der metallische Charakter nimmt von oben nach unten und von rechts nach links zu, der nichtmetallische Charakter entsprechend in umgekehrter Richtung. In der I. und II. Hauptgruppe (Alkalimetalle und Erdalkalimetalle) sind nur Metalle, in der VII. und VIII. Hauptgruppe (Halogene und Edelgase) nur Nichtmetalle enthalten. In der III. bis VI. Hauptgruppe finden sich sowohl Metalle als auch Nichtmetalle.
  Die Reaktivität der Metalle wie der Nichtmetalle wächst entsprechend ihrem metallischen bzw. nichtmetallischen Charakter. Die reaktionsfähigsten Metalle sind die Alkalimetalle (vgl. 10.2), die reaktionsfähigsten Nichtmetalle die Halogene (vgl. 10.8). Die Elemente der VIII. Hauptgruppe, die Edelgase, sind außerordentlich reaktionsträge.

3 Chemische Bindung

Freie, isolierte Atome werden auf der Erde nur selten angetroffen (Ausnahmen sind z. B. die Edelgase).

Meist treten die Atome vielmehr in mehr oder weniger fest zusammenhaltenden Atomverbänden auf. Dies können unterschiedlich große Moleküle, Flüssigkeiten oder Festkörper sein (Beispiele: molekularer Wasserstoff H_2, Methan CH_4; flüssige Edelgase, flüssiges Wasser H_2O, flüssiges Quecksilber Hg; Diamant C, festes Natriumchlorid NaCl, metallisches Wolfram W).

Die mit der Ausbildung von Atomverbänden zusammenhängenden Fragen behandelt die Theorie der chemischen Bindung. Folgende vier Grenztypen der chemischen Bindung werden unterschieden:
- *Atombindung (kovalente Bindung)*,
- *Ionenbindung*,
- *metallische Bindung*,
- *van-der-Waals'sche Bindung* mit *Wasserstoffbrückenbindung*.

Häufig müssen zur Beschreibung des Bindungszustandes von Stoffen die Eigenschaften von zwei Grenztypen – meist mit unterschiedlicher Gewichtung – herangezogen werden.

3.1 Atombindung (kovalente Bindung)

3.1.1 Modell nach Lewis

Nach den Vorstellungen von G. N. Lewis, die vor der Formulierung der Quantenmechanik entwickelt wurden, soll eine kovalente Bindung durch ein zwei Atomen gemeinsam angehörendes, bindendes Elektronenpaar bewirkt werden. Die Bildung des gemeinsamen Elektronenpaares führt beim Wasserstoff zur Vervollständigung eines Elektronenduetts und bei den übrigen Bindungspartnern zur Ausbildung eines Elektronenoktetts. Die Vereinigung einzelner spinantiparalleler Elektronen zu einem bindenden Elektronenpaar führt stets zur Spinabsättigung. Die bindenden Elektronenpaare werden als Bindestriche zwischen die Atome eines Moleküls gesetzt. Die anderen Valenzelektronen (Elektronen der äußersten Schale) können so genannte einsame Elektronenpaare bilden, die als Striche um das jeweilige Atom angeordnet werden.

Beispiele: Chlorwasserstoff H—$\overline{\underline{\text{Cl}}}$|,

$$\text{Ammoniak N} \overset{\displaystyle H}{\underset{\displaystyle H}{\overset{|}{\underset{|}{-\!\!\text{H}}}}} \, .$$

In einigen Fällen können auch zwei oder drei bindende Elektronenpaare vorhanden sein.

Beispiele:

Stickstoff $|N{\equiv}N|$,   Ethylen

(vgl. 11.3.1)

Wenn ein Partner beide Elektronen des bindenden Elektronenpaares zur Verfügung stellt, spricht man von *koordinativer Bindung*.

Beispiel: Bildung des Ammoniumions aus Ammoniak durch Anlagerung eines Wasserstoffions:

$$
\begin{array}{ccc}
\text{H} & & \text{H} \\
| & & | \\
\text{H--N|} + \text{H}^+ & \rightarrow & \left[\text{H--N--H}\right]^+ \\
| & & | \\
\text{H} & & \text{H}
\end{array}
$$

Die Zahl der kovalenten Bindungen, die von einem Atom ausgehen, wird als dessen Bindigkeit bezeichnet.

3.1.2 Molekülorbitale

Die Beschreibung der Elektronenstruktur von Molekülen erfordert die Lösung der Schrödinger-Gleichung (vgl. 1.4.2). Diese ist nur für das einfachste Molekül, das H_2^+-Molekülion, exakt lösbar. Für die Behandlung von Molekülen mit mehreren Elektronen müssen daher – ähnlich wie bei der Beschreibung von Atomen mit mehreren Elektronen (vgl. 1.4.4) – geeignete Näherungsverfahren angewendet werden. Das am weitesten verbreitete Näherungsverfahren ist die *Molekülorbital-Theorie (MO-Theorie)*.
In der MO-Theorie beschreibt man die Elektronenzustände eines Moleküls durch Molekülorbitale. Im Gegensatz zu den Atomen haben Moleküle Mehrzentrenorbitale. Molekülorbitale werden – ähnlich wie die Atomorbitale – durch Quantenzahlen charakterisiert. Die Besetzung der einzelnen Orbitale im Grundzustand erhält man unter Berücksichtigung der Energieregel, des Pauli-Prinzips und der Hund'schen Regel (siehe 1.5). Die Elektronenkonfiguration von Molekülen kann entweder durch ein Zahlenschema oder durch die in Bild 3-1 und 3-2 dargestellte Symbolik angegeben werden.

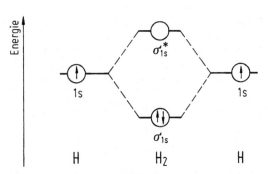

Bild 3-1. MO-Energieniveauschema eines A_2-Moleküls der 1. Periode, Elektronenbesetzung für H_2

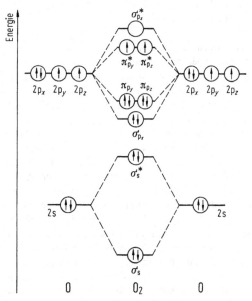

Bild 3-2. MO-Energieniveauschema eines A_2-Moleküls der 2. Periode, Elektronenbesetzung für O_2

Molekülorbitale können in guter Näherung aus Orbitalen der am Bindungssystem beteiligten Atome durch lineare Kombination aufgebaut werden. Man unterscheidet grob zwischen bindenden und lockernden („antibindenden") Molekülorbitalen, je nachdem, ob ihre Besetzung im Vergleich zu den Energien der beteiligten Atomorbitale eine Energieabsenkung und damit eine Stabilisierung des Moleküls oder aber eine Energieerhöhung zur Folge hat.

Besonders übersichtlich ist diese Beschreibung bei Molekülen aus zwei gleichen Atomen, wie z. B. beim Wasserstoffmolekül H_2. Aus den beiden 1s-Orbitalen der Wasserstoffatome H_a und H_b lassen sich zwei Linearkombinationen herstellen: die symmetrische

$$\sigma_{1s} = (1s)_a + (1s)_b$$

und die antisymmetrische

$$\sigma_{1s}^* = (1s)_a - (1s)_b \, .$$

Die umgekehrten Vorzeichenkombinationen $(--)$ und $(-+)$ ergeben lediglich äquivalente Darstellungen derselben Orbitale. Das σ-MO ist das bindende, σ^* das lockernde MO; beide Orbitale sind rotationssymmetrisch zur Molekülachse.

Bild 3-1 zeigt das entsprechende Energieniveauschema. Im Grundzustand des H_2-Moleküls besetzen beide Elektronen den bindenden σ-Zustand.

Die damit verbundene Energieabsenkung gegenüber den Grundzuständen der freien Atome (um die sog. Bindungsenergie) erklärt die Stabilität des Wasserstoffmoleküls.

Beim *molekularen Sauerstoff* O_2 steuert jedes Atom sechs Valenzelektronen bei. Die Valenzschale der Atome besteht aus den 2s-Orbitalen und den drei entarteten 2p-Orbitalen. Kombiniert werden Atomorbitale derselben Energie; die energetische Lage der resultierenden Molekülorbitale zeigt schematisch Bild 3-2. Aus den kugelsymmetrischen 2s-Orbitalen sowie den zylindersymmetrischen $2p_x$-Orbitalen, deren Achse mit der Molekülachse zusammenfällt, entstehen rotationssymmetrische, bindende und lockernde σ- bzw. σ^*-MOs. Die restlichen 2p-Orbitale ergeben je zwei entartete bindende π- und lockernde π^*-Zustände; bei diesen Orbitalen ist die Rotationssymmetrie gebrochen. Nach der Hund'schen Regel werden die beiden π^*-Zustände im Grundzustand des O_2-Moleküls mit einzelnen Elektronen parallelen Spins besetzt. Molekularer Sauerstoff ist daher paramagnetisch.

Bei *größeren Molekülen*, wie z. B. beim Methan CH_4 (vgl. 11.3.1), erhält man bei der MO-theoretischen Behandlung des Bindungssystems Resultate, die zunächst der chemischen Erfahrung zu widersprechen scheinen. An den im Grundzustand besetzten Molekülorbitalen sind alle fünf Atome beteiligt, d. h., statt vier äquivalenter und lokalisierbarer C–H-Bindungen

scheint die MO-Theorie vier über das ganze Molekül delokalisierte Bindungen zu liefern. Mit sog. Hybridorbitalen (vgl. 3.1.3) lassen sich die Bindungsverhältnisse beim Methan wie auch bei vielen anderen mehratomigen Molekülen in Übereinstimmung mit den klassischen Valenzstrichformeln der Chemie beschreiben.

Es gibt jedoch auch Moleküle mit delokalisierten Bindungen, wie z. B. 1,3-Butadien (vgl. 11.3.1) oder Benzol C_6H_6 (vgl. 11.3.3). Einen Extremfall delokalisierter Bindungen trifft man in Metallen an (vgl. 3.3).

Die Lage der Energieniveaus in Molekülen lässt sich experimentell z. B. mithilfe der Photoelektronenspektroskopie bestimmen. Die gemessenen Werte zeigen gute Übereinstimmung mit den nach der MO-Theorie berechneten. Die Übereinstimmung bestätigt, dass die in der MO-Theorie gemachten Näherungen brauchbar sind.

3.1.3 Hybridisierung

Die Begriffe Hybridisierung und Hybridorbitale wurden von L. Pauling eingeführt. Hybridorbitale (q-Orbitale) ergeben sich – im Gegensatz zu den Molekülorbitalen – durch Linearkombination von Orbitalen *eines* Atoms. Sie werden mit Vorteil anstelle der Atom-Eigenfunktionen bei der Beschreibung gerichteter Bindungen verwendet. Folgende Hybridorbitale haben sich dabei besonders bewährt:

Hybridorbital	räumliche Anordnung	Beispiele
sp	linear	Acetylen $HC \equiv CH$ (vgl. 11.3.1)
sp^2	eben trigonal	Ethylen $H_2C = CH_2$ (vgl. 11.3.1)
sp^3	tetraedrisch	Methan CH_4, Ammoniak NH_3, Wasser H_2O, Diamant C

Beispiele:
Methan CH_4: Das Kohlenstoffatom hat im Grundzustand die Elektronenkonfiguration $1s^2 2s^2 2p^2$ und in einem angeregten Zustand $1s^2 2s 2p^3$. Die für diese Anregung notwendige Energie heißt Promotionsenergie. Ein weiterer Energiebetrag ist zur Bildung der vier sp^3-Hybridorbitale notwendig. Die Elektronen befinden sich jetzt im sog. Valenzzustand. Dieser Zustand ist spektroskopisch nicht beobachtbar. Das

bedeutet, dass isolierte Kohlenstoffatome nicht im Valenzzustand vorkommen können. Die sp^3-Hybridorbitale sind nach den Ecken eines Tetraeders ausgerichtet. Die Energieeigenwerte sind entartet.

Zustandekommen der Bindung: Im CH_4-Molekül überlappen die vier Hybridorbitale des C-Atoms mit den s-Orbitalen von vier H-Atomen. H–C–H-Bindungswinkel im CH_4-Molekül: 109°28′ (Tetraederwinkel).

Ammoniak NH_3: Das Stickstoffatom ist in dieser Verbindung sp^3-hybridisiert. Die Hybridorbitale überlappen mit den s-Orbitalen von drei H-Atomen. Das vierte Hybridorbital ist durch das einsame Elektronenpaar des N-Atoms besetzt. H–N–H-Bindungswinkel des NH_3-Moleküls (im Gaszustand): 107°.

Wasser H_2O: Analoges Verhalten wie beim NH_3. Zwei Hybridorbitale überlappen mit den s-Orbitalen von zwei H-Atomen, die beiden anderen Hybridorbitale sind durch einsame Elektronenpaare besetzt. H–O–H-Bindungswinkel des H_2O-Moleküls (im Gaszustand): 105°.

3.1.4 Elektronegativität

Kovalente zweiatomige Moleküle mit Übergang zur Ionenbindung weisen keine symmetrische Ladungsverteilung auf. Daher haben solche Moleküle ein permanentes elektrisches Dipolmoment. Neben dieser Größe ist nach L. Pauling die Elektronegativität zur Erfassung der Polarität von Atombindungen geeignet.

Erklärung: Die Elektronegativität ist ein Maß für das Bestreben eines kovalent gebundenen Atoms, Elektronen an sich zu ziehen.

Zur Bestimmung der (dimensionslosen Größe) Elektronegativität χ sind verschiedene Vorschläge gemacht worden. Viel benutzt wird die folgende Beziehung nach Pauling:

$$\chi = f\frac{E_I + E_A}{2} \, . \qquad (3\text{-}1)$$

f ($\approx 0,56/eV$) Proportionalitätsfaktor, E_I Ionisierungsenergie, E_A Elektronenaffinität.

Die Elektronegativität der Hauptgruppenelemente ist in den Tabellen 10-1 bis 10-7 angegeben. Im Periodensystem nimmt die Elektronegativität innerhalb einer Periode von links nach rechts zu, innerhalb einer Gruppe in der Regel von oben nach unten ab. Das

Element mit dem größten Wert der Elektronegativität ist das Fluor ($\chi = 4$).

3.2 Ionenbindung

Verbinden sich Elemente mit starken Elektronegativitätsunterschieden, so können vollständige Elektronenübergänge stattfinden. Elektronen des Atoms mit der kleineren Elektronegativität gehen vollständig auf das Atom mit der größeren Elektronegativität über. Eine derartige Reaktion wird als Redoxreaktion bezeichnet (siehe 9). Das sich dabei bildende positive Ion heißt *Kation,* das negativ geladene *Anion.* Aufgrund der ungerichteten elektrostatischen Anziehungskräfte kommt es zur Bildung von Ionenkristallen.

Ionenkristalle werden auch als Ionenverbindungen oder als Salze bezeichnet.

Strukturen und Eigenschaften von Ionenkristallen sind in 5.3.2 näher beschrieben.

Beispiel: Metallisches Natrium Na reagiert mit molekularem Chlor Cl_2 unter Bildung von Natriumchlorid NaCl. Dabei findet ein Elektronenübergang vom Natrium zum Chlor statt:

$$2\,Na(s) + Cl_2(g) \rightarrow 2\,NaCl(s) \, .$$

$\chi = 1,0 \quad \chi = 3,0$

χ Elektronegativität.

Als Redoxgleichung formuliert (vgl. 9) wird der Elektronenübergang augenfällig:

$$2\,Na \rightarrow 2\,Na^+ + 2\,e^-$$
$$\underline{Cl_2 + 2\,e^- \rightarrow 2\,Cl^-}$$
$$2\,Na(s) + Cl_2(g) \rightarrow 2\,NaCl(s) \, .$$

3.2.1 Gitterenergie

Unter der Gitterenergie eines Ionenkristalls versteht man die Energie, die bei der Bildung der kristallinen Substanz aus den gasförmigen (bereits vorgebildeten) Ionen abgegeben wird.

Die Gitterenergie kann nur in wenigen Fällen direkt gemessen werden. In der Regel wird sie mithilfe des

Tabelle 3-1. Molare Gitterenergie E_{mG} einiger Salze

Substanz	E_{mG}/(kJ/mol)
NaF	−907
NaCl	−776
NaBr	−722
NaI	−662
CsF	−722
CsCl	−649
CsBr	−624
CsI	−588

Born-Haber'schen Kreisprozesses aus thermodynamischen Daten ermittelt. Tabelle 3-1 zeigt einige repräsentative Werte der Gitterenergie.

3.2.2 Born-Haber'scher Kreisprozess

Die Bildung eines Salzes aus den Elementen kann nach Born und Haber in folgende Teilschritte unterteilt werden (am Beispiel der Bildung von NaCl):

Bildung der gasförmigen Na^+-Ionen:

$$Na(s) \rightarrow Na(g) \qquad \Delta_{subl}H_m = 109\,kJ/mol$$
$$Na(g) \rightarrow Na^+(g) + e^- \qquad E_{mI} = 496\,kJ/mol$$

Bildung der gasförmigen Cl^--Ionen:

$$1/2\,Cl_2 \rightarrow Cl(g) \quad 1/2\,\Delta_D H_m = 121\,kJ/mol$$
$$Cl(g) + e^- \rightarrow Cl^-(g) \qquad E_{mA} = -361\,kJ/mol$$

Kombination der gasförmigen Ionen zum Ionengitter:

$$Na^+(g) + Cl^-(g) \rightarrow NaCl(s) \quad E_{mG} = -776\,kJ/mol$$

Bildung von festem NaCl aus den Elementen:

$$Na(s) + 1/2\,Cl(g) \rightarrow NaCl(s) \quad \Delta_r H = -411\,kJ/mol$$

$\Delta_{subl}H_m$ molare Sublimationsenthalpie, E_{mI} molare Ionisierungsenergie, $\Delta_D H_m$ molare Dissoziationsenthalpie, E_{mA} molare Elektronenaffinität, E_{mG} molare Gitterenergie, $\Delta_r H$ Reaktionsenthalpie.

(Molare Größen werden dadurch gebildet, dass die entsprechenden extensiven Größen durch die Stoffmenge dividiert werden, Vorzeichen energetischer Größen vgl. 6.2.3).

Das folgende Schema zeigt die Reihenfolge der Einzelschritte beim Ablauf des Born-Haber'schen Kreisprozesses:

Wie den Zahlenwerten entnommen werden kann, ist zur Bildung der gasförmigen Kationen eine hohe Energie ($\Delta_{subl}H + E_I$) aufzuwenden, die durch die Energie, die bei der Entstehung der gasförmigen Cl^--Ionen frei wird ($1/2\Delta_D H + E_A$), nicht kompensiert werden kann. Bei der Bildung des Ionengitters wird jedoch eine beträchtliche Energie, die Gitterenergie, frei. Sie übertrifft die Energie, die zur Bildung der entgegengesetzt geladenen gasförmigen Ionen notwendig ist, bei weitem. Daher verlaufen sehr viele Reaktionen, bei denen Salze gebildet werden, stark exotherm (vgl. 6.2.3).

3.2.3 Atom- und Ionenradien

Aus der quantenmechanischen Beschreibung (vgl. 1.4) folgt, dass Atome und Ionen keine streng definierte Größe haben können. Dennoch werden sie näherungsweise als starre Kugeln mit konstantem Radius aufgefasst. Setzt man den Kernabstand von Nachbarn als Summe der Radien der beteiligten Atome oder Ionen an, so zeigen die daraus ermittelten Radien i. Allg. eine bemerkenswert gute Konstanz. Die Atom- und einige Ionenradien der Hauptgruppenelemente sind in den Tabellen 10-1 bis 10-8 aufgeführt. Durch Vergleich der Ionenradien mit den entsprechenden Atomradien folgt, dass die Kationen stets beträchtlich kleiner und die Anionen immer sehr viel größer als die entsprechenden Atome sind.

3.3 Metallische Bindung

Das klassische Elektronengasmodell der metallischen Bindung geht davon aus, dass die Valenzelektronen in Metallen nicht mehr einem einzelnen Atom zugeordnet werden können, sondern dem Kristallgitter als Ganzem angehören. Jedes Metallatom kann eine bestimmte Zahl dieser Elektronen abspalten. Das Metall besteht also aus positiv geladenen Metallionen und einem frei beweglichen „Elektronengas", das das Gitter zusammenhält. Dieses Modell erklärt z. B. die hohe elektrische und thermische Leitfähigkeit sowie die mechanischen Eigenschaften der Metalle, versagt aber bei der Beschreibung des Elektronenanteils der molaren Wärmekapazität. Quantenmechanisch können die Bindungsverhältnisse in Metallen mit Hilfe der MO-Theorie interpretiert werden. Dabei tritt an die Stelle eines einzelnen Moleküls der Kristall als

Ganzes. Nach dieser Theorie entstehen in einem Metallkristall delokalisierte Orbitale, die über den gesamten Kristall ausgedehnt sind. Die Energiedifferenzen zwischen benachbarten Kristallorbitalen sind außerordentlich klein. Die dicht aufeinander folgenden Energieniveaus sind in Energiebändern angeordnet (Energiebändermodell, vgl. B 16.1.2). Die Struktureigenschaften von Metallkristallen werden im Abschnitt 5.3.2 beschrieben.

3.4 Van-der-Waals'sche Bindung und Wasserstoffbrückenbindung (Nebenvalenzbindungen)

Folgende zwischenmolekulare Kräfte verursachen die van-der-Waals'sche Bindung:

– *Orientierungskräfte*, das sind Anziehungskräfte zwischen permanenten elektrischen Dipolen; sie wirken zwischen polaren Molekülen, d. h. zwischen Molekülen mit einem permanenten elektrischen Dipolmoment, und

– *Dispersionskräfte*, das sind Anziehungskräfte zwischen induzierten elektrischen Dipolen; sie wirken zwischen Atomen sowie zwischen polaren und unpolaren Molekülen.

Der Zusammenhalt von Flüssigkeiten und Festkörpern, die aus unpolaren Molekülen aufgebaut sind, wird praktisch vollständig durch Dispersionskräfte bewirkt (Beispiele: feste und flüssige Edelgase bzw. Kohlenwasserstoffe). Bei wasserstoffhaltigen Verbindungen mit SH-, OH- oder NH-Gruppen sind neben den Orientierungskräften stets auch Wasserstoffbrückenbindungen am Zusammenhalt des Molekülverbandes beteiligt. Wasserstoffbrückenbindungen sind z. B. für die Struktur und die Eigenschaften des festen und flüssigen Wassers (vgl. 5.2.3) und für die Struktur und die biologische Funktion von Proteinen und Nucleinsäuren von großer Bedeutung.

4 Chemische Gleichungen und Stöchiometrie

4.1 Chemische Formeln

Jeder chemischen Formel können sowohl qualitative Angaben über die Atomsorten, die in einer bestimmten chemischen Verbindung enthalten sind, als auch quantitative Informationen entnommen werden. Die quantitative Information kann für eine Substanz, die durch die Formel $A_a B_b$ charakterisiert ist, folgendermaßen zusammengefasst werden:

$$N(A)/N(B) = n(A)/n(B) = a/b . \qquad (4\text{-}1)$$

In einem Molekül, das durch die Formel $A_a B_b$, gekennzeichnet ist, verhält sich die Zahl der Atome der Sorte A zur Zahl der Atome der Sorte B wie a zu b.

Gleichung (4-1) bildet die Grundlage der Ermittlung von chemischen Formeln aus den Ergebnissen qualitativer und quantitativer Analysen.

Beispiel: Ein bestimmtes Antimonoxid (chemische Formel $Sb_x O_y$) weist einen Sauerstoffmassenanteil von 24,73% auf, $M(Sb) = 121,8\,g/mol$, $M(O) = 16,0\,g/mol$. Für das Stoffmengenverhältnis gilt:
$n(O)/n(Sb) = y/x$. Mit $n_B = m_B/M_B$ erhält man:

$$\frac{m(O)\, M(Sb)}{M(O)\, m(Sb)} = \frac{24,73\,g \cdot 121,8\,g/mol}{16,0\,g/mol\,(100-24,73)\,g}$$

$$= \frac{y}{x} = \frac{2,5}{1} = \frac{5}{2} .$$

Das Antimonoxid hat also die chemische Formel $(Sb_2 O_5)_k$. Der Faktor k (positive ganze Zahl) kann allein aufgrund der Ergebnisse quantitativer Analysen nicht ermittelt werden. Hierzu sind z. B. Bestimmungen der molaren Masse (bei Gasen: Zustandsgleichung idealer Gase, bei gelösten Stoffen: Messung des osmotischen Druckes, der Lichtstreuung, Ultrazentrifugation) oder röntgenstrukturanalytische Verfahren notwendig. Im Falle des Antimonoxids nimmt k sehr große Werte an, da die Verbindung polymer ist.

4.2 Chemische Gleichungen

Chemische Reaktionen können qualitativ und quantitativ durch Umsatzgleichungen beschrieben werden. So kann z. B. der Gleichung

$$Zn + 2\,HCl \rightarrow ZnCl_2 + H_2(g)$$

entnommen werden, dass das Metall Zink (Zn) mit Salzsäure (wässrige Lösung von HCl) unter Bildung des Salzes Zinkchlorid ($ZnCl_2$) und gasförmigem Wasserstoff ($H_2(g)$) reagiert. Quantitativ folgt z. B., dass die Zahl der Zinkatome, die bei der Reaktion verbraucht werden, gleich der Zahl der Wasserstoffmoleküle ist, die bei der Reaktion gebildet werden. Mit der Formel

$$N(Zn) = N(H_2)$$

kann dieser Sachverhalt wesentlich kürzer dargestellt werden. Da die Teilchenzahl N der Stoffmenge n proportional ist, gilt ferner:

$$n(Zn) = n(H_2 .$$

Verallgemeinert man diesen Sachverhalt, so gilt für die vollständig (oder „quantitativ") ablaufende Reaktion

$$\nu_A A + \nu_B B + \ldots \rightarrow \nu_X X + \nu_Y Y + \ldots$$
$$\frac{n(A)}{n(X)} = \frac{\nu_A}{\nu_X} \; ; \quad \frac{n(A)}{n(Y)} = \frac{\nu_A}{\nu_Y} \; ; \quad usw.$$

ν_A, ν_B, ν_X und ν_Y heißen *stöchiometrische Zahlen*.

Bei vollständig ablaufenden Reaktionen verhalten sich die Stoffmengen wie die stöchiometrischen Zahlen in den Umsatzgleichungen.

Beziehungen der obigen Art können als Grundgleichungen für stöchiometrische Rechnungen angesehen werden.

4.3 Grundgesetze der Stöchiometrie

Die Stöchiometrie befasst sich mit der quantitativen Behandlung chemischer Vorgänge und Sachverhalte, soweit ihnen Umsatzgleichungen bzw. chemische Formeln zugrunde liegen.

4.3.1 Gesetz von der Erhaltung der Masse

Bei allen (molekular)chemischen Reaktionen bleibt die Gesamtmasse der Reaktionspartner unverändert. Da chemische Reaktionen praktisch immer mit Energieänderungen verbunden sind, ist dieses Gesetz aufgrund der Einstein'schen Gleichung

$$\Delta E = \Delta m \, c_0^2 \; , \qquad (4\text{-}2)$$

E Energie, m Masse, c_0 Vakuumlichtgeschwindigkeit, nur eine Näherung. Bisher ist es jedoch bei keiner (molekular)chemischen Reaktion gelungen, eine die Messunsicherheit überschreitende Änderung der Gesamtmasse der Reaktionspartner messtechnisch nachzuweisen.

Bei den mit sehr großen Energieänderungen verknüpften Kernreaktionen (siehe B 17.4) hat das Gesetz von der Erhaltung der Masse keine Gültigkeit, und die Bilanz der Massen und Energien wird dort durch die Einstein'sche Gleichung (4-2) beschrieben.

4.3.2 Gesetz der konstanten Proportionen

Für die Mehrzahl chemischer Verbindungen trifft folgender Satz zu:

Die Massenverhältnisse der Elemente in einer bestimmten chemischen Verbindung sind konstant.

Das bedeutet: Unabhängig davon, auf welchem Wege eine solche Verbindung entstanden ist, enthält sie die betreffenden Elemente in einem konstanten Massenverhältnis. Je nachdem ob das Gesetz der konstanten Proportionen befolgt wird oder nicht, können chemische Verbindungen in zwei Gruppen eingeteilt werden:

1. Stöchiometrische Verbindungen.
   Darunter fasst man alle Verbindungen zusammen, die das Gesetz der konstanten Proportionen streng befolgen. Die überwiegende Mehrzahl aller chemischen Substanzen gehört in diese Kategorie.
2. Nichtstöchiometrische Verbindungen.
   Für diese Gruppe von Verbindungen gilt das Gesetz der konstanten Proportionen nicht. Die Zusammensetzung dieser Substanzen variiert innerhalb eines bestimmten Stabilitätsbereiches kontinuierlich. Besonders zahlreiche Beispiele dafür findet man bei Verbindungen zwischen verschiedenen Metallen (intermetallische Phasen). Aber auch viele Oxide, Sulfide sowie Substanzen, die Mischkristalle bilden können, gehören hierzu. So kann beispielsweise Eisen(II)-oxid in allen Zusammensetzungen innerhalb der durch die Formeln $Fe_{0,90}O$ und $Fe_{0,95}O$ angegebenen Grenzen vorkommen.

4.3.3 Gesetz der multiplen Proportionen

Die Massenverhältnisse zweier sich zu verschiedenen chemischen Verbindungen vereinigender Elemente stehen im Verhältnis einfacher ganzer Zahlen zueinander.

Beispiel: Wasserstoff und Sauerstoff bilden zwei verschiedene Verbindungen: Wasser (H_2O) und Wasserstoffperoxid (H_2O_2). Die Massenverhältnisse in diesen Verbindungen sind:

Wasser   Wasserstoffperoxid

$m(O)/m(H) = 7,937$ $m(O)/m(H) = 15,874$.

Die Massenverhältnisse verhalten sich also wie 1:2.

4.4 Stoffmenge, Avogadro-Konstante

Die Stoffmengen n_B eines Stoffes B ist als Quotient aus Teilchenzahl N_B und Avogadro-Konstante N_A definiert:

$$n_B = N_B/N_A \, . \qquad (4\text{-}3)$$

(Der Index B bezieht sich auf beliebige Stoffe oder Teilchenarten.)

Die Stoffmenge – eine Basisgröße des internationalen Einheitensystems SI – ist eine einheitenbehaftete Größe. Folglich hat die Avogadro-Konstante die Dimension einer reziproken Stoffmenge. Die SI-Einheit der Stoffmenge ist das Mol, das folgendermaßen definiert ist:

Ein Mol ist die Stoffmenge eines Systems, das aus ebensoviel Einzelteilchen besteht, wie Atome in 0,012 kg des Kohlenstoffnuklids $^{12}_{6}C$ enthalten sind.

Anmerkung: Als Nuklide bezeichnet man alle Atomarten, die durch eine bestimmte Anzahl von Protonen und Neutronen in ihrem Kern charakterisiert sind. Der Kern des Nuklides $^{12}_{6}C$ besteht aus 6 Protonen und 6 Neutronen.

Mit dem Wert der Avogadro-Konstanten

$$N_A = 6,02214179 \cdot 10^{23} \, \text{mol}^{-1}$$

folgt unter Verwendung der Beziehung $N_B = n_B \cdot N_A$, dass ein Mol einer beliebigen Substanz $6,02214179 \cdot 10^{23}$ Teilchen enthält.

4.5 Die molare Masse

Die *molare Masse* (früher: Molmasse, Molekulargewicht) M_B eines Stoffes B ist durch folgende Beziehung definiert:

$$M_B = m_B/n_B \, , \qquad (4\text{-}4)$$

m_B Masse (einer Portion des Stoffes B).

SI-Einheit kg/mol, häufig verwendete Einheit g/mol. Die Bezeichnung molare Masse wird auch auf Atome angewendet. Die Beziehungen (4-4) und (4-3) liefern den Zusammenhang zwischen der Masse eines Teilchens $m_{TB} = m_B/N_B$ und der molaren Masse: $m_{TB} = M_B/N_A$. Danach ist also die molare Masse gleich dem Produkt aus der Masse eines Teilchens und der Avogadro-Konstanten.

Beispiel: Die Masse m_H eines Wasserstoffatoms soll aus der molaren Masse $M(H) = 1,008$ g/mol dieses Atoms berechnet werden:

$$m_H = M(H)/N_A$$
$$= (1,008 \, \text{g/mol})/(6,022 \cdot 10^{23} \, \text{mol}^{-1})$$
$$= 1,674 \cdot 10^{-24} \, \text{g} \, .$$

Die molare Masse einer Verbindung kann durch Addition der molaren Massen der in der Verbindung enthaltenen Atome berechnet werden. Voraussetzung hierfür ist die Gültigkeit des Gesetzes von der Erhaltung der Masse für chemische Reaktionen (siehe 4.3.1).

Beispiel: Gesucht sei die molare Masse des Natriumsulfats, $M(Na_2SO_4)$. Es gilt:

$$M(Na_2SO_4) = 2M(Na) + M(S) + 4M(O) \, .$$
$$= 2 \cdot 23,0 \, \text{g/mol} + 32,1 \, \text{g/mol}$$
$$+ 4 \cdot 16,0 \, \text{g/mol} = 142,1 \, \text{g/mol} \, .$$

4.6 Quantitative Beschreibung von Mischphasen

4.6.1 Der Massenanteil

Der Massenanteil (früher: Massenbruch) w_B des Stoffes B ist definiert als

$$w_B = m_B/m \, . \qquad (4\text{-}5a)$$

Die Gesamtmasse m setzt sich additiv aus den einzelnen Teilmassen m_i zusammen:

$$m = \sum m_i = m_1 + m_2 + \ldots + m_n \,. \qquad (4\text{-}5b)$$

Der Massenanteil eines Stoffes ist eine reine Zahl: $w_B \leq 1$. Die Summe der Massenanteile aller Stoffe in einem gegebenen System ist gleich 1:

$$\sum w_i = 1 \,. \qquad (4\text{-}5c)$$

Häufig wird der Massenanteil auch in Prozent ($1\% = 10^{-2}$), Promille ($1\text{‰} = 10^{-3}$), parts per million ($1\,\text{ppm} = 10^{-6}$) und parts per billion ($1\,\text{ppb} = 10^{-9}$) angegeben.

Beispiel: Eine Legierung enthält 1,990 g Au, 0,010 g Ag und $1 \cdot 10^{-5}$ g As. Daraus ergibt sich: $w(\text{Au}) = 0{,}995 = 99{,}5\%$; $w(\text{Ag}) = 0{,}005 = 5\text{‰}$ und $w(\text{As}) = 5 \cdot 10^{-6} = 5\,\text{ppm}$.

4.6.2 Der Stoffmengenanteil

Der Stoffmengenanteil (früher: Molenbruch) x_B ist in Analogie zum Massenanteil folgendermaßen definiert:

$$x_B = n_B/n \,, \qquad (4\text{-}6a)$$

$$n = \sum n_i = n_1 + n_2 + \ldots + n_n \,, \qquad (4\text{-}6b)$$

$$\sum x_i = 1 \,, \qquad (4\text{-}6c)$$

n Stoffmenge.

Auch der Stoffmengenanteil wird häufig in %, ‰, ppm und ppb angegeben. Für eine vorgegebene Stoffmischung sind der Stoffmengenanteil und der Massenanteil einer bestimmten Komponente i. Allg. verschieden.

Zum Massen- und Stoffmengenanteil analoge Beziehungen existieren auch für den Volumenanteil. Bei idealen Gasen (siehe 5.1.1) sind Volumen- und Stoffmengenanteil gleich.

4.6.3 Die Konzentration (oder Stoffmengenkonzentration)

Die Konzentration c_B eines Stoffes B ist definiert als der Quotient aus Stoffmenge n_B dieses Stoffes und dem Volumen V:

$$c_B = n_B/V \,. \qquad (4\text{-}7)$$

SI-Einheit: mol/m^3, häufig verwendete Einheit: mol/l.

Beispiel: Eine Salzsäure (Lösung von Chlorwasserstoff HCl in Wasser, vgl. Tabelle 8-2) enthält einen HCl-Massenanteil von 40,0%. Die Dichte der Säure beträgt $\varrho = 1{,}198\,\text{g/cm}^3$, $M(\text{HCl}) = 36{,}46\,\text{g/mol}$. Gesucht ist die Konzentration des Chlorwasserstoffs $c(\text{HCl})$.

Lösung: Durch den Vergleich von (4-5a) und (4-7),

$$w(\text{HCl}) = m(\text{HCl})/m, \; c(\text{HCl}) = n(\text{HCl})/V$$

erkennt man, dass in (4-5a) im Zähler die Masse der HCl durch die Stoffmenge dieser Verbindung und im Nenner die (Gesamt)Masse durch das Volumen ersetzt werden muss. Dies geschieht durch die Gleichungen $n_B = m_B/M_B$ und $\varrho = m/V$. Mit

$$w(\text{HCl}) = m(\text{HCl})/m$$

erhält man auf diese Weise:

$$w(\text{HCl}) = n(\text{HCl})M(\text{HCl})/V\varrho$$
$$= c(\text{HCl})M(\text{HCl})/\varrho$$

oder $c(\text{HCl}) = w(\text{HCl})\,\varrho/M(\text{HCl})$.

Die Zahlenrechnung liefert:

$$c(\text{HCl}) = 0{,}400 \,\frac{1{,}198\,\text{g/cm}^3}{36{,}46\,\text{g/mol}}$$
$$= 0{,}01314\,\text{mol/cm}^3 = 13{,}14\,\text{mol/l} \,.$$

4.7 Stöchiometrische Berechnungen

4.7.1 Gravimetrische Analyse

Häufig liegen Stoffe als eine Mischung in flüssiger Phase vor. Gegenstand der gravimetrischen Analyse ist die Ermittlung der Masse eines der Stoffe in dieser Lösung. Dazu wird die Substanz, die gravimetrisch untersucht werden soll, durch Zugabe einer Reagenzlösung in eine schwerlösliche Verbindung überführt. Die Masse der schwerlöslichen Verbindung wird (nach Abfiltrieren und Trocknen) durch Wägung ermittelt. Bei gravimetrischen Analysen muss die Reagenzlösung stets im Überschuss zugeführt werden, damit eine vollständige (oder „quantitative") Ausfällung des zu untersuchenden Stoffes erfolgen kann.

Beispiel: Eine Stoffmischung besteht aus Chlorwasserstoff (HCl) und Wasser. Die Masse des Chlorwasserstoffs in dieser Mischung soll ermittelt werden. Dazu werden die Chloridionen durch Zugabe von Silbernitratlösung (AgNO$_3$ in H$_2$O) als Silberchlorid (AgCl) gefällt. Das Silberchlorid wird abfiltriert, getrocknet und seine Masse durch Wägung ermittelt.

Berechnung:

1. Die Fällungsreaktion wird durch folgende Umsatzgleichung beschrieben:

$$HCl + AgNO_3 \rightarrow AgCl(s) + HNO_3 .$$

(Anmerkung: In Umsatzgleichungen werden schwerlösliche Verbindungen mit dem Buchstaben s (lat. solidus: fest) gekennzeichnet.)

2. Entsprechend der Umsatzgleichung gilt folgende Stoffmengenbeziehung:

$$n(HCl) = n(AgCl) .$$

3. Die gesuchte Masse des Chlorwasserstoffs erhält man aus der durch Wägung bestimmten Masse des Silberchlorids mit $n_B = m_B/M_B$ aus der Stoffmengenbeziehung (Gleichung 3):

$$\frac{m(HCl)}{M(HCl)} = \frac{m(AgCl)}{M(AgCl)} ,$$

$$m(HCl) = m(AgCl) \frac{M(HCl)}{M(AgCl)} .$$

4.7.2 Maßanalyse

Auch die maßanalytischen Verfahren dienen zur Bestimmung der Masse eines Stoffes in einer aus mehreren Bestandteilen bestehenden Lösung. Hier wird ebenfalls mit dem maßanalytisch zu untersuchenden Stoff eine chemische Reaktion durchgeführt. Die dazu notwendige Substanz befindet sich in einer Reagenzlösung. Im Gegensatz zur Gravimetrie wird hier jedoch nur soviel Reagenzlösung zugefügt, wie zur vollständigen Umsetzung gerade erforderlich ist. Die Konzentration der Reagenzlösung muss hierbei genau bekannt sein. Substanzen oder apparative Einrichtungen, die die Vollständigkeit der Umsetzung – den Reaktionsend- oder Äquivalenzpunkt – anzeigen, heißen Indikatoren.

Beispiel: Es soll die Masse von Natriumthiosulfat (Na$_2$S$_2$O$_3$) in einer wässrigen Natriumthiosulfatlösung durch sog. Titration mit einer Iodlösung der Konzentration $c(I_2)$ ermittelt werden. Das Volumen der verbrauchten Iodlösung sei $V(I_2)$.

Berechnung:

1. Der Reaktion liegt die folgende Umsatzgleichung zugrunde:

$$2\,Na_2S_2O_3 + I_2 \rightarrow 2\,NaI + Na_2S_4O_6 .$$

2. Der Umsatzgleichung entnehmen wir, dass am Reaktionsendpunkt (oder Äquivalenzpunkt) die folgende Stoffmengenbeziehung gilt:

$$n(Na_2S_2O_3) = 2\,n(I_2) .$$

3. Die Stoffmenge in der verbrauchten Iodlösung wird aus der Konzentration und dem verbrauchten Volumen berechnet:

$$n(I_2) = c(I_2) \cdot V(I_2) .$$

4. Damit wird unter Heranziehen der Stoffmengenbeziehung $n(Na_2S_2O_3) = 2n(I_2)$ die Stoffmenge des Thiosulfates ermittelt:

$$n(Na_2S_2O_3) = 2 \cdot c(I_2) \cdot V(I_2) .$$

5. Mithilfe der Beziehung $n_B = m_B/M_B$ kann dann die Masse des Natriumthiosulfates berechnet werden:

$$m(Na_2S_2O_3) = 2M(Na_2S_2O_3) \cdot c(I_2) \cdot V(I_2) .$$

4.7.3 Verbrennungsvorgänge

Beispiel: Kohlenstoff soll in Luft verbrannt werden (vgl. 9.3.1). Das zur Verbrennung von 1 kg Kohlenstoff notwendige Luftvolumen ist bei einer Temperatur von 25 °C und bei einem Druck von 1 bar zu berechnen.

$$M(C) = 12 \, g/mol , \quad R = 0{,}08314 \, bar \cdot l/(mol \cdot K)$$

1. Der Verbrennungsvorgang wird durch folgende Umsatzgleichung beschrieben:

$$C(s) + O_2(g) \rightarrow CO_2(g) .$$

2. Aufgrund dieser Umsatzgleichung gilt bei vollständiger Verbrennung folgende Stoffmengenbeziehung:

$$n(C) = n(O_2) \ .$$

3. In obiger Beziehung wird mit der Gleichung $n_B = m_B/M_B$ die Stoffmenge des Kohlenstoffs durch die Masse ersetzt. Man erhält auf diese Weise:

$$m(C) = M(C) \cdot n(O_2) \ .$$

4. Unter Anwendung der Zustandsgleichung idealer Gase (siehe 5.1.1) wird die Stoffmenge des Sauerstoffs durch das Gasvolumen dieses Elementes ersetzt:

$$p \cdot V(O_2) = n(O_2) \cdot RT \ ,$$

$$m(C) = M(C) \cdot \frac{p \cdot V(O_2)}{RT}$$

$$\text{oder} \quad V(O_2) = \frac{m(C) \cdot RT}{M(C) \cdot p} \ .$$

Trockene atmosphärische Luft enthält einen Sauerstoffvolumenanteil von 20,95% (vgl. Tabelle 5-2), d. h.

$$V(O_2) = 0,2095 \cdot V(\text{Luft}) \ .$$

Mit obiger Beziehung folgt:

$$V(\text{Luft}) = \frac{m(C) \cdot RT}{0,2095 \cdot M(C) \cdot p}$$

$$V(\text{Luft}) = 9861\,l = 9,861\,\text{m}^3 \ .$$

5 Zustandsformen der Materie

5.1 Gase

Die zwischen den Gasteilchen wirkenden Anziehungskräfte (hauptsächlich Orientierungs- und Dispersionskräfte, vgl. 3.4) sind nicht groß genug, um Zusammenballungen der Teilchen zu verursachen und um Translationsbewegungen zu verhindern. Bei nicht zu hohen Drücken ist der Abstand zwischen den Gasteilchen groß gegenüber ihrem Durchmesser. Demzufolge füllen die Gase jeden ihnen angebotenen Raum vollständig aus. Auch die große Kompressibilität von Stoffen in diesem Aggregatzustand

kann hiermit erklärt werden. Mit steigendem Druck und sinkender Temperatur wird der Einfluss der Anziehungskräfte gegenüber der thermischen Bewegung immer größer. Dies führt schließlich zur Verflüssigung aller Gase.

5.1.1 Ideale Gase

– Phänomenologische Definition:
Als ideal werden die Gase bezeichnet, deren Verhalten durch die Gleichung $pV = nRT$ beschrieben werden kann.
– Atomistische Definition:
Ideale Gase sind dadurch charakterisiert, dass zwischen den Teilchen, aus denen diese Gase bestehen, keine Anziehungskräfte wirken. Außerdem haben diese Teilchen kein Eigenvolumen; sie sind also Massenpunkte.

5.1.2 Zustandsgleichung idealer Gase

Das Verhalten idealer Gase kann mithilfe der folgenden thermischen Zustandsgleichung idealer Gase (universelle Gasgleichung, „ideales Gasgesetz") beschrieben werden:

$$pV = nRT \qquad (5\text{-}1)$$

p Druck, V Volumen, n Stoffmenge, T Temperatur, R wird als universelle Gaskonstante bezeichnet. Diese Konstante hat die Dimension Energie/(Stoffmenge $\cdot$ Temperatur) oder Druck $\cdot$ Volumen/(Stoffmenge $\cdot$ Temperatur). Für die universelle Gaskonstante hat man folgenden Wert ermittelt:

$$R = 8,314472\,\text{J}/(\text{K} \cdot \text{mol}) \ ,$$

$$R = 8,314472\,\text{Pa} \cdot \text{m}^3/(\text{K} \cdot \text{mol}) \ .$$

Die Gültigkeit der Zustandsgleichung ist – unter Berücksichtigung der in 5.1.1 genannten Bedingungen – unabhängig von der chemischen Natur des Gases. Durch drei der vier Variablen wird der Zustand eines idealen Gases vollständig beschrieben.

Beispiel: Eine Druckgasflasche ist mit Sauerstoff gefüllt. Das Volumen der Druckgasflasche ist 50 l, der Druck beträgt bei einer Temperatur von 25 °C 200 bar. Gesucht ist die Masse m des in der Druckgasflasche vorhandenen Sauerstoffs; molare Masse des Sauerstoffs $M(O_2) = 32{,}0$ g/mol.

$$pV = n(O_2)RT = m(O_2)/M(O_2)RT$$

$$m(O_2) = pVM(O_2)/(R \cdot T)$$

$$= \frac{200 \text{ bar} \cdot 50 \text{ l} \cdot 32{,}0 \text{ g/mol}}{0{,}0831 \text{ bar} \cdot \text{l}/(\text{mol} \cdot \text{K}) \cdot 298{,}15 \text{ K}}$$

$$= 12{,}9 \text{ kg}$$

Die Zustandsgleichung idealer Gase ist ein Grenzgesetz, das von realen Gasen nur bei hohen Temperaturen und bei kleinen Drücken angenähert befolgt wird. Unter sonst gleichen Bedingungen sind die Abweichungen dann besonders groß, wenn die Gasmoleküle polarisiert sind oder wenn sie beträchtliche Eigenvolumina aufweisen. Gase mit polaren Molekülen sind z. B. Kohlendioxid CO_2, Chlorwasserstoff HCl und Ammoniak NH_3. Im Gegensatz dazu werden bei sehr kleinen Atomen oder Molekülen (Bedingung: Aufbau aus Atomen gleicher Elektronegativität, siehe 3.1.4) nur geringe Abweichungen vom idealen Verhalten beobachtet. Beispiele sind Helium He, Neon Ne, und Wasserstoff H_2.

5.1.3 Spezialfälle der Zustandsgleichung idealer Gase

In der Zustandsgleichung idealer Gase (5-1) sind als Spezialfälle das Boyle-Mariotte'sche Gesetz, das Gesetz von Gay-Lussac und der Satz von Avogadro enthalten:

Gesetz von Boyle und Mariotte

$$pV = \text{const} \quad \text{bei} \quad T, n = \text{const}. \qquad (5\text{-}2)$$

Stellt man bei verschiedenen Temperaturen den Druck als Funktion des Volumens graphisch dar, so erhält man als Isothermen eine Schar von Hyperbeln, siehe Bild 5-1.

Gesetz von Gay-Lussac

Bei konstantem Druck und vorgegebener Stoffmenge ist das Volumen der thermodynamischen Temperatur direkt proportional:

$$V = (nR/P)T = \text{const} \cdot T \qquad (5\text{-}3)$$

$$\text{oder} \quad V_1/T_1 = V_2/T_2 \quad \text{bei} \quad p, n = \text{const}.$$

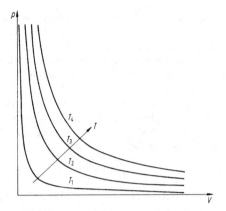

Bild 5-1. Der Druck p eines idealen Gases als Funktion des Volumens V (Boyle-Mariotte'sches Gesetz), T Temperatur

Ein analoges Gesetz für den Druck erhält man bei konstantem Volumen und vorgegebener Stoffmenge. Auch diese Beziehung wird meist als Gay-Lussac'sches Gesetz bezeichnet:

$$p = (nR/V)T = \text{const} \cdot T \qquad (5\text{-}4)$$

$$\text{oder} \quad p_1/T_1 = p_2/T_2 \quad \text{bei} \quad V, n = \text{const}.$$

Satz von Avogadro

Gleiche Volumina verschiedener idealer Gase enthalten bei gleichem Druck und gleicher Temperatur (V, p, T = const) stets dieselbe Zahl von Teilchen.

$$n = pV/(RT) = \text{const} \qquad (5\text{-}5)$$

$$\text{oder} \quad N = \text{const bei } p, V, T = \text{const}$$

N Teilchenzahl.

5.1.4 Reale Gase

Anders als bei den idealen Gasen wirken zwischen den Teilchen eines realen Gases Anziehungskräfte. Die Wirkung dieser Kräfte ist umso stärker, je kleiner die Abstände der Teilchen voneinander sind, je größer also der Druck des Gases ist. Außerdem haben die Teilchen eines realen Gases ein mehr oder weniger großes Eigenvolumen. Als Folge hiervon kann ein reales Gas nicht beliebig komprimiert werden.
Kein natürlich vorkommendes Gas verhält sich wie ein ideales Gas.

Zur quantitativen Beschreibung des Verhaltens realer Gase ist eine Vielzahl empirischer Gleichungen vorgeschlagen worden (vgl. z. B. G. Kortüm und H. Lachmann, 1981, siehe Literatur zu Kap. 6). In diesen Beziehungen werden die Anziehungskräfte der Partikel untereinander sowie das Eigenvolumen der Gasteilchen durch eine unterschiedliche Anzahl empirischer Konstanten berücksichtigt. Im Folgenden werden die Virialgleichung und die van-der-Waals'sche Gleichung beschrieben.

5.1.5 Die Virialgleichung

Bei realen Gasen ist das Produkt aus Druck und Volumen bei vorgegebener Temperatur keine Konstante, sondern vielmehr eine Funktion des Druckes. In der Virialgleichung wird diese Abhängigkeit durch eine Potenzreihe von p dargestellt. Die notwendige Zahl von Korrekturgliedern richtet sich nach der gewünschten Genauigkeit bei der Beschreibung des Verhaltens eines bestimmten realen Gases.

$$pV_m = RT + Bp + Cp^2 + Dp^3 + \dots \qquad (5\text{-}6)$$

V Volumen (extensive Größe), $V_m = V/n$ molares Volumen (intensive Größe).
Die temperaturabhängigen Konstanten B, C, D heißen Virialkoeffizienten. Sie müssen mithilfe numerischer Methoden aus Messwerten ermittelt werden.
Eine Beziehung ähnlicher Form wird auch zur Beschreibung der Konzentrationsabhängigkeit des osmotischen Druckes herangezogen (vgl. 8.2.3).

5.1.6 Die van-der-Waals'sche Gleichung. Der kritische Punkt

Die van-der-Waals'sche Gleichung beschreibt näherungsweise den Zusammenhang der Zustandsgrößen für reale Gase. Qualitativ wird auch das Verhalten von Flüssigkeiten charakterisiert. Diese Beziehung lautet:

$$\left(p + n^2 a/V^2\right)(V - nb) \cdot nRT \qquad (5\text{-}7a)$$

oder

$$\left(p + a/V_m^2\right)(V_m - b) = RT \ . \qquad (5\text{-}7b)$$

Die Stoffkonstanten a und b müssen für jedes Gas empirisch ermittelt werden. Der Term a/V_m^2 heißt Kohäsionsdruck. Er beschreibt die Auswirkungen der Anziehungskräfte zwischen den Gasteilchen. Die Konstante b wird als Covolumen bezeichnet. Nimmt man

an, dass die Gasteilchen kugelförmig sind, kann der Zusammenhang zwischen b und dem Radius r der Gasteilchen durch folgende Gleichung beschrieben werden:

$$b = 4N_A(4\pi/3)r^3$$

N_A Avogadro-Konstante.
In Tabelle 5-1 sind die Konstanten a und b der van-der-Waals'schen Gleichung für einige Gase angegeben.
Bild 5-2 gibt die mithilfe der van-der-Waals'schen Gleichung für CO_2 berechneten Isothermen wieder. Oberhalb der kritischen Temperatur $T_k = 304$ K (siehe unten) ist der Verlauf der Isothermen ähnlich wie bei einem idealen Gas. Bei Temperaturen unterhalb von T_k zeigen alle Isothermen dagegen eine S-förmige Gestalt. Bei der kritischen Temperatur ist die Isotherme durch einen Wendepunkt mit waagerechter Tangente gekennzeichnet. Dieser Wendepunkt wird als *kritischer Punkt P* bezeichnet.
Der kritische Punkt kann experimentell bestimmt werden. Er ist durch die Stoffkonstanten kritische Temperatur, kritischer Druck und kritisches molares Volumen charakterisiert (vgl. Tabelle 5-2).
Im Folgenden sollen einige Aspekte der Stabilität (vgl. 6.3.5) von Gasen und Flüssigkeiten anhand von Bild 5-2 diskutiert werden. Oberhalb der Temperatur T_k ist ausschließlich die Gasphase stabil.

Flüssigkeiten können oberhalb der kritischen Temperatur nicht existieren.

Bei Temperaturen, die kleiner als die kritische Temperatur sind, können reine Gas- bzw. Flüssigkeitsphasen stabil, metastabil oder instabil sein. So ist z. B. bei einer Temperatur von $T = 290$ K, für die die

Tabelle 5-1. Konstanten a und b der van-der-Waals'schen Gleichung für einige Gase

Gas	$\dfrac{a}{\text{bar} \cdot \text{l}^2/\text{mol}^2}$	$\dfrac{b}{\text{l/mol}}$
Helium	0,0346	0,0238
Neon	0,208	0,0167
Argon	1,36	0,0320
Wasserstoff	0,2452	0,0265
Stickstoff	1,370	0,0387
Sauerstoff	1,382	0,0319
Kohlendioxid	3,658	0,0429

Tabelle 5-2. Eigenschaften einiger technisch wichtiger Gase

T_s Siedepunkt (bezogen auf Normdruck p_N = 101 325 Pa), T_k kritische Temperatur, p_k kritischer Druck, MAK-Wert: maximale Arbeitsplatzkonzentration, Volumenanteil in ppm = 10^{-6} = cm^3/m^3

Name	Formel	$T_s/°C$	$T_k/°C$	p_k/bar	Bemerkungen
Luft					Zusammensetzung der trockenen Luft (Volumenanteil): N_2: 78,09%, O_2: 20,95%, Ar: 0,92%, CO_2: 0,03%, Ne: 0,002%, He: 0,0005%, Spuren von Kr, H_2 und Xe
Ammoniak	NH_3	−33,3	132,4	113,0	farblos, brennbar, stechender Geruch, giftig, MAK-Wert: 50 ppm, sehr große Löslichkeit in Wasser, mit Luft bilden sich explosionsfähige Gemische
Chlor	Cl_2	−34,0	144	77,0	gelbgrün, erstickend stechender Geruch, hochgiftig, MAK-Wert: 0,5 ppm, sehr starkes Oxidationsmittel
Chlorwasserstoff	HCl	−85,0	51,5	83,4	farblos, stechender Geruch, giftig, MAK-Wert: 5 ppm, sehr große Löslichkeit in Wasser (Bildung von Salzsäure)
Distickstoffmonoxid	N_2O	−88,5	36,4	72,7	„Lachgas", farblos, schwach süßlicher Geruch, narkotisch wirkend, starkes Oxidationsmittel, unter bestimmten Bedingungen explosionsartiger Zerfall in die Elemente
Edelgase					farblos, geruchlos, sehr wenig oder überhaupt nicht reaktionsfähig
Helium	He	−268,9	−267,9	2,3	
Neon	Ne	−246,1	−228,8	26,5	
Argon	Ar	−185,9	−122,3	49,0	
Krypton	Kr	−153,2	−63,8	54,9	
Xenon	Xe	−108,1	16,6	59,0	
Kohlendioxid	CO_2	−78,4	31,1	73,8	Sublimationstemperatur (bezogen auf 101 325 Pa): −78,5 °C, farblos, etwas säuerlicher Geruch und Geschmack, MAK-Wert: 5000 ppm, Anhydrid der Kohlensäure
Kohlenmonoxid	CO	−191,5	−140,2	35,0	farblos, brennbar, geruchlos, hochgiftig, MAK-Wert: 30 ppm, mit Luft bilden sich explosionsfähige Gemische
Sauerstoff	O_2	−183,0	−118,4	50,8	farblos, geruchlos, sehr starkes Oxidationsmittel
Schwefeldioxid	SO_2	−10,0	157,5	78,8	farblos, stechender Geruch, giftig, MAK-Wert: 2 ppm, gute Löslichkeit in Wasser, Anhydrid der schwefligen Säure
Stickstoff	N_2	−195,8	−147,0	34,0	farblos, geruchlos, nicht brennbar, sehr wenig reaktionsfähig
Wasserstoff	H_2	−252,9	−239,9	13,0	farblos, geruchlos, brennbar, mit Luft bilden sich explosionsfähige Gemische
Kohlenwasserstoffe					farblos, mit Luft bilden sich explosionsfähige Gemische
Methan	CH_4	−161,5	−82,6	46,0	geruchlos
Ethan	C_2H_6	−88,6	32,3	48,8	geruchlos
Propan	C_3H_8	−42,1	96,8	42,6	geruchlos, MAK-Wert: 1000 ppm
Butan	C_4H_{10}	−0,5	152,0	38,0	geruchlos, MAK-Wert: 1000 ppm
Ethylen (Ethen)	C_2H_4	−103,7	9,2	50,2	leicht süßlicher Geruch
Acetylen (Ethin)	C_2H_2		35,2	61,9	Sublimationstemperatur (bezogen auf 101 325 Pa): −84,0 °C, schwach ätherisch riechend, narkotisch wirkend, neigt zu explosivem Zerfall in die Elemente
Ethylenoxid	C_2H_4O	10,4	195,8	71,9	farblos, etherähnlicher Geruch, brennbar, giftig, MAK-Wert: 1 ppm, neigt spontan zur Polymerisation (z. T. explosionsartig), neigt zu explosiven Zerfallsreaktionen
Dichlordifluormethan	CCl_2F_2	−29,8	112,0	41,2	„R 12", farblos, schwacher Geruch, narkotisch wirksam, MAK-Wert: 1000 ppm, chemisch sehr beständig, die Freisetzung von Fluorchlorkohlenwasserstoffen (FCKW) verursacht Umweltschäden (Zerstörung der Ozonschicht der Erdatmosphäre)

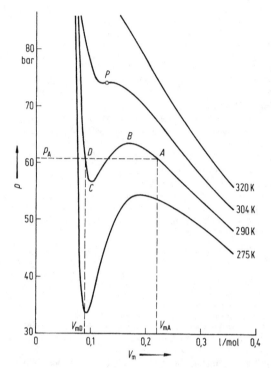

Bild 5-2. Der Druck p eines realen Gases als Funktion des molaren Volumens V_m. Die Isothermen wurden für Kohlendioxid nach der van-der-Waals'schen Gleichung berechnet

Bedingung $T < T_k$ gilt, die reine Gasphase bei allen molaren Volumina, die größer als V_{mA} sind, stabil. Der Bereich AB der Kurve entspricht übersättigtem Dampf. Hier ist eine reine Gasphase metastabil. Die Zufuhr oder die spontane Bildung eines Keimes führt zur Ausbildung einer flüssigen Phase und zum Absinken des Gasdruckes auf den Sättigungswert p_A. Im Bereich BC ist sowohl die reine Gasphase als auch die reine Flüssigkeitsphase instabil (vgl. F 1.3.3). Entsprechende Zustände sind daher nicht realisierbar. Zwischen C und D liegt eine überexpandierte Flüssigkeit vor. Dieser Bereich ist wiederum metastabil. Die Zufuhr eines Keimes oder seine spontane Bildung führt zur (teilweise explosionsartig ablaufenden) Bildung einer Gasphase und Erhöhung des Druckes auf den Sättigungswert p_A. Bei molaren Volumina, die kleiner als V_{mD} sind, ist bei 290 K nur die reine flüssige Phase existenzfähig.

5.2 Flüssigkeiten

Flüssigkeiten nehmen in ihren Eigenschaften eine Mittelstellung zwischen den Festkörpern und den Gasen ein. Im Gegensatz zu den Festkörpern können Flüssigkeiten beliebige Formen annehmen. Einer Änderung des Volumens wird dagegen ein sehr großer Widerstand entgegengesetzt, d.h., die Kompressibilität von Flüssigkeiten ist mit der von Festkörpern, aber nicht mit der von Gasen vergleichbar.

5.2.1 Einteilung der Flüssigkeiten

Flüssigkeiten können nach der Art der Bindung, die zwischen den einzelnen Teilchen wirksam ist, folgendermaßen eingeteilt werden:

– *Unpolare Flüssigkeiten.* Die Atome bzw. Moleküle werden im Wesentlichen durch Dispersionskräfte zusammengehalten. Beispiel: Tetrachlorkohlenstoff CCl_4.
– *Polare Flüssigkeiten.* Zwischen den Teilchen wirken Dipolkräfte, teilweise zusätzlich auch Wasserstoffbrückenbindungen. Beispiel: Methanol CH_3OH, Wasser (vgl. Abschnitt 5.2.3).
– *Flüssige Metalle.* Der Zusammenhalt der Teilchen in diesen Flüssigkeiten wird durch die metallische Bindung bewirkt. Beispiel: flüssiges Quecksilber.
– *Salzschmelzen, ionische Flüssigkeiten.* Zwischen den Ionen in einer Salzschmelze wirken wie bei den Ionenkristallen elektrostatische Anziehungskräfte.

5.2.2 Struktur von Flüssigkeiten

In (idealen) Festkörpern sind die atomaren Bausteine bis in makroskopische Bereiche periodisch angeordnet (Fernordnung) und zwar sowohl hinsichtlich ihrer Position als auch (bei mehratomigen Bausteinen) hinsichtlich ihrer Orientierung. Im Gegensatz dazu sind Flüssigkeiten durch einen als Nahordnung bezeichneten Zustand charakterisiert. Diese Nahordnung, die sich auf den Abstand und die Orientierung der Atome bzw. Moleküle bezieht, erfasst in erster Linie die nächsten Nachbarn eines beliebig herausgegriffenen Teilchens. Als Folge der Temperaturbewegung ist sie schon bei den zweitnächsten Nachbarn wesentlich geringer ausgeprägt; nach einigen Teilchendurchmessern ist sie überhaupt nicht mehr erkennbar. Bei der

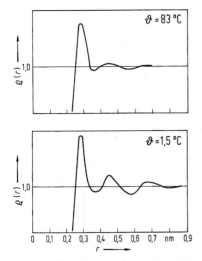

Bild 5-3. Radiale Verteilungsfunktion $\varrho(r)$ für Wasser bei 1,5 °C und 83 °C (nach Robinson, R. A.; Stokes, R. H.: Electrolyte solutions)

Annäherung an den Gefrierpunkt werden die Nahordnungsbereiche vergrößert. Der geschilderte Sachverhalt ist in Bild 5-3 verdeutlicht. Die dort dargestellte radiale Dichte-Verteilungsfunktion wurde mit Röntgenbeugungsuntersuchungen an flüssigem Wasser ermittelt.

5.2.3 Eigenschaften des flüssigen Wassers

Unter den kovalenten Hydriden nimmt Wasser aufgrund seiner physikalischen und chemischen Eigenschaften (vgl. Tabellen 5-3 und 5-4) eine Sonderstellung ein. Dies zeigt sich besonders deutlich, wenn man die Schmelz- und Siedepunkte des Wassers mit den anderen Wasserstoffverbindungen der Elemente der VI. Hauptgruppe sowie mit Ammoniak NH_3 und Fluorwasserstoff HF vergleicht:

Substanz	Schmelzpunkt °C	Siedepunkt °C
H_2O	0	100
H_2S	−85,5	−60,7
H_2Se	−65,7	−41,3
H_2Te	−49	−2
NH_3	−77,7	−33,4
HF	−83,1	19,5

Tabelle 5-3. Physikalische Eigenschaften des Wassers

Schmelzpunkt	0 °C
Siedepunkt	100 °C
kritische Temperatur	374,1 °C
kritischer Druck	221,2 bar
molare Schmelzenthalpie	6,007 kJ/mol
molare Verdampfungsenthalpie (100 °C)	40,66 kJ/mol
dynamische Viskosität (bei 25 °C)	0,8903 mPa s
elektrische Leitfähigkeit (bei 18 °C)	$4 \cdot 10^{-6}$ S/m
Dichte, Eis (bei 0 °C)	0,9168 kg/dm^3

Tabelle 5-4. Dichte des flüssigen Wassers bei verschiedenen Celsius-Temperaturen

T in °C	ϱ in kg/dm^3
0	0,99987
4	1,00000
10	0,99973
15	0,99913
20	0,99823
25	0,99707

Im Eis ist jedes Wassermolekül tetraedrisch von vier anderen H_2O-Teilchen umgeben, d. h., die Wassermoleküle haben in diesem Festkörper die Koordinationszahl 4. Über kurze Entfernungen bleibt auch in flüssigem Wasser die Tetraederstruktur erhalten. Das zeigen die Ergebnisse von Röntgenbeugungsuntersuchungen. Danach vergrößert sich die Koordinationszahl mit steigender Temperatur von 4,4 bei 1,5 °C auf 4,9 bei 83 °C. Bei fast allen anderen Flüssigkeiten ist die Koordinationszahl wesentlich größer und hat meist Werte zwischen 8 und 11.

Die tetraedrische Nahordnungsstruktur des flüssigen Wassers wird – genau wie beim Eis – hauptsächlich durch Wasserstoffbrückenbindung (vgl. 3.4) verursacht. Viele Eigenschaften des Wassers können mit dieser Struktur erklärt werden, so z. B.:

- Der im Vergleich mit den anderen kovalenten Hydriden ungewöhnlich hohe Schmelz- und Siedepunkt. Dieser Effekt kann auf die Wasserstoffbrückenbindung und die Dipoleigenschaften der H_2O-Moleküle zurückgeführt werden.

– Die Ausdehnung des Wassers beim Gefrieren. Diese Volumenvergrößerung ist eine Folge der Verkleinerung der Koordinationszahl beim Übergang vom flüssigen in den festen Aggregatzustand. Im Gegensatz hierzu wird bei fast allen anderen Substanzen beim Gefrieren eine Vergrößerung der Koordinationszahl beobachtet. So ist z. B. im flüssigen Gold die Koordinationszahl 11. Das kubisch flächenzentriert kristallisierende feste Gold hat dagegen die Koordinationszahl 12 (vgl. 5.3.2).

– Das Dichtemaximum des flüssigen Wassers bei 4 °C (vgl. Tabelle 5-4). Diese Eigenschaft wird durch zwei gegenläufige Effekte bewirkt: Dem allmählichen Aufbrechen der eisähnlichen Tetraederstruktur (erkennbar an der mit steigender Temperatur einhergehenden Vergrößerung der Koordinationszahl) und der normalen Zunahme des mittleren Teilchenabstandes bei Erhöhung der Temperatur.

5.2.4 Gläser

Definition

Gläser sind eingefrorene, unterkühlte Flüssigkeiten.

Eine unterkühlte Flüssigkeit ist metastabil (vgl. 6.3.5), befindet sich aber oberhalb der Glastemperatur (siehe unten) im inneren Gleichgewicht, d. h., dass die thermodynamischen Eigenschaften einer vorgegebenen Stoffmenge durch Angabe der Variablen Druck und Temperatur eindeutig bestimmt sind. Bei einer eingefrorenen unterkühlten Flüssigkeit – also bei einem Glas – ist dies jedoch nicht mehr der Fall. Bei der Glasumwandlung ist der Temperaturverlauf einiger Größen – so z. B. der Freien Enthalpie, der Entropie und des Volumens – stetig. Dagegen erfahren bei dieser Umwandlung z. B. die spezifische Wärmekapazität, der thermische Ausdehnungskoeffizient und die Kompressibilität sprunghafte Änderungen. Am Beispiel des Temperaturverlaufs der spezifischen Enthalpie und der spezifischen Wärmekapazität ist dies in Bild 5-4 schematisch dargestellt. Wie dieser Darstellung entnommen werden kann, sinkt der Wert der spezifischen Enthalpie mit einer durch die spezifische Wärmekapazität vorgegebenen Steigung

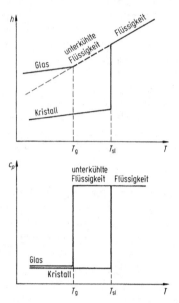

Bild 5-4. Der Temperaturverlauf der spezifischen Enthalpie h und der spezifischen Wärmekapazität c_p bei der Glasbildung, T Temperatur, T_{sl} Schmelzpunkt, T_g Glastemperatur

(vgl. F 1.2.3). Wenn unterhalb des Gefrierpunktes keine Kristallisation stattfindet, verringert sich die spezifische Enthalpie der (metastabilen) unterkühlten Flüssigkeit mit einer praktisch unveränderten Steigung. Wird die Abkühlung unterhalb der mit T_g bezeichneten Temperatur fortgesetzt, so nimmt die spezifische Enthalpie zwar weiterhin ab, jetzt aber mit einem geringeren Temperaturkoeffizienten. Die Temperatur T_g wird als Glastemperatur bezeichnet. Eine unterkühlte Flüssigkeit ist erst unterhalb dieser Temperatur ein Glas.

Glastemperatur

Die Glastemperatur ist die niedrigste Temperatur, bei der eine unterkühlte Flüssigkeit im Rahmen einer normalen Versuchsdauer das innere Gleichgewicht erreichen kann. Unterhalb dieser Temperatur wird die Relaxationszeit groß im Vergleich zur Dauer eines Experimentes. Aus dem Gesagten folgt, dass die Glastemperatur keine Stoffkonstante ist, sondern je nach der Art und dem Zeitbedarf der ausgeführten Versuche unterschiedliche Werte annehmen kann.

Glasbildende Substanzen

Im Prinzip kann jede Substanz durch Abschrecken der Schmelze in ein Glas überführt werden, wenn es gelingt, die Kristallisation zu vermeiden. Da die experimentell erreichbare Abkühlungsgeschwindigkeit jedoch begrenzt ist, konnte die Glasbildung nur bei einer eingeschränkten Zahl von Stoffen beobachtet werden. Als wichtige Beispiele seien angeführt:

Oxide. In dieser Verbindungsgruppe befinden sich die wichtigsten glasbildenden Substanzen, so z.B. reines SiO_2 (Quarzglas oder Kieselglas) und SiO_2-haltige Mischoxide (Silicatgläser) (vgl. D 4.4).

Metallische Legierungen (metallische Gläser).

Einfache organische Verbindungen (z.B. Zuckerwatte, das ist Glas aus Rohrzucker).

Organische Polymerverbindungen, so z.B. Polymethacrylate, Polystyrol, Polycarbonate (vgl. 12 und D 5.5).

5.2.5 Flüssige Kristalle oder Flüssigkristalle

Flüssigkristalle stellen eine Zustandsform der Materie dar, die zwischen dem kristallinen und dem flüssigen Zustand auftreten kann. Sie werden deshalb auch *Mesophasen* genannt. Beobachtet wird diese Zustandsform vor allem bei stark anisometrischen (stäbchen- oder scheibenförmigen) organischen Molekülen. Flüssigkristalle weisen einerseits typische Flüssigkeitseigenschaften wie z.B. Fließfähigkeit auf, andererseits auch typische Festkörpereigenschaften wie optische Anisotropie. Diese Eigenschaftskombination wird dadurch hervorgerufen, dass die Ordnungsmerkmale eines Kristalls (Positionsfernordnung und Orientierungsfernordnung) beim Erhitzen nicht gleichzeitig bei einer Temperatur verschwinden, sondern sukzessive bei unterschiedlichen Temperaturen.

Viele stäbchenförmige Moleküle, die flüssigkristalline Phasen ausbilden, sind aus starren Mittelstücken und flexiblen Endgruppen aufgebaut; Beispiele dafür sind das 4-Methoxybenzyliden-4'-butylanilin (MBBA) sowie das Pentylcyanobiphenyl (5CB).

MBBA   k 21 °C n 45 °C i

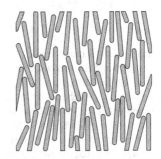

5CB   k 23 °C n 35 °C i

Diese beiden Moleküle gehen bei den angegebenen Temperaturen von der kristallinen (k) in die nematische (n) bzw. die isotrope flüssige (i) Phase über. *Nematische Phasen* sind Mesophasen, in denen keine Positionsfernordnung auftritt, die aber eine Orientierungsfernordnung mit relativ großer Fluktuation (mehrere 10°) der Moleküllängsachsen um eine Vorzugsrichtung aufweisen (Bild 5-5).

Sofern die anisometrischen Moleküle chiral sind, kommt es zu einer übermolekularen Verdrillung der nematischen Struktur. Man spricht dann von *cholesterischen Phasen* (Bild 5-6).

Höher geordnete Flüssigkristalle sind die *smektischen Phasen*, bei denen neben der Orientierungsfernordnung eine Positionsfernordnung in einer Raumrichtung erhalten bleibt. Die Moleküle sind in Schichten angeordnet, innerhalb einer Schicht liegt jedoch keine Positionsfernordnung vor. Es gibt eine Reihe unterschiedlicher smektischer Strukturen (Bild 5-7).

Bild 5-5. Struktur einer nematischen Phase

Bild 5-6. Struktur einer cholesterischen Phase

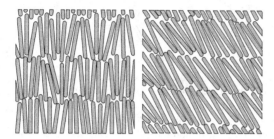

Bild 5-7. Strukturen einer smektischen *A* Phase (links) und einer smektischen *C* Phase (rechts)

Kolumnare Phasen werden vor allem von scheibenförmigen Molekülen ausgebildet: Die Moleküle werden in Säulen gestapelt, innerhalb derer eine ungeordnete, flüssigkeitsähnliche Abstandsverteilung vorliegt. Die Säulen selbst können zweidimensionale Gitter ausbilden.

Die Moleküle einer flüssigkristallinen Phase lassen sich durch ein elektrisches Feld reorientieren, so dass die Transmission von polarisiertem Licht verändert wird. Dies wird in der Optoelektronik bei Flüssigkristall-Anzeigen ausgenutzt.

5.3 Festkörper

Im allgemeinen Sprachgebrauch werden Substanzen, die volumenkonstant und formelastisch sind, Festkörper genannt. Festkörper im engeren Sinne sind definitionsgemäß jedoch nur solche Stoffe, bei denen die atomaren oder molekularen Bausteine in einem regelmäßigen Gitter angeordnet sind, also Stoffe, die einen kristallinen Aufbau haben. Amorphe Substanzen und Gläser (vgl. 5.2.4) werden nach dieser Definition nicht zu den Festkörpern gerechnet.

5.3.1 Kristalle

Kristalle sind Festkörper mit periodisch in einem dreidimensionalen Gitter (Raumgitter, Kristallgitter) angeordneten Bausteinen (Atome, Ionen oder Moleküle).

Kristalle haben zwei wesentliche Eigenschaften: Sie sind homogen und anisotrop. Ein Körper wird als homogen bezeichnet, wenn er in parallelen Richtungen gleiches Verhalten zeigt. Er ist anisotrop, wenn bestimmte Eigenschaften, wie z. B.

Spaltbarkeit, Härte, Lichtgeschwindigkeit und Kristallwachstumsgeschwindigkeit, in verschiedenen Raumrichtungen unterschiedliche Werte haben (z. B. Graphit, vgl. D 4.2). Im Gegensatz hierzu sind bei isotropen Körpern die physikalischen Eigenschaften unabhängig von der Raumrichtung. Isotrop verhalten sich alle Gase, Flüssigkeiten (mit Ausnahme der flüssigen Kristalle) und Gläser.

Elementarzelle

Bei der Translation der Gitterbausteine um ein Vielfaches der drei unabhängigen Translationsvektoren *a*, *b* und *c* erhält man ein dreidimensionales Gitter (Raumgitter). Hierbei können die Längen der Translationsvektoren unterschiedlich groß sein und die Winkel außer 90° auch beliebig andere Werte annehmen. Das durch die drei Vektoren aufgespannte Parallelepiped heißt Elementarzelle. Als Gitterkonstanten werden die Längen *a*, *b* und *c* der drei Vektoren sowie die Achsenwinkel α, β und γ bezeichnet. Aus einer Elementarzelle lässt sich durch Translation das gesamte Raumgitter aufbauen.

Kristallsysteme

Nach dem Verhältnis der Kantenlängen in den Elementarzellen sowie nach den Achsenwinkeln kann man sieben verschiedene Kristallsysteme voneinander unterscheiden, siehe D 2.1, Bild D 2-2.

5.3.2 Bindungszustände in Kristallen

Kristallgitter können nach mehreren Gesichtspunkten eingeteilt werden, so z. B. nach Art der Gitterbausteine oder nach der Art der in den Kristallen vorherrschenden Bindung (vgl. D 2.1). Wählt man das zuletzt erwähnte Einteilungsprinzip, kann man folgende vier Gittertypen unterscheiden:

– *Metallkristalle*, Bindungsart: metallische Bindung (vgl. 3.3). Gitterbausteine: Atome. Deren positiv geladene Ionen bilden ein Raumgitter, in dem frei bewegliche Elektronen vorhanden sind. Die Bindungskräfte sind ungerichtet. *Eigenschaften:* Gute thermische und elektrische Leitfähigkeit, metallischer Glanz, dehnbar, schmiedbar, duktil. Beispiele: Kupfer, Natrium, Eisen.
– *Ionenkristalle*, Bindungsart: Ionenbindung (vgl. 3.2). Gitterbausteine: Kugelförmige Ionen

definierter Ladung. Die Bindungskräfte sind ungerichtet. Eigenschaften: hart, spröde, hohe Schmelz- und Siedepunkte, nur in polaren Lösungsmitteln löslich, sehr geringe elektrische Leitfähigkeit. Beispiele: Natriumchlorid, Caesiumiodid.

– *Kovalente Kristalle*, Bindungsart: Kovalente Bindung (vgl. 3.1), Gitterbausteine: Atome der IV. Hauptgruppe. *Eigenschaften*: hart, sehr hohe Schmelz- und Siedetemperaturen, Isolatoren. Beispiel: Diamant.

– *Molekülkristalle*, Bausteine: Moleküle und Edelgasatome. Bindungsart: Van-der-Waals'sche Bindung und Wasserstoffbrückenbindung (Beispiele: feste Edelgase, festes Kohlendioxid; Eis, vgl. 5.2.3). *Eigenschaften*: weich, tiefe Schmelz- und Siedetemperaturen.

Struktur von Metallkristallen

Die meisten Metalle kristallisieren in einer der folgenden Strukturen:

– hexagonal dichteste Kugelpackung (Koordinationszahl 12),
– kubisch dichteste Kugelpackung (kubisch flächenzentriertes Gitter) (Koordinationszahl 12),
– kubisch raumzentriertes Gitter (Koordinationszahl 8).

Als Koordinationszahl wird die Zahl der nächsten Nachbarn, die ein bestimmtes Teilchen umgeben, bezeichnet.

In Tabelle 5-5 sind neben der Angabe des Strukturtyps die Schmelz- und Siedepunkte einiger Metalle aufgeführt; weitere Angaben siehe D 9.3.3, Tabelle 9-7.

Dichteste Kugelpackungen

Für eine zweidimensionale Schicht dichtest gepackter Kugeln gibt es nur eine Möglichkeit der Anordnung. Hierbei ist jede Kugel von sechs anderen umgeben. Die dreidimensionalen dichtesten Kugelpackungen entstehen durch Übereinanderlagerung derartiger Schichten. Dabei müssen die Atome der neuen Schicht in den Lücken der bereits vorhandenen liegen. Für zwei dichtest gepackte Kugelschichten ist dies in Bild 5-8 schematisch dargestellt. Die Zahl der theoretisch möglichen Kugelpackungen ist nahezu unbegrenzt.

Tabelle 5-5. Strukturtypen, Schmelz- und Siedepunkte einiger metallischer Elemente.
kd kubisch dichteste Kugelpackung, hd hexagonal dichteste Kugelpackung, krz kubisch raumzentriert, T_{sl} Schmelzpunkt, T_{lg} Siedepunkt. Die Angaben in Klammern sind Phasenumwandlungstemperaturen

Element	Struktur	$T_{sl}/°C$	$T_{lg}/°C$
Cu	kd	1084,62[a]	2562
Ag	kd	961,78[a]	2162
Au	kd	1064,18[a]	2856
Al	kd	660,323[a]	2519
Pb	kd	327	1749
γ-Fe	kd	(1401)	–
Be	hd	1287	2471
Mg	hd	650	1090
Zn	hd	419,527[a]	907
Ti	hd	1668	3287
Zr	hd	1855	4409
Li	krz	180	1342
Na	krz	97,8	883
K	krz	63,4	759
V	krz	1910	3407
Ta	krz	3017	5458
W	krz	3422	5555
α-Fe	krz	(906)	–
δ-Fe	krz	1538	2750

[a] Fixpunkt der Internationalen Temperaturskala von 1990 (ITS-90).

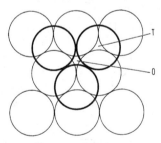

Bild 5-8. Dichteste Kugelpackungen, zwei Kugelschichten mit Tetraeder- (T) und Oktaederlücken (O)

Verwirklicht werden hauptsächlich die folgenden beiden:

– *Hexagonal dichteste Kugelpackung*
Die Folge der dichtest gepackten zweidimensionalen Schichten ist hier ABAB..., d.h., die Kugeln

der 3. Schicht sind unmittelbar über der ersten angeordnet. (Elementarzelle der hexagonal dichtesten Kugelpackung siehe Bild 5-9.)

– *Kubisch dichteste Kugelpackung*
Bei dieser Struktur ist die Stapelfolge ABCABC..., d. h., die Kugeln der 4. Schicht befinden sich unmittelbar über der ersten. Nach ihrer Elementarzelle wird diese Struktur auch als kubisch flächenzentriert bezeichnet (vgl. Bild 5-10).

Bei den dichtesten Kugelpackungen beträgt die Packungsdichte 74%, d. h., 26% des Gesamtvolumens entfallen auf die zwischen den Kugeln befindlichen Lücken. Es existieren zwei unterschiedliche Arten von Lücken: a) *Tetraederlücken*, die von vier Atomkugeln in tetraedrischer Anordnung begrenzt sind (vgl. Bild 5-8). Die Zahl dieser Lücken ist doppelt so groß wie die Zahl der Metallatome. b) *Oktaederlücken*, das sind von acht Atomkugeln in oktaedrischer Anordnung eingefasste Lücken. Ihre Zahl ist gleich der der atomaren Bausteine (vgl. Bild 5-8).

Die Packungsdichte beim kubisch raumzentrierten Gitter (vgl. Bild 5-11) ist geringer als bei den dichtesten Kugelpackungen, sie beträgt 68%.

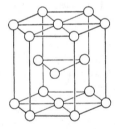

Bild 5-9. Elementarzelle der hexagonal dichtesten Kugelpackung

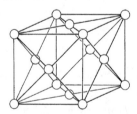

Bild 5-10. Elementarzelle der kubisch dichtesten Kugelpackung, kubisch flächenzentriertes Gitter

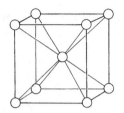

Bild 5-11. Kubisch raumzentriertes Gitter

Struktur von Ionenkristallen

Die Struktur von Ionenkristallen hängt im Wesentlichen von folgenden Faktoren ab:

– Von der quantitativen Zusammensetzung des Salzes und
– vom Radienverhältnis der Kationen (A) und Anionen (B).

Für Ionenkristalle des Formeltyps AB treten abhängig vom Radienverhältnis folgende Gitterstrukturen am häufigsten auf:

– *Caesiumchlorid-Gitter.*
Grenzradienquotient $r_{A^+}/r_{B^-} \geq 0{,}732$. Gitterstruktur: Sowohl die Cs^+-Ionen als auch die Cl^--Ionen bilden kubisch primitive Teilgitter, die um eine halbe Raumdiagonale gegeneinander verschoben sind (vgl. Bild 5-12). Jedes Cs^+-Ion ist von acht Cl^--Ionen und jedes Cl^--Ion von acht Cs^+-Ionen umgeben (Koordinationszahl 8). Beispiele: Caesiumchlorid CsCl, CsBr, CsI.

– *Natriumchlorid-Gitter.*
Grenzradienquotient $0{,}414 \leq r_{A^+}/_{B^-} \leq 0{,}732$. Gitterstruktur: Die Na^+- und die Cl^--Ionen bilden kubisch flächenzentrierte Teilgitter aus, die um eine halbe Kantenlänge in einer Koordinatenachse verschoben sind (vgl. Bild 5-13). Die Cl^--Ionen $(r(Na^+)/r(Cl^-) = 0{,}56)$ bilden eine kubisch dich-

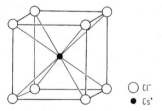

$\bigcirc$ Cl^-
$\bullet$ Cs^+

Bild 5-12. Elementarzelle der Caesiumchlorid-Struktur

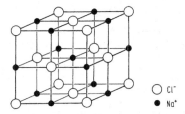

Bild 5-13. Elementarzelle der Natriumchlorid-Struktur

teste Kugelpackung, in deren Oktaederlücken sich die Kationen befinden. Jedes Na^+-Ion ist von sechs Cl^--Ionen und jedes Cl^--Ion von sechs Na^+-Ionen umgeben (Koordinationszahl 6). Beispiele: NaCl, NaF, NaBr, NaI, KF, KCl, KBr, KI, CaO, MgO.

– *Zinkblende-Gitter.*
Grenzradienquotient $0{,}225 \leq r_{A^+}/r_{B^-} \leq 0{,}414$.
(Zinkblende ist eine Modifikation des Zinksulfids ZnS. ZnS kommt noch in einer weiteren Modifikation als Wurtzit vor.) Gitterstruktur: Die S^{2-}-Ionen bilden eine kubisch dichteste Kugelpackung, deren Tetraederlücken die Zinkionen alternierend besetzen; Koordinationszahl 4.

Kovalente Kristalle

Der wichtigste Vertreter dieses Gittertyps ist der Diamant. In dieser Kohlenstoffmodifikation sind die Elektronenzustände sp^3-hybridisiert (vgl. 3.1.3). Jedes C-Atom ist daher tetraedrisch von vier anderen C-Atomen umgeben. Die C-Atome bilden gewinkelte Sechsringe aus, die in parallelen Schichten angeordnet sind (vgl. Bild 5-14). Im Gegensatz zum Graphit werden die Schichten beim Diamanten jedoch durch Atombindungen fest zusammengehalten.

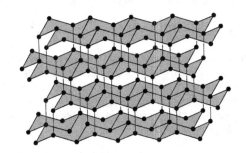

Bild 5-14. Diamantstruktur

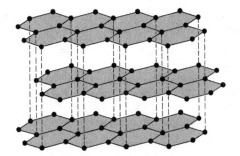

Bild 5-15. Graphitstruktur

Die skizzierte Struktur bedingt die große Härte des Diamanten.

Kristalle mit komplexen Bindungsverhältnissen

In sehr vielen Fällen können Kristalle durch die Angabe einer der vier Grenztypen der chemischen Bindung nicht ausreichend beschrieben werden. Vielmehr sind Übergänge zwischen den verschiedenen Grenzbindungsarten vorhanden. So werden z. B. bei vielen Schwermetallsulfiden Mischformen von ionischer und metallischer Bindung beobachtet. Es ist auch möglich, dass in verschiedenen Raumrichtungen unterschiedliche Bindungsarten wirksam sind (Beispiel Graphit, vgl. Bild 5-15 und D 4.2).

5.3.3 Reale Kristalle

In diesem Kapitel wurden ausschließlich Idealkristalle behandelt. Hierunter versteht man Kristalle, die sowohl im makroskopischen wie auch im mikroskopischen Bereich einen mathematisch strengen Aufbau zeigen. In der Natur gibt es jedoch nur reale Kristalle, die sich von den Idealkristallen durch die Anwesenheit von Kristallbaufehlern unterscheiden; siehe D 2.2.

5.3.4 Grenzflächen

Bei elementaren Betrachtungen (auch in der Thermodynamik, vgl. 6) sieht man davon ab, dass das Volumen von Festkörpern endlich ist. Reale Festkörper besitzen Grenzflächen, z. B. zu anderen Festkörpern, zu Flüssigkeiten oder zu Gasen (in den beiden letzten Fällen Oberflächen genannt). Chemische und physikalische Prozesse an Grenzflächen sind von entscheidender Bedeutung für

– das Kristallwachstum bzw. die Auflösung von Kristallen;
– die geschwindigkeitsbestimmenden Schritte chemischer Reaktionen (heterogene Katalyse, vgl. 7.9);
– Korrosion, Bruch, Reibung und Verschleiß.

Die chemische Zusammensetzung und die Struktur einer Grenzfläche können erheblich von den Verhältnissen im Inneren des Festkörpers abweichen. Beispielsweise besitzen unedle Metalle Oxid- oder Hydroxidschichten (s. z. B. 10.13.1) an der Metall-Luft-Grenzfläche; bei der Adsorption werden Teilchen durch van-der-Waals-Wechselwirkungen an einer Oberfläche gebunden. Zur Bestimmung der Struktur und der chemischen Zusammensetzung an Oberflächen dienen die rasterkraftmikroskopischen Methoden (z. B. atomic force microscopy AFM) und oberflächenspektroskopische Methoden (z. B. electronic spectroscopy for chemical analysis ESCA s. D 11.2).

5.4 Plasmen

Der *Plasmazustand* (vgl. B 16.6) wird häufig als vierter Aggregatzustand der Materie bezeichnet. Oberhalb einer Temperatur von 10 000 K liegt die dann ausnahmslos gasförmige Materie vollständig ionisiert vor, sodass sie aus positiv oder negativ geladenen Ionen, Elektronen und (je nach Temperatur noch auftretenden) Neutralteilchen besteht. Während die Materie des Universums ganz überwiegend (> 99%) im Plasmazustand vorliegt, kommt er auf der Erde selten vor, z. B. in thermonuklearen Reaktionen, im Nordlicht oder im Lichtbogen. Bei Niedertemperaturplasmen, die u. a. durch Mikrowelleneinwirkung auf Gase bei geringem Druck (im mbar-Bereich) erzeugt werden können, besitzen nur die Elektronen extrem hohe Temperaturen, nicht aber die (schweren) Ionen oder Neutralteilchen (sogenannte nichtisotherme Plasmen). Technische Anwendungen für Plasmen sind Synthesen im Lichtbogen (z. B. von Acetylen), die Reinigung, Modifizierung und Beschichtung von Oberflächen sowie das Plasmaschneiden.

6 Thermodynamik chemischer Reaktionen. Das chemische Gleichgewicht

6.1 Grundlagen

6.1.1 Einteilung der thermodynamischen Systeme

Stoffliche Systeme können folgendermaßen eingeteilt werden:

– Nach den Transportmöglichkeiten von Energie und/oder Materie über die Systemgrenzen werden unterschieden:
  abgeschlossene Systeme (weder Materie- noch Energieaustausch möglich), *geschlossene Systeme* (nur Energieaustausch möglich) und *offene Systeme* (sowohl Materie- als auch Energieaustausch möglich).
– Nach der stofflichen Zusammensetzung unterscheidet man zwischen *Einstoff-* und *Mehrstoffsystemen*.
– Nach der Zahl der anwesenden Phasen unterscheidet man zwischen *homogenen* und *heterogenen Systemen*. Homogene Systeme weisen überall dieselben physikalischen und chemischen Eigenschaften auf. Sie bestehen aus nur einer Phase. Ein homogenes Einstoffsystem wird auch als reine Phase bezeichnet. Ein System, das aus mehr als einer Phase aufgebaut ist, heißt heterogen.

Beispiele von homogenen Systemen: Mischungen von Gasen, flüssiges Wasser, wässrige Lösungen von Salzen (vgl. 8), Metalle und manche Metalllegierungen.
Beispiele von heterogenen Systemen: Gemisch aus Eisen und Schwefel, Nebel, Gemisch aus flüssigem und festem Wasser, Granit, Kolloide (vgl. 8.1.1).

6.1.2 Die Umsatzvariable

Die in einer Reaktionsgleichung vor dem Stoffsymbol stehenden Zahlen werden als stöchiometrische Zahlen ν_B bezeichnet. Vereinbarungsgemäß haben die stöchiometrischen Zahlen der Ausgangsstoffe ein negatives und die der Endprodukte ein positives Vorzeichen. Für die Umsatzgleichung

$$N_2 + 3H_2 \rightarrow 2NH_3$$

gilt also:

$$v(N_2) = -1$$

$$v(H_2) = -3 \quad \text{und} \quad v(NH_3) = +2 \,.$$

Die Angabe von stöchiometrischen Zahlen ist nur bei unmittelbarem Bezug auf eine Reaktionsgleichung sinnvoll. Zur Beschreibung des Verlaufs einer chemischen Reaktion benötigt man nur eine einzige Variable, die *Umsatzvariable ξ*. Diese Größe wird auch als Reaktionslaufzahl bezeichnet und ist folgendermaßen definiert:

$$d\xi = dn_i/v_i \quad (6\text{-}1)$$

n_i Stoffmenge.

Die Umsatzvariable hat die Dimension einer Stoffmenge.

Wendet man diese Definitionsgleichung auf die oben genannte Reaktionsgleichung an, so erhält man:

$$d\xi = -dn(N_2) = -1/3\, dn(N_2) = 1/2\, dn(NH_3) \,.$$

Die Umsatzvariable kann nicht nur auf chemische Reaktionen und Phasenumwandlungen angewendet werden, sondern auch auf Vorgänge, die nicht mehr mit Umsatzgleichungen beschrieben werden können (z. B. Ordnungs-Unordnungs-Übergänge in Legierungen).

6.2 Anwendung des 1. Hauptsatzes der Thermodynamik auf chemische Reaktionen

6.2.1 Der 1. Hauptsatz der Thermodynamik

Für ein geschlossenes System kann der 1. Hauptsatz der Thermodynamik folgendermaßen formuliert werden (vgl. F 1.5.2):

$$\Delta U = U_2 - U_1 = Q_{12} + W_{12} \,, \quad (6\text{-}2)$$

U innere Energie (Index 2: Endzustand, Index 1: Anfangszustand). Q_{12} Wärme bzw. W_{12} Arbeit, die mit der Umgebung ausgetauscht wird. Die innere Energie ist der Messung nicht zugänglich. Es können nur Differenzen dieser Größe ermittelt werden. Im Gegensatz zur Wärme und zur Arbeit ist die innere Energie eine extensive Zustandsgröße (vgl. F 1.2.1). Die drei Größen U, Q und W haben die Dimension einer Energie. Vorausgesetzt, dass zwischen dem System und der Umgebung nur Wärme und Volumenar-

beit ($W_{12} = -p\Delta V$) (vgl. F 1.1.2) ausgetauscht wird, erhält man für den 1. Hauptsatz:

$$\Delta U = Q_{12} - p\Delta V \quad \text{oder} \quad dU = dQ - pdV \quad (6\text{-}3)$$

Bei isochoren Vorgängen vereinfacht sich die obige Beziehung zu:

$$\Delta U = Q_{12}; \quad V = \text{const}\,. \quad (6\text{-}4)$$

Bei isochoren Vorgängen ist die mit der Umgebung ausgetauschte Wärme gleich der Änderung der inneren Energie.

Die *Enthalpie H* eines einfachen Bereiches ist folgendermaßen definiert (vgl. F 1.2.3):

$$H = U + pV \quad (6\text{-}5)$$

Die Enthalpie ist eine Zustandsgröße. Sie ist eine extensive Größe und hat die Dimension einer Energie. Genau wie bei der inneren Energie ist es auch bei der Enthalpie nicht möglich, ihren Absolutwert zu bestimmen.

Mit $\Delta U = Q_{12} - p\Delta V$ und $\Delta(pV) = V\Delta p + p\Delta V$ folgt aus obiger Beziehung:

$$\Delta H = Q_{12} + V\Delta p \quad (6\text{-}6)$$

Bei isobaren Vorgängen vereinfacht sich diese Gleichung zu

$$\Delta H = Q_{12}; \quad p = \text{const}\,. \quad (6\text{-}7)$$

Bei isobaren Vorgängen ist die mit der Umgebung ausgetauschte Wärme gleich der Änderung der Enthalpie.

6.2.2 Die Reaktionsenergie

Anhand der Modellreaktion

$$v_A A + v_B B + \ldots \rightarrow v_N N + v_M M + \ldots$$

kann folgende Beziehung für die *Reaktionsenergie* $\Delta_r U$ angegeben werden:

$$\Delta_r U = (v_N U_m(N) + v_M U_m(M) + \ldots)$$
$$- (v_A U_m(A) + v_B U_m(B) + \ldots)$$

oder allgemein

$$\Delta_r U = \sum v_i U_{mi} \,; \quad V, T = \text{const}\,. \quad (6\text{-}8)$$

v_i stöchiometrische Zahl, U_{mi} molare innere Energie des Stoffes i, also $U_{mi} = U_i/n_i$.

Die Reaktionsenergie ist eine Zustandsgröße. Für die Reaktionsenergie gilt auch die Beziehung

$$\Delta_r U = (\partial U/\partial\xi)_{V,T} \ .$$

(Hinweis: Zwischen differenziellen und integralen Reaktionsgrößen, wie sie in ausführlichen Darstellungen der chemischen Thermodynamik verwendet werden, wird im Folgenden nicht unterschieden; eigentlich gilt

$$\Delta_r U = \int(\partial U/\partial\xi)_{V,T} \, d\xi = \int \sum v_i U_{mi} \, d\xi$$

mit Integration über einen Formelumsatz.)

Messung der Reaktionsenergie

Die Messung der Reaktionsenergie kann mit einem Kalorimeter erfolgen. Besonders häufig werden derartige Untersuchungen bei Verbrennungsreaktionen (vgl. 9.3.1) durchgeführt. Hierbei wird eine Substanz mit Sauerstoff in einer kalorimetrischen Bombe verbrannt und die dabei freiwerdende Wärme ($Q < 0$) gemessen. Da bei diesem Vorgang das Volumen konstant gehalten wird, ist die freiwerdende Wärme gleich der Reaktionsenergie, vgl. (6-4).

Ein bei der Kalorimetrie von Verbrennungsreaktionen häufig verwendeter Begriff ist der *Brennwert* eines Stoffes (vgl. DIN 51900-1:2000):

Als Brennwert wird der Quotient aus dem Betrag der bei der Verbrennung freiwerdenden Wärme und der Masse des eingesetzten Brennstoffs bezeichnet. Das dabei gebildete Wasser soll in flüssiger Form vorliegen (CO_2 und eventuell gebildetes SO_2 müssen als Gas vorhanden sein; Temperatur 25 °C). Da die Bestimmung des Brennwertes in einer kalorimetrischen Bombe vorgenommen wird (V = const), ist der Brennwert gleich der negativen spezifischen Reaktionsenergie.

6.2.3 Die Reaktionsenthalpie

Die Reaktionsenthalpie $\Delta_r H$ ist analog zur Reaktionsenergie 6.2.2 durch folgende Beziehungen definiert:

$$\Delta_r H = \sum v_i H_{mi} \ ; \quad p, T = \text{const} \ . \qquad (6-9)$$
$$\Delta_r H = (\partial H/\partial\xi)_{p,T} \ ,$$

v_i stöchiometrische Zahl, ξ Umsatzvariable, $H_{mi} = H_i/n_i$ ist die molare Enthalpie der Substanz i.

Wie die Reaktionsenergie ist auch die Reaktionsenthalpie eine Zustandsgröße.

Zusammenhang zwischen Reaktionsenergie und -enthalpie

Für den Zusammenhang zwischen Reaktionsenergie $\Delta_r U$ und Reaktionsenthalpie $\Delta_r H$ gilt näherungsweise

$$\Delta_r H = \Delta_r U + p\Delta_r V \ . \qquad (6-10)$$

$\Delta_r V$ ist das Reaktionsvolumen, das folgendermaßen definiert ist:

$\Delta_r V = \sum v_i V_{mi}$ mit $V_{mi} = V_i/n_i$ dem molaren Volumen des Stoffes i.

Laufen Reaktionen ausschließlich in kondensierten Phasen ab, so fällt in (6-10) der Term $p\Delta_r V$ numerisch kaum ins Gewicht. Es gilt

$$\Delta_r H \approx \Delta_r U \ .$$

Sind Gase an einer chemischen Reaktion beteiligt, so wird die Änderung des Reaktionsvolumens praktisch nur durch die Änderung des Gasvolumens bewirkt. Unter Anwendung der Zustandsgleichung idealer Gase erhält man in diesem Fall:

$$\Delta_r H = \Delta_r U + p\Delta_r V \approx \Delta_r U + RT \sum v_i \ . \qquad (6-11)$$

Beispiele:

1. Bei der homogenen Gasreaktion
   $N_2(g) + O_2(g) \rightarrow 2\,NO(g)$ ist $\sum v_i = 0$, d.h., $\Delta_r H = \Delta_r U$.
2. Für die heterogene Reaktion
   $2\,H_2(g) + O_2(g) \rightarrow 2\,H_2O(l)$ gilt $\sum v_i = -3$, da bei der Anwendung der obigen Beziehung Stoffe in kondensierten Phasen nicht zu berücksichtigen sind.

Exotherme und endotherme Reaktionen

Nach dem Vorzeichen der Reaktionsenthalpie wird zwischen exothermen und endothermen Reaktionen unterschieden:

$\Delta_r H < 0$ exotherme Reaktion,
$\Delta_r H > 0$ endotherme Reaktion.

Diese Unterscheidung wird auch auf Phasenumwandlungen angewandt.

Beim Ablauf exothermer Reaktionen wird (bei konstantem Druck) Wärme an die Umgebung abgegeben. Als Folge hiervon tritt eine Temperaturerhöhung auf (Beispiel: Verbrennungsvorgänge). Entsprechend führt der Ablauf endothermer Prozesse zu einer Temperaturerniedrigung (Beispiel: Verdampfen einer Flüssigkeit).

Das Berthelot-Thomsen'sche Prinzip

Nach einem von Thomsen und Berthelot 1878 aufgestellten Prinzip sollten nur exotherme Reaktionen bzw. Vorgänge freiwillig ablaufen. Die Erfahrung zeigt, dass in der Tat exotherme Reaktionen (z. B. Verbrennungsreaktionen) spontan verlaufen können. Dieser Sachverhalt trifft aber auch auf eine große Zahl endothermer Reaktionen zu. So läuft z. B. die Verdampfung von Flüssigkeiten (endothermer Vorgang) freiwillig ab. Dieses Beispiel zeigt deutlich, dass das Vorzeichen von Reaktions- bzw. Phasenumwandlungsenthalpien nicht als alleiniges Kriterium für den freiwilligen Ablauf von Reaktionen bzw. Vorgängen dienen kann, vgl. 6.3.4.

6.2.4 Der Heß'sche Satz

Da die Reaktionsenthalpie eine Zustandsgröße ist, folgt, dass sie nur vom Anfangs- und Endzustand des Systems abhängt, also unabhängig vom Reaktionsweg ist. Lässt man daher ein System einmal direkt und einmal über verschiedene Zwischenstufen von einem Anfangszustand in einen Endzustand übergehen, so sind die Reaktionsenthalpien in beiden Fällen gleich groß. Diese Aussage wird als Heß'scher Satz bezeichnet. Er dient zur Berechnung von Reaktionsenthalpien, die nicht direkt messbar sind.

Beispiel: Die Reaktionsenthalpie $\Delta_r H_1$ der Reaktion

$$C(s) + 1/2\,O_2(g) \rightarrow CO(g)$$

soll ermittelt werden. $\Delta_r H_1$ ist auf direktem Wege nicht messbar, weil die Verbrennung des Kohlenstoffs nicht so durchgeführt werden kann, dass dabei ausschließlich Kohlenmonoxid CO entsteht. Messbar sind hingegen die Reaktionsenthalpien der folgenden Reaktionen:

$$C(s) + O_2(g) \rightarrow CO_2(g) \quad \text{mit} \quad \Delta_r H_2$$
$$CO(g) + 1/2\,O_2(g) \rightarrow CO_2(g) \quad \text{mit} \quad \Delta_r H_3$$

Zur Bildung des gasförmigen Kohlendioxids aus festem Kohlenstoff sind zwei Reaktionsfolgen möglich: Die erste führt direkt zum CO_2 (2. der hier angegebenen Reaktionen), die zweite benutzt den Umweg der CO-Bildung (1. und 3. der hier genannten Reaktionen). Für die Reaktionsenthalpien gilt daher folgender Zusammenhang:

$$\Delta_r H_2 = \Delta_r H_1 + \Delta_r H_3 \,.$$

Überprüfung dieser Beziehung mithilfe der Definitionsgleichung der Reaktionsenthalpie (vgl. 6.2.3):

$$\Delta_r H_2 = H_m(CO_2) - H_m(C) - H_m(O_2)$$
$$\Delta_r H_1 + \Delta_r H_3 = H_m(CO) - H_m(C) - 1/2 H_m(O_2)$$
$$+ H_m(CO_2) - H_m(CO) - 1/2 H_m(O_2)$$
$$= H_m(CO_2) - H_m(C) - H_m(O_2) \,.$$

6.2.5 Die Standardbildungsenthalpie von Verbindungen

Die Reaktionsenthalpie, die zur Bildung eines Mols einer chemischen Verbindung aus den Elementen notwendig ist, bezeichnet man als molare Bildungsenthalpie.

So ist z. B. die Reaktionsenthalpie der Reaktion $1/2\,N_2 + 3/2\,H_2 \rightarrow NH_3$ gleich der molaren Bildungsenthalpie $\Delta_B H_m$ des Ammoniaks. Da die Reaktionsenthalpie druck- und temperaturabhängig (vgl. 6.2.6) ist, muss der Zustand, in dem sich die Elemente befinden sollen, festgelegt werden. Als Standardzustand wählt man

– für kondensierte Stoffe den Zustand des reinen Stoffes bei 25 °C und 101 325 Pa und
– für Gase den Zustand idealen Verhaltens bei ebenfalls 25 °C und 101 325 Pa.

Findet die Bildung eines Mols einer Verbindung aus den Elementen unter Standardbedingungen statt, so heißt die entsprechende Reaktionsenthalpie molare Standardbildungsenthalpie. Die molare Standardbildungsenthalpie einer großen Zahl von Verbindungen ist experimentell ermittelt worden und in Tabellenwerken aufgeführt. Für einige Stoffe ist sie in Tabelle 6-1 angegeben. Die Bedeutung der molaren Standardbildungsenthalpie beruht darauf, dass unter Anwendung des Heß'schen Satzes nach folgender Beziehung Reaktionsenthalpien berechnet

Tabelle 6-1. Molare Standardbildungsenthalpien $\Delta_B H_m^0$ und molare Standardentropien S_m^0 einiger Stoffe

Stoff	Formel	$\Delta_B H_m^0$ in kJ/mol	S_m^0 in J/(mol·K)
Graphit		0	5,7
Diamant		1,9	2,4
Kohlenmonoxid	CO	−110,5	197,75
Kohlendioxid	CO_2	−393,5	213,78
Stickstoff	N_2	0	191,6
Wasserstoff	H_2	0	130,7
Ammoniak	NH_3	−45,9	192,8
Stickstoffmonoxid	NO	91,3	210,8
Stickstoffdioxid	NO_2	33,2	240,1
Wasser	$H_2O(g)$	−241,8	188,8
Wasser	$H_2O(l)$	−285,8	69,9
Methan	$CH_4(g)$	−74,6	186,3
Ethan	$C_2H_6(g)$	−84,0	229,2
Propan	$C_3H_8(g)$	−103,8	270,3
Acetylen	$C_2H_2(g)$	227,4	200,9
Benzol	$C_6H_6(g)$	82,9	269,2
Benzol	$C_6H_6(l)$	49,1	173,4
Tetrafluormethan	$CF_4(g)$	−933,6	261,6
Tetrafluorethylen	$C_2F_4(g)$	−658,9	300,1

werden können (Reaktionsgrößen unter Standardbedingungen sind mit dem Zeichen ^{0} gekennzeichnet):

$$\Delta_r H^0 = \sum \nu_i \Delta_B H_{mi}^0 \qquad (6\text{-}12)$$

$(p = 101\,325\,\text{Pa},\ T = 298,15\,\text{K})\ .$

Beispiele:

– Berechnung der Reaktionsenthalpie des Acetylenzerfalls unter Standardbedingungen (vgl. 11.3.1):

$$HC \equiv CH(g) \rightarrow 2\ C(s) + H_2(g)$$

Für die obige Reaktion erhält man:

$$\Delta_r H^0 = \sum \nu_i \Delta_B H_{mi}^0 = -\Delta_B H_m^0(H_2C_2)$$
$$= -226,7\,\text{kJ/mol (vgl. Tabelle 6-1)}$$

(Hinweis: Die Standardbildungsenthalpien der Elemente sind null.)

– Berechnung der Reaktionsenthalpie für die Verbrennung von Acetylen unter Standardbedingungen (vgl. 11.3.1):

$$HC \equiv CH(g) + 5/2\ O_2(g) \rightarrow H_2O(l) + 2\ CO_2(g)$$

Für die Reaktionsenthalpie unter Standardbedingungen erhält man:

$$\Delta_r H^0 = 2\ \Delta_B H_m^0(CO_2) + \Delta_B H_m^0(H_2O(l))$$
$$- \Delta_B H_m^0(H_2C_2)$$
$$= (-2 \cdot 393,5 - 285,8 - 226,7)\,\text{kJ/mol}$$
$$= -1299,5\,\text{kJ/mol}\ .$$

6.2.6 Temperatur- und Druckabhängigkeit der Reaktionsenthalpie

Die Wärmekapazität C_p (extensiv) und die molare Wärmekapazität C_{mp} (intensiv) sind durch folgende Gleichungen definiert:

$$(\partial H / \partial T)_P = C_p \qquad (6\text{-}13a)$$

und $(\partial H_m / \partial T)_P = C_{mp} = C_p/n \qquad (6\text{-}13b)$

n Stoffmenge.

Differenziert man die Definitionsgleichung der Reaktionsenthalpie (6-9) nach der Temperatur, so erhält man unter Verwendung von (6-13b)

$$(\partial \Delta_r H / \partial T)_P = \sum \nu_i (\partial H_{mi}/\partial T)_P = \sum \nu_i C_{mpi}\ .$$

Durch Integration folgt

$$\Delta_r H(T_2) = \Delta_r H(T_1) + \int_{T1}^{T2} \sum \nu_i C_{mpi}\,dT \qquad (6\text{-}14)$$

Diese Beziehung, die die Temperaturabhängigkeit der Reaktionsenthalpie beschreibt, wird als *Kirchhoff'sches Gesetz* bezeichnet. Im Gegensatz zur Temperaturabhängigkeit der Reaktionsenthalpie ist der Einfluss des Druckes auf $\Delta_r H$ sehr gering und kann i. allg. vernachlässigt werden.

Beispiel: Der Ausdruck

$$\int_{T1}^{T2} \sum \nu_i C_{mpi}\,dT$$

soll für die Gasreaktion $N_2 + 3\,H_2 \rightarrow 2\,NH_3$ berechnet werden.
Die Temperaturabhängigkeit der molaren Wärmekapazität kann durch folgende Potenzreihe beschrieben werden:

$$C_{mp} = a_0 + a_1 T + a_2 T^2 + \ldots ,$$

wobei häufig eine Entwicklung bis T^2 ausreicht. Bei dem gewählten Beispiel erhält man für

$\sum \nu_i C_{mpi}$:

$$\sum \nu_i C_{mpi} = 2\, C_{mp}(NH_3) - C_{mp}(N_2) - 3\, C_{mp}(H_2)$$

$$= 2\, a_0(NH_3) + 2\, a_1(NH_3)\, T + 2\, a_2(NH_3)\, T^2$$
$$- a_0(N_2) - a_1(N_2)\, T - a_2(N_2)\, T^2$$
$$- 3\, a_0(H_2) - 3\, a_1(H_2)\, T - 3\, a_2(H_2)\, T^2$$

Mit den Abkürzungen

$$2\, a_0(NH_3) - a_0(N_2) - 3\, a_0(H_2) = A_0\,,$$
$$2\, a_1(NH_3) - a_1(N_2) - 3\, a_1(H_2) = A_1 \quad \text{und}$$
$$2\, a_2(NH_3) - a_2(N_2) - 3\, a_2(H_2) = A_2\,,$$

erhält man

$$\sum \nu_i C_{mpi} = A_0 + A_1 T + A_2 T^2\,.$$

Damit folgt für

$$\int_{T1}^{T2} \sum \nu_i C_{mpi}\, dT = A_0(T_2 - T_1) + 1/2\, A_1\!\left(T_2^2 - T_1^2\right)$$

$$+ 1/3\, A_2\!\left(T_2^3 - T_1^3\right).$$

6.3 Anwendung des 2. und 3. Hauptsatzes der Thermodynamik auf chemische Reaktionen

6.3.1 Grundlagen

Die Entropie wird thermodynamisch durch den 2. Hauptsatz definiert (Einzelheiten siehe F 1.1.2). Sie ist eine extensive Zustandsgröße der Dimension Energie/Temperatur.

Die Entropie eines Systems kann sich nur auf zwei Arten ändern: Entweder durch Energieaustausch mit der Umgebung ($d_e S$) oder durch Entropieerzeugung infolge der im System ablaufenden irreversiblen Vorgänge ($d_i S$):

$$dS = d_e S + d_i S\,. \qquad (6\text{-}15)$$

Beim Ablauf irreversibler Vorgänge kann sich die Entropie in einem abgeschlossenen System ($d_e S = 0$, $dS = d_i S$) nur vergrößern; finden dagegen ausschließ-

lich reversible Vorgänge statt, so bleibt die Entropie konstant:

$$dS = d_i S \geq 0\,,$$

$d_i S > 0$: irreversibler Vorgang,

$d_i S = 0$: reversibler Vorgang.

Zu den irreversiblen Vorgängen gehören Ausgleichsvorgänge (z. B. chemische Reaktionen, Mischungen, Temperatur- und Druckausgleich) sowie dissipative Effekte (z. B. Reibung, Deformation).

Der 3. Hauptsatz der Thermodynamik, das *Nernst'sche Wärmetheorem*, kann folgendermaßen formuliert werden:

Die Entropie einer reinen Phase im inneren Gleichgewicht ist am absoluten Nullpunkt null:

$$S(T = 0) = 0\,.$$

Für reine Phasen, die sich, wie z. B. die Gläser, nicht im inneren Gleichgewicht befinden, gilt

$$S(T = 0) > 0\,.$$

Der 3. Hauptsatz ermöglicht die Ermittlung von Absolutwerten der Entropie für die verschiedensten Stoffe aus rein kalorischen Daten. Bei Kenntnis der Temperaturabhängigkeit der molaren Wärmekapazität kann die *molare Entropie eines reinen Gases* nach folgender Formel berechnet werden:

$$S_m = S/n = \int_0^{T_{sl}} \frac{C_{mp}(s)}{T}\, dT + \frac{\Delta_{sl} H_m}{T_s}$$

$$+ \int_{T_{sl}}^{T_{lg}} \frac{C_{mp}(l)}{T}\, dT + \frac{\Delta_{lg} H_m}{T_{Sd}} + \int_{T_{lg}}^{T} \frac{C_{mp}(g)}{T}\, dT\,,$$

$$(6\text{-}16)$$

$C_{mp}(s)$, $C_{mp}(l)$, $C_{mp}(g)$ molare Wärmekapazität des Feststoffes, der Flüssigkeit bzw. des Gases; T_{sl}, T_{lg} Schmelz- bzw. Siedetemperatur; $\Delta_{sl} H_m$, $\Delta_{lg} H_m$ molare Schmelz- bzw. molare Verdampfungsenthalpie. Eventuelle Phasenumwandlungen des Feststoffes sind in dieser Beziehung nicht berücksichtigt. Zur Berechnung der Entropie von Feststoffen bzw. Flüssigkeiten muss die obige Formel sinngemäß vereinfacht werden.

In Tabelle 6-1 sind die molaren Standardentropien einiger Stoffe aufgeführt. Der Standardzustand entspricht dem in 6.2.5 angegebenen.

6.3.2 Reaktionsentropie

Die Reaktionsentropie $\Delta_r S$ ist durch folgende Beziehungen definiert:

$$\Delta_r S = \sum \nu_i S_{mi} \; ; \qquad (6\text{-}17a)$$

$$\Delta_r S = (\partial S/\partial \xi)_{p,T} \; . \qquad (6\text{-}17b)$$

$S_{mi} = S_i/n_i$ molare Entropie der Reaktionsteilnehmer, ν_i stöchiometrische Zahl, ξ Umsatzvariable.

Als Standardreaktionsentropie $\Delta_r S^0$ wird die Reaktionsentropie unter Standardbedingungen (vgl. 6.2.5) bezeichnet.

Bei konstantem Druck kann die Temperaturabhängigkeit der Reaktionsentropie durch folgende Beziehung beschrieben werden (vgl. auch (6-16):

$$\Delta_r S(T_2) = \Delta_r S(T_1) + \int_{T_1}^{T_2} \sum \nu_i C_{mpi} \, dT/T \; . \quad (6\text{-}18)$$

6.3.3 Die Freie Enthalpie und das chemische Potential

Die Freie Enthalpie G ist durch die folgende Gleichung definiert:

$$G = H - TS \; . \qquad (6\text{-}19)$$

G ist eine extensive Zustandsgröße.

Für das *chemische Potential* μ_B der Komponente B in einer Mischphase gilt folgende Definitionsgleichung:

$$\mu_B = (\partial G/\partial n_B)_{p,T,nj} \; . \qquad (6\text{-}20)$$

Danach ist das chemische Potential die partielle molare Freie Enthalpie der Komponente B in dieser Mischphase. (Einzelheiten über partielle molare Größen s. F 1.2.2). Vom chemischen Potential einer Komponente in einer Mischphase kann daher gesprochen werden wie z. B. von der Konzentration oder dem Stoffmengenanteil dieser Komponente. Bei Einkomponentensystemen ist μ_i gleich der molaren Freien Enthalpie des reinen Stoffes. Das chemische Potential ist eine intensive Zustandsgröße der Dimension Energie/Stoffmenge und kann somit auch eine Funktion des Ortes sein. Die Absolutwerte des chemischen Potentials können nicht ermittelt werden. Man kann jedoch Differenzen des chemischen Potentials zwischen dem interessierenden Zustand und einem willkürlich gewählten Standardzustand (siehe unten) bestimmen.

Die Bedeutung des chemischen Potentials veranschaulichen folgende Beispiele:

Eine frei bewegliche Substanz wandert stets zum Zustand niedrigeren chemischen Potentials.

Ein Gas löst sich so lange in einer Flüssigkeit auf, bis das chemische Potential des Gases in der Gasphase gleich dem in der Flüssigkeit ist (vgl. 8.3).

Die Bedingung für das chemische Gleichgewicht (Einzelheiten vgl. 6.4.1) kann elegant mit Hilfe des chemischen Potentials formuliert werden. So gilt z. B. für das Iod-Wasserstoff-Gleichgewicht:

$$H_2(g) + I_2(g) \rightleftharpoons 2 \, HJ(g) \; ,$$

$$\mu(H_2) + \mu(I_2) = 2 \, \mu(HJ) \; .$$

Die Abhängigkeit des chemischen Potentials von der Zusammensetzung wird durch die folgenden Beziehungen beschrieben. In den angeführten Gleichungen werden die Wechselwirkungen der Teilchen untereinander nicht berücksichtigt:

$$\mu_B = \mu_{Bc}^0 + RT \ln \{c_B\} \; ,$$

$$\mu_B = \mu_{Bp}^0 + RT \ln \{p_B\} \; , \qquad (6\text{-}21)$$

$$\mu_B = \mu_{Bx}^0 + RT \ln x_B \; .$$

c_B Konzentration, p_B (Partial-)Druck, x_B Stoffmengenanteil. Die beiden erstgenannten Beziehungen beschreiben auch die Konzentrations- bzw. die Druckabhängigkeit des chemischen Potentials reiner Gase. μ_{Bc}^0, μ_{Bp}^0, μ_{Bx}^0 werden als chemische Standardpotentiale bezeichnet. Unter $\ln \{c_B\}$ bzw. $\ln \{p_B\}$ soll hier und im Folgenden $\ln (c_B/c^*)$ bzw. $\ln (p_B/p^*)$ mit $c^* = 1$ mol/l und $p^* = 1$ bar verstanden werden.

6.3.4 Die Freie Reaktionsenthalpie. Die Gibbs-Helmholtz'sche Gleichung

Aus der Definitionsgleichung (6-19) der Freien Enthalpie folgt durch Differenzieren nach der Umsatzvariablen ξ

$$(\partial G/\partial \xi)_{p,T} = (\partial H/\partial \xi)_{p,T} - T(\partial S/\partial \xi)_{p,T}$$

$$\Delta_r G = \Delta_r H - T\Delta_r S \; . \qquad (6\text{-}22)$$

$\Delta_r G$ wird als Freie Reaktionsenthalpie bezeichnet. Die Beziehung (6-22) heißt auch Gibbs-Helmholtz'sche Gleichung.

Der Zusammenhang zwischen der Freien Reaktionsenthalpie und dem chemischen Potential μ_i der an einer Reaktion beteiligten Stoffe wird durch folgende Beziehung beschrieben:

$$\Delta_r G = \sum v_i \mu_i \quad p, T = \text{const}. \tag{6-23}$$

Berücksichtigt man die Abhängigkeit des chemischen Potentials von der Zusammensetzung, vgl. (6-21), so erhält man:

$$\Delta_r G = \Delta_r G_c^0 + RT \sum v_i \ln\{c_i\} \ ,$$
$$\Delta_r G = \Delta_r G_p^0 + RT \sum v_i \ln\{p_i\} \ , \tag{6-24}$$
$$\Delta_r G = \Delta_r G_x^0 + RT \sum v_i \ln x_i \ .$$

Die Größen $\Delta_r G_c^0$, $\Delta_r G_p^0$, und $\Delta_r G_x^0$ werden als Standardwerte der Freien Reaktionsenthalpie bezeichnet (Freie Standardreaktionsenthalpie). Bei Redoxreaktionen kann $\Delta_r G$ leicht durch Messung der elektromotorischen Kraft EMK bestimmt werden (vgl. 9.4). Voraussetzung hierfür ist eine geeignete elektrochemische Zelle, in der bei Stromfluss die interessierende Redoxreaktion ungehindert ablaufen kann.
Die Freie Reaktionsenthalpie ist ein Ausdruck für die beim Ablauf einer chemischen Reaktion maximal gewinnbare Arbeit. Der Wert dieser Größe entscheidet darüber, ob eine chemische Reaktion (bzw. ein physikalisch-chemischer Vorgang) freiwillig oder aber nur unter Zwang ablaufen kann oder ob Gleichgewicht vorhanden ist. Es gelten folgende Kriterien ($p, T = \text{const}$):

freiwilliger Ablauf	$\Delta_r G < 0$,
Gleichgewicht	$\Delta_r G = 0$,
Reaktion nur unter Zwang	$\Delta_r G > 0$, (6-25)

Ein Beispiel für unter Zwang ablaufende chemische Reaktionen stellen Elektrolysen (vgl. 9.8) dar. Hierbei werden durch Zufuhr elektrischer Arbeit Reaktionen erzwungen, bei denen $\Delta_r G > 0$ ist.
Die Gibbs-Helmholtz'sche Gleichung besteht aus zwei Termen, dem Enthalpieterm $\Delta_r H$ und dem Entropieterm $T\Delta_r S$. Bei niedrigen Temperaturen ist der Einfluss des Entropieterms gering, sodass in erster Linie der Enthalpieterm über die Möglichkeit des Ablaufs chemischer Reaktionen (bzw. physikalisch-chemischer Vorgänge) entscheidet. Bei diesen Temperaturen laufen praktisch nur exotherme Re-

aktionen freiwillig ab; das Berthelot-Thomsen'sche Prinzip (vgl. 6.2.3) gilt nahezu uneingeschränkt. Bei höheren Temperaturen gewinnt der Entropieterm in steigendem Maße an Bedeutung. Endotherme Reaktionen können nur dann freiwillig ablaufen, wenn die Bedingung $T\Delta_r S > \Delta_r H$ erfüllt ist, wenn also die Entropie beim Ablauf der Reaktion vergrößert wird. Beispiele hierfür sind alle Schmelz- und Verdampfungsvorgänge. Beides sind endotherme Prozesse mit $\Delta_r S > 0$. $\Delta_r S$ ist hierbei positiv, da die molare Entropie (oder, umgangssprachlich ausgedrückt, die „Unordnung" eines Systems) in der Reihenfolge fest – flüssig – gasförmig ansteigt.

Beispiele:
Es soll festgestellt werden, ob Tetrafluorethylen unter Standardbedingungen (25 °C, 1,01325 bar) gemäß der Gleichung

$$F_2C{=}CF_2 \, (g) \rightarrow CF_4 \, (g) + 2C \, (s)$$

in Tetrafluormethan CF_4 und Kohlenstoff zerfallen kann.

$$\Delta_r H^0 = \Delta_B H_m^0 \, (CF_4) - \Delta_B H_m^0 \, (F_4C_2)$$
$$= (-933,2 + 648,5) \text{ kJ/mol}$$
$$= -284,7 \text{ kJ/mol}$$
$$\Delta_r S^0 = 2S_m^0 \, (C) + S_m^0 \, (CF_4) - S_m^0 \, (F_4C_2)$$
$$= (2 \cdot 5,7 + 261,3 - 299,9) \text{ J/(mol} \cdot \text{K})$$
$$= -27,2 \text{ J/(mol} \cdot \text{K})$$
$$\Delta_r G^0 = \Delta_r H^0 - T\Delta_r S^0 = -284,7 \text{ kJ/mol}$$
$$+ 298,2 \text{ K} \cdot 27,2 \text{ J/(mol} \cdot \text{K})$$
$$= -276,6 \text{ kJ/mol}$$

Ergebnis: $\Delta_r G^0 < 0$. Daraus folgt, dass die Reaktion unter Standardbedingungen möglich ist, siehe auch 11.4.1.
Ist die Umwandlung von Graphit in Diamant unter Standardbedingungen möglich?
$C \, (\text{Graphit}) \rightarrow C \, (\text{Diamant})$

$$\Delta_r H^0 = \Delta_B H_m^0 \, (\text{Diamant}) = +1,9 \text{ kJ/mol}$$
$$\Delta_r S^0 = S_m^0 \, (\text{Diamant}) - S_m^0 \, (\text{Graphit})$$
$$= (2,4 - 5,7) \text{ J/(mol} \cdot \text{K})$$
$$= -3,3 \text{ J/(K} \cdot \text{mol})$$
$$\Delta_r G^0 = \Delta_r H^0 - T\Delta_r S^0$$
$$= 1,9 \text{ kJ/mol} + 298,2 \text{ K} \cdot 3,3 \text{ J/(mol} \cdot \text{K})$$
$$= +2,9 \text{ kJ/mol}$$

Ergebnis: $\Delta_r G^0 > 0$. Daraus folgt, dass die Reaktion unter Standardbedingungen (auch in Gegenwart von Katalysatoren) unmöglich ist. Bei 25 °C sind erst bei Drücken von ca. 15 kbar Diamant und Graphit miteinander im Gleichgewicht, d. h., $\Delta_r G$ wird dann null. Unter diesen Bedingungen ist aber die Geschwindigkeit der Umwandlung wesentlich zu klein, sodass man technisch höhere Temperaturen und Drücke anwenden muss, um Diamanten in Gegenwart von Metallkatalysatoren zu synthetisieren (1500 bis 1800 °C und 53 bis 100 kbar).

6.3.5 Phasenstabilität

Man unterscheidet stabile, metastabile und instabile Phasen:

– *Stabile Phasen*
Wenn ein Stoff oder eine Stoffmischung in mehreren Phasen auftreten kann und wenn alle anderen möglichen Phasen gegenüber der ursprünglichen einen höheren Wert der Freien Enthalpie aufweisen, dann nennt man die ursprüngliche Phase stabil. Ändern sich die äußeren Parameter, wie z. B. Druck und Temperatur nicht, so liegt eine stabile Phase zeitlich unbegrenzt vor. Die überwiegende Mehrzahl aller chemischen Verbindungen ist bei natürlichen Umgebungsbedingungen stabil. So ist z. B. unter den genannten Bedingungen Graphit die stabile Kohlenstoffmodifikation.

– *Metastabile Phasen*
Bei metastabilen Phasen gibt es mindestens eine Phase, die einen niedrigeren Wert der Freien Enthalpie aufweist. Auch metastabile Phasen können zeitlich unbegrenzt vorliegen, ohne dass eine neue Phase auftritt. Werden jedoch Keime einer neuen stabileren Phase zugeführt oder entstehen diese durch ein statistisches Ereignis spontan, so geht das System in die stabilere Phase über. Diese stabilere Phase ist dadurch gekennzeichnet, dass sie einen kleineren Wert der Freien Enthalpie aufweist. Zur Umwandlung in die stabile Phase ist die Überwindung einer Energiebarriere erforderlich.

Beispiele:
Diamant und weißer Phosphor sind bei Raumbedingungen metastabile Kohlenstoff- bzw. Phosphormodifikationen. Unterkühlte Flüssigkeiten, übersättigte Lösungen (vgl. 8.7.7), überhitzte Flüssigkeiten sind weitere Beispiele für metastabile Phasen. Die Umwandlung metastabiler Phasen kann, wie am Beispiel des Siedeverzuges überhitzter Flüssigkeiten gezeigt werden soll, oft mit großer Heftigkeit erfolgen. Staub- und gasfreie Flüssigkeiten lassen sich in sauberen Gefäßen z. T. erheblich über ihren Siedepunkt erwärmen. Diese Erscheinung heißt Siedeverzug. So gelingt es z. B., Wasser in sorgfältig gereinigten Gefäßen bis auf 220 °C zu erhitzen. Durch geringe Erschütterung oder Zufuhr von Keimen (Gasbläschen) kann auf den Siedeverzug ein explosionsartiger Siedevorgang folgen.

– *Instabile Phasen*
Instabile Phasen sind unbeständig gegenüber molekularen Schwankungen. Zur Bildung neuer Phasen ist die Anwesenheit von Keimen nicht notwendig (spinodale Zersetzung).

6.4 Das Massenwirkungsgesetz

6.4.1 Chemisches Gleichgewicht

Die meisten chemischen Reaktionen verlaufen nicht vollständig, sondern führen zu einem Gleichgewichtszustand. In diesem Zustand findet makroskopisch kein Stoffumsatz mehr statt (vgl. 7.5). Die Bedingung für das chemische Gleichgewicht ist (vgl. (6-25)): $\Delta_r G = 0$.

Mit $\Delta_r G = \sum \nu_i \mu_i$ folgt

$$\Delta_r G = \sum \nu_i \mu_i = 0 \,, \quad p, T = \text{const}.$$

Unter Anwendung der in (6-21) angegebenen Beziehungen, die die Abhängigkeit des chemischen Potentials von der Zusammensetzung beschreiben, erhält man:

$$0 = \Delta_r G_p^0 + RT \sum \nu_i \ln \{p_i\}$$
$$0 = \Delta_r G_c^0 + RT \sum \nu_i \ln \{c_i\} \qquad (6\text{-}26)$$
$$0 = \Delta_r G_x^0 + RT \sum \nu_i \ln x_i$$

oder

$$K_p = \exp\left(-\frac{\Delta_r G_p^0}{RT}\right) = \prod p_i^{\nu_i}$$

$$K_c = \exp\left(-\frac{\Delta_r G_c^0}{RT}\right) = \prod c_i^{\nu_i} \qquad (6\text{-}27)$$

$$K_x = \exp\left(-\frac{\Delta_r G_x^0}{RT}\right) = \prod x_i^{\nu_i}$$

Diese Beziehungen werden als Massenwirkungsgesetz bezeichnet. Die Größen K_p, K_c und K_x heißen *Gleichgewichts-* oder *Massenwirkungskonstanten*. Aus historischen Gründen werden K_p und K_c meist als dimensionsbehaftete Größen formuliert. Das bedeutet, dass in das Massenwirkungsgesetz dimensionsbehaftete Partialdrücke und Konzentrationen anstelle von normierten Größen eingesetzt werden. Nach diesem Formalismus wird die Dimension von K_p und K_c von der Art der chemischen Reaktion bestimmt. K_x ist stets dimensionslos.

Beispiel: Für die homogene Gasreaktion (Einzelheiten siehe 6.4.2)

$$N_2\,(g) + 3\,H_2\,(g) \rightleftharpoons 2\,NH_3\,(g)$$

soll das Massenwirkungsgesetz formuliert werden. Die stöchiometrischen Zahlen des Stickstoffs, Wasserstoffs und Ammoniaks sind bei dieser Reaktionsgleichung: $\nu(NH_3) = 2$, $\nu(N_2) = -1$, $\nu(H_2) = -3$. Damit erhält man für K_p:

$$K_p = \prod p^\nu = p^2\,(NH_3) \cdot p^{-3}\,(H_2) \cdot p^{-1}\,(N_2)$$

oder

$$K_p = \frac{p^2\,(NH_3)}{p^3\,(H_2) \cdot p\,(N_2)}$$

Bei dieser Reaktion hat K_p die Dimension Druck^{-2}. Da die Gleichgewichtskonstante durch die obige Reaktionsgleichung mit dem Standardwert der Freien Reaktionsenthalpie verknüpft ist (siehe oben), dürfen Zähler und Nenner im ausformulierten Massenwirkungsgesetz nicht vertauscht werden!

6.4.2 Homogene Gasreaktionen

Homogene Gasreaktionen laufen ausschließlich in der Gasphase ab. Die Zusammensetzung der Gasmischung wird meist durch Angabe der Partialdrücke (vgl. F 2.2) charakterisiert. Teilweise werden hierzu jedoch auch die Konzentrationen bzw. die Stoffmengenanteile verwendet. Daher ergibt sich häufig die Notwendigkeit, K_p, K_c und K_x ineinander umrechnen zu müssen. Dies geschieht mit folgenden Beziehungen:

$$K_p = K_x p^{\sum \nu_i} , \qquad (6\text{-}28)$$

$$K_p = K_c\,(RT)^{\sum \nu_i} ,$$

$$K_x = K_c\,(RT/p)^{\sum \nu_i} .$$

Ist bei homogenen Gasreaktionen $\sum \nu_i = 0$, so gilt: $K_p = K_e = K_x$. Beispiel für eine derartige Reaktion ist das Iod-Wasserstoff-Gleichgewicht:

$$H_2\,(g) + I_2\,(g) \rightleftharpoons 2\,HI\,(g) .$$

Beispiel: Für die Gleichgewichtsreaktion

$$CO\,(g) + Cl_2\,(g) \rightleftharpoons COCl_2\,(g)$$

(COCl$_2$ Phosgen, CO Kohlenmonoxid) gilt:

$$\nu(COCl_2) = +1 \ , \quad \nu(CO) = -1 \ , \quad \nu(Cl_2) = -1$$

und

$$\sum \nu_i = \nu\,(COCl_2) + \nu\,(CO) + \nu\,(Cl_2) = -1 .$$

Damit erhält man:

$$K_p = K_x \cdot p^{-1} \ , \quad K_p = K_c\,(RT)^{-1} \ ,$$

$$K_x = K_c\,(p/RT) .$$

6.4.3 Heterogene Reaktionen

Bei heterogenen Reaktionen ist mehr als eine Phase am Umsatz beteiligt. Ein Beispiel stellt der thermische Zerfall des Calciumcarbonats CaCO$_3$ dar, der durch folgende Gleichung beschrieben wird:

$$CaCO_3\,(s) \rightleftharpoons CaO\,(s) + CO_2\,(g) .$$

CaCO$_3$ und Calciumoxid CaO bilden keine Mischkristalle. In diesem Fall muss das Massenwirkungsgesetz folgendermaßen formuliert werden:

$$K_p = p\,(CO_2) .$$

Calciumcarbonat und Calciumoxid als reine kondensierte Phasen treten im Massenwirkungsgesetz nicht auf, da das chemische Potential reiner kondensierter Phasen gleich dem Standardpotential ist (vgl. 6.3.3).

Bei heterogenen Reaktionen bleiben reine kondensierte Phasen bei der Formulierung des Massenwirkungsgesetzes unberücksichtigt.

6.4.4 Berechnung von Gleichgewichtskonstanten aus thermochemischen Tabellen

Die Gleichgewichtskonstanten können leicht mit (6-27) unter Hinziehung der Gibbs-Helmholtz'schen Beziehung (6-22) aus thermochemischen Daten berechnet werden. Wird der in 6.2.5 beschriebene Standardzustand gewählt, so erhält man bei Gasreaktionen auf diese Weise die Gleichgewichtskonstante K_p :

$$\ln \frac{K_p}{(p^*)^m} = \frac{\Delta_r S^0}{R} - \frac{\Delta_r H^0}{RT} \qquad (6\text{-}29)$$

p^* Standarddruck.
Der Exponent m ist gleich der Summe der stöchiometrischen Zahlen.

6.4.5 Temperaturabhängigkeit der Gleichgewichtskonstante

Die Temperaturabhängigkeit der Gleichgewichtskonstante wird durch folgende Gleichung beschrieben:

$$\left(\frac{\partial \ln K}{\partial T} \right)_p = \frac{\Delta_r H}{RT^2} . \qquad (6\text{-}30)$$

Gleichung (6-30) wird als *van't-Hoff'sche Reaktionsisobare* bezeichnet. Diese Beziehung beschreibt die Verschiebung der Lage des chemischen Gleichgewichtes infolge von Temperaturänderungen. So vergrößert sich K bei endothermen Reaktionen ($\Delta_r H > 0$) mit steigender Temperatur. Das bedeutet, dass sich die Lage des chemischen Gleichgewichtes in diesem Fall zur Seite der Reaktionsprodukte verschiebt.
In einem kleinen Temperaturintervall kann $\Delta_r H$ angenähert als temperaturunabhängig angesehen werden. Unter dieser Voraussetzung erhält man durch Integration von (6-30) die Beziehung

$$\ln K = -\frac{\Delta_r H}{RT} + C . \qquad (6\text{-}31)$$

Danach ist $\ln K$ eine lineare Funktion der reziproken Temperatur.

6.4.6 Prinzip des kleinsten Zwanges

Qualitativ kann die Änderung der Lage eines chemischen Gleichgewichtes durch äußere Einflüsse mit dem Prinzip von Le Chatelier und Braun, das auch das *Prinzip des kleinsten Zwanges* genannt wird, beschrieben werden:

Wird auf ein im Gleichgewicht befindliches System ein äußerer Zwang ausgeübt, so verschiebt sich das Gleichgewicht derart, dass es versucht, diesen Zwang zu verringern.

Unter einem äußeren Zwang versteht man Änderungen von Temperatur, Druck oder Volumen bzw. der Zusammensetzung.

Beispiel: Die Folgerungen aus diesem Prinzip sollen am Beispiel des Ammoniakgleichgewichtes diskutiert werden (vgl. 7.9.4).

$$N_2 \, (g) + 3 \, H_2 \, (g) \rightleftharpoons 2 \, NH_3 \, (g) , \quad \Delta_r H < 0 .$$

– Temperaturerhöhung (durch Zufuhr von Wärme)
Ein Teil der zugeführten Wärme kann dadurch verbraucht werden, dass sich die Lage des chemischen Gleichgewichtes zur Seite der Ausgangsstoffe (also nach links) verschiebt.
– Druckerhöhung
Nach der Zustandsgleichung idealer Gase ist der Druck der Stoffmenge und damit auch der Teilchenzahl proportional. Ein Teil der Druckerhöhung kann dadurch kompensiert werden, dass sich die Lage des Gleichgewichtes zur Seite des Ammoniaks (nach rechts) verschiebt, da auf diese Weise die Teilchenzahl verringert werden kann.

6.4.7 Gekoppelte Gleichgewichte

Wenn sich in einem System zwei oder mehrere Gleichgewichte gleichzeitig einstellen und ein oder mehrere Stoffe des Systems an verschiedenen Gleichgewichten teilnehmen, spricht man von gekoppelten Gleichgewichten. Über die Zusammensetzungsvariablen der gemeinsamen Stoffe stehen auch die anderen Reaktionsteilnehmer im Gleichgewicht miteinander. Gekoppelte Gleichgewichte sind besonders bei der Chemie der Verbrennungsvorgänge von großer Bedeutung.

Beispiel:
Werden Stickstoff-Sauerstoff-Gemische auf höhere Temperaturen erwärmt, so müssen bei Vernachlässigung der Dissoziation der Stickstoff- und Sauerstoffmoleküle folgende Gleichgewichte berücksichtigt werden:

$$1/2 \, N_2 + O_2 \rightleftharpoons NO_2 ,$$
$$1/2 \, N_2 + 1/2 \, O_2 \rightleftharpoons NO .$$

Formuliert man für diese Gleichgewichte das Massenwirkungsgesetz, so erhält man:

$$K_{p,1} = \frac{p \, (NO_2)}{p^{1/2} \, (N_2) \, p \, (O_2)} , \quad K_{p,2} = \frac{p \, (NO)}{p^{1/2} \, (N_2) \, p^{1/2} \, (O_2)} .$$

Zur Berechnung der vier Partialdrücke ($p(NO_2)$, $p(NO)$, $p(N_2)$ und $p(O_2)$) muss zusätzlich zu den oben genannten Massenwirkungsgesetzen und dem Massenerhaltungssatz (vgl. 4.3.1) auch die Tatsache berücksichtigt werden, dass der Gesamtdruck gleich der Summe der Partialdrücke ist (Einzelheiten des Rechenweges: siehe z. B. Strehlow, R.A., 1985).

Die Rechnung liefert für die isobare Erwärmung von Stickstoff-Sauerstoff-Gemischen bei einem Druck von 1 bar folgendes Resultat:

T/K	$p(O_2)$/bar	$p(N_2)$/bar
1000	0,212	0,791
1500	0,212	0,791
2000	0,208	0,787
2500	0,197	0,777
T/K	$p(NO)$/mbar	$p(NO_2)$/µbar
1000	0,0355	1,88
1500	1,33	6,82
2000	8,09	12,9
2500	23,2	18,1

Dieses Ergebnis zeigt, dass bei der Erhitzung von N_2-O_2-Gemischen Stickoxide NO_x gebildet werden, die sich aus Stickstoffmonoxid und Stickstoffdioxid zusammensetzen. Ein derartiger Prozess findet natürlich auch bei jedem Verbrennungsvorgang statt. Werden nun die erhitzten Gasgemische plötzlich abgekühlt, so bleiben die Stickoxide als metastabile Verbindungen weitgehend erhalten, obwohl sie nach der Lage der chemischen Gleichgewichte in N_2 und O_2 zerfallen sollten. Dies ist wegen der Umweltschäden, die diese Verbindungen verursachen, sehr unerwünscht. Durch geeignete Katalysatoren gelingt es beim Abkühlungsprozess, die bei tieferen Temperaturen im Gleichgewicht stehenden niedrigeren Stickoxidpartialdrücke einzustellen.

7 Geschwindigkeit chemischer Reaktionen. Reaktionskinetik

Die Geschwindigkeiten chemischer Reaktionen unterscheiden sich außerordentlich stark voneinander. Das soll anhand einiger Beispiele verdeutlicht werden:

1. Die schnellste bisher gemessene Ionenreaktion ist die Neutralisation starker Säuren mit starken Basen in wässriger Lösung (vgl. 8.7.1):
$$H^+(aq) + OH^-(aq) \rightarrow H_2O.$$
(Der Zusatz (aq) kennzeichnet hydratisierte Teilchen, vgl. 8.5.)
Diese Reaktion ist in ca. 10^{-10} s abgeschlossen.
2. Die Detonation des Sprengstoffs Glycerintrinitrat (Nitroglycerin) verläuft im Mikrosekundenbereich.
3. Beim Mischen von Lösungen, die Ag^+- und Cl^--Ionen enthalten, bildet sich ein AgCl-Niederschlag. Hierzu sind Zeiten im Sekundenbereich erforderlich.

Dagegen hat im Bereich der Kernchemie der radioaktive Zerfall des Uranisotops $^{238}_{92}U$ in Thorium und Helium

$$^{238}_{92}U \rightarrow {}^{234}_{90}Th + {}^4_2He,$$

eine Halbwertszeit (vgl. 7.4.1) von $4,47 \cdot 10^9$ Jahren.

7.1 Reaktionsgeschwindigkeit und Freie Reaktionsenthalpie

Chemische Reaktionen können nur dann ablaufen, wenn die Freie Reaktionsenthalpie kleiner als null ist (vgl. 6.3.4):

$$\Delta_r G < 0.$$

Einen Zusammenhang zwischen dem Wert der Freien Reaktionsenthalpie und der Geschwindigkeit der entsprechenden chemischen Reaktion gibt es jedoch – von einigen Spezialfällen abgesehen – nicht. Außerdem sind viele Reaktionen bekannt, die zwar thermodynamisch möglich sind, die aber aufgrund von Reaktionshemmungen dennoch nicht ablaufen (Beispiel: Reaktion von Wasserstoff mit Sauerstoff bei Raumbedingungen). Diese Reaktionshemmungen können häufig durch Energiezufuhr oder durch Zusatz eines Katalysators (vgl. 7.9) beseitigt werden.

7.2 Reaktionsgeschwindigkeit und Reaktionsordnung

Am Beispiel der Modellreaktion

$$\nu_A A + \nu_B B + \ldots \rightarrow \nu_N N + \nu_M M + \ldots$$

soll die Definitionsgleichung der *Reaktionsgeschwindigkeit (Reaktionsrate)* r vorgestellt werden

$$r = 1/V \cdot d\xi/dt = 1/\nu_i \cdot dc_i/dt , \qquad (7\text{-}1)$$

ξ Umsatzvariable, V Volumen, c_i Konzentration. Die stöchiometrischen Zahlen ν_i müssen für die verschwindenden Stoffe mit negativem und für die entstehenden Stoffe mit positivem Vorzeichen versehen werden.
Danach erhält man z. B. für die Reaktion

$$N_2 + 3\,H_2 \rightarrow 2\,NH_3$$

folgenden Ausdruck für die Reaktionsgeschwindigkeit:

$$r = -dc(N_2)/dt = -1/3\,dc(H_2)/dt = 1/2\,dc(NH_3)/dt .$$

Die Reaktionsgeschwindigkeit ist keine Konstante. Sie hängt im Wesentlichen von folgenden Parametern ab:

– Von der Konzentration der Stoffe, die in der entsprechenden Umsatzgleichung auftreten.
– Von der Konzentration c_K von Stoffen, die nicht in der Umsatzgleichung enthalten sind. Man nennt derartige Stoffe *Katalysatoren* (siehe 7.9).
– Von der Temperatur.

Es gilt also:

$$r = r(c_A, c_B, \ldots c_K; T) . \qquad (7\text{-}2)$$

Diese Funktion wird als Zeitgesetz bezeichnet. Zeitgesetze haben häufig folgende einfache Form:

$$r = k(T)c_A^a c_B^b , \qquad (7\text{-}3)$$

$k(T)$ ist hierbei die Geschwindigkeitskonstante. Die Summe der Exponenten, $a + b$, wird als *Reaktionsordnung* bezeichnet. Häufig spricht man auch von der Ordnung einer Reaktion in Bezug auf einen einzelnen Stoff. Darunter versteht man den Exponenten, mit dem die Konzentration dieses Stoffes im Zeitgesetz erscheint. Beispielsweise ist die Reaktion, die durch (7-3) beschrieben wird, von a-ter Ordnung bezüglich des Stoffes A.

7.3 Elementarreaktion.
Reaktionsmechanismus und Molekularität

Eine molekularchemische Reaktion (Gegensatz: Kernreaktion) läuft in der Regel nicht in der einfachen Weise ab, wie es die (stöchiometrische)

Umsatzgleichung vermuten lässt. Bei der Umwandlung der Ausgangsstoffe in die Endprodukte werden in den meisten Fällen Zwischenprodukte gebildet. Diese Zwischenprodukte werden in weiteren Reaktionsschritten wieder verbraucht und schließlich zu den Endprodukten umgesetzt. Die durch die Umsatzgleichung beschriebene Gesamtreaktion ist also eine Folge von Teilreaktionen. (In vielen Fällen laufen auch unterschiedliche Folgen von Teilreaktionen gleichzeitig ab.) Diese Teilreaktionen werden als *Elementarreaktionen* bezeichnet. Sie kennzeichnen unmittelbar die Partner, durch deren Zusammenstoß ein bestimmtes Zwischenprodukt gebildet wird.
Die Gesamtheit der Elementarreaktionen einer zusammengesetzten Reaktion heißt *Reaktionsmechanismus*.
Die *Molekularität* gibt die Anzahl der Teilchen an, die als Stoßpartner an einer Elementarreaktion beteiligt sind. Man unterscheidet mono-, bi- und tri-molekulare Elementarreaktionen, je nachdem, ob ein, zwei oder drei Teilchen miteinander reagieren. Eine höhere Molekularität kommt wegen der Unwahrscheinlichkeit gleichzeitiger Zusammenstöße von mehr als drei Teilchen praktisch nicht vor.
Für Elementarreaktionen stimmen Molekularität und Reaktionsordnung überein, d. h., ein bimolekularer Vorgang muss auch 2. Ordnung sein. Umgekehrt darf man aber keinesfalls schließen, dass eine beliebige Reaktion, die nach den Versuchsergebnissen 2. Ordnung ist, bimolekular verläuft.

Beispiele:
1. Reaktionsmechanismus
   Bildung von Bromwasserstoff, HBr, aus den Elementen nach folgender Umsatzgleichung:

$$H_2 + Br_2 \rightarrow 2\,HBr .$$

Der erste Reaktionsschritt besteht in einer Spaltung des Br_2-Moleküls:

$$Br_2 + M \rightarrow 2\,Br + M .$$

In dieser bimolekularen Reaktion überträgt ein beliebiger Stoßpartner M dem Br_2-Molekül die für die Dissoziation notwendige Energie. Weitere bimolekulare Elementarreaktionen, durch die HBr gebildet wird, sind:

$$Br + H_2 \rightarrow HBr + H \, ,$$

$$H + Br_2 \rightarrow HBr + Br \, .$$

2. Molekularität einer Elementarreaktion
   - *Monomolekulare Reaktionen*
     Dieser Reaktionstyp wird z. B. beim thermischen Zerfall kleiner Moleküle (bei hohen Temperaturen) sowie bei strukturellen Umlagerungen beobachtet:

$$O_3 \rightarrow O_2 + O \, .$$

O_3 Ozon, O_2 molekularer Sauerstoff, O atomarer Sauerstoff

$$H_2C\!-\!CH_2 \rightarrow CH_3\!-\!CH\!=\!CH_2$$
$$\underset{CH_2}{\diagdown}$$

Cyclopropan   Propen
   - *Bimolekulare Reaktionen*
     Dieser Reaktionstyp tritt am häufigsten auf. Beispiele wurden bereits oben vorgestellt.
   - *Trimolekulare Reaktionen*
     Die am besten untersuchten trimolekularen Reaktionen sind Rekombinationsreaktionen der Art

$$2\,I + M \rightarrow I_2 + M \, .$$

I_2 molekulares Iod, I atomares Iod

M ist hierbei ein beliebiger Stoßpartner, der einen Teil der Energie der Reaktionspartner (der I-Atome) aufnehmen muss.

7.4 Konzentrationsabhängigkeit der Reaktionsgeschwindigkeit

Die folgenden Ausführungen beziehen sich auf die in 7.2 vorgestellte Modellreaktion; die Temperatur wird als konstant angesehen.

7.4.1 Zeitgesetz 1. Ordnung

In diesem Fall ist die Reaktionsgeschwindigkeit r der 1. Potenz der Konzentration des Ausgangsstoffes A proportional:

$$r = 1/\nu_A dc_A/dt = kc_A \tag{7-4}$$

Für den Spezialfall $\nu_A = -1$ erhält man:

$$r = -dc_A/dt = kc_A \, . \tag{7-4a}$$

Die Geschwindigkeitskonstante k hat bei Reaktionen 1. Ordnung die Dimension einer reziproken Zeit.

Die Integration von (7-4a) liefert mit der Anfangsbedingung $c_A\,(t = 0) = c_{0A}$:

$$c_A = c_{0A} \exp(-kt) \text{ oder } \ln c_A = \ln c_{0A} - kt \, , \tag{7-5a}$$

$$N_A = N_{0A} \exp(-kt) \text{ oder } \ln N_A = \ln N_{0A} - kt \, , \tag{7-5b}$$

N Teilchenzahl.

Die Funktionen $c_A = c_A(t)$ und $\ln c_A = \ln c_A(t)$ sind in Bild 7-1 graphisch dargestellt. Die experimentelle Ermittlung von k nach obiger Gleichung kann aus dem Anstieg der beim Auftragen von $\ln c_A$ über t erhaltenen Geraden erfolgen.

Halbwertszeit

Die Halbwertszeit $T_{1/2}$ ist die Zeit, in der die Konzentration des Ausgangsstoffes auf die Hälfte des Anfangswertes gesunken ist.

Es gilt also: $c_A(T_{1/2}) = c_{0A}/2$. Aus (7-5a) folgt für diesen Fall

$$T_{1/2} = \ln 2/k \, . \tag{7-6}$$

Die Halbwertszeit ist bei Reaktionen 1. Ordnung von der Anfangskonzentration unabhängig.

Beispiele:

- Der radioaktive Zerfall verläuft wie eine Reaktion 1. Ordnung. So zerfällt das radioaktive Kohlenstoffisotop $^{14}_{6}C$ als β-Strahler nach folgender Gleichung:

$$^{14}_{6}C \rightarrow\ ^{14}_{7}N + e^- \, ,$$

$$r = -dN\big(^{14}_{6}C\big)/dt = kN\big(^{14}_{6}C\big) \, .$$

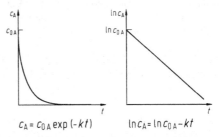

Bild 7-1. Zeitlicher Konzentrationsverlauf bei einer Reaktion erster Ordnung, c_A Konzentration, c_{0A} Anfangskonzentration, t Zeit

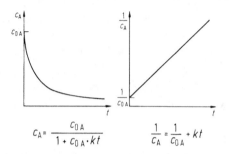

$$c_A = \frac{c_{0A}}{1 + c_{0A} \cdot kt} \qquad \frac{1}{c_A} = \frac{1}{c_{0A}} + kt$$

Bild 7–2. Zeitlicher Konzentrationsverlauf bei einer Reaktion zweiter Ordnung, c_A Konzentration, c_{0A} Anfangskonzentration, t Zeit

Die Halbwertszeit dieser Reaktion ist 5730 ± 40 Jahre (Anwendung zur Altersbestimmung archäologischer Objekte, Radiocarbonmethode).

– Distickstoffpentoxid N_2O_5 reagiert in der Gasphase nach einem Zeitgesetz 1. Ordnung zu Stickstoffdioxid NO_2 und O_2:

$$2\,N_2O_5 \rightarrow 4\,NO_2 + O_2 \ ,$$
$$r = -1/2 \cdot dc(N_2O_5)/dt = k \cdot c(N_2O_5) \ .$$

7.4.2 Zeitgesetz 2. Ordnung

Folgender Spezialfall soll betrachtet werden: Die Reaktionsgeschwindigkeit r sei dem Quadrat der Konzentration des Ausgangsstoffes A proportional; die stöchiometrische Zahl dieses Stoffes sei $\nu_A = -1$. Man erhält dann:

$$r = -dc_A/dt = k \cdot c_A^2 \ . \qquad (7\text{-}7)$$

Bei Reaktionen 2. Ordnung hat die Reaktionsgeschwindigkeitskonstante die Dimension Volumen/(Stoffmenge · Zeit). Eine häufig verwendete Einheit dieser Größe ist $l/(mol \cdot s)$. Die Integration von (7-7) ergibt mit der Anfangsbedingung $c_A(t = 0) = c_{0A}$:

$$c_A = c_{0A}/(1 + c_{0A}kt) \ \text{oder} \ 1/c_A = 1/c_{0A} + kt \ . \quad (7\text{-}8)$$

Beide Funktionen sind in Bild 7–2 dargestellt.

Halbwertszeit

Unter den in 7.4.1 dargestellten Bedingungen erhält man für die Halbwertszeit $T_{1/2}$ einer Reaktion 2. Ordnung:

$$T_{1/2} = 1/(k\,c_{0A}) \ .$$

Im Gegensatz zu Reaktionen 1. Ordnung ist hier die Halbwertszeit der Anfangskonzentration umgekehrt proportional.

Beispiel: Stickstoffdioxid NO_2 zerfällt in der Gasphase nach einem Zeitgesetz 2. Ordnung in Stickstoffmonoxid NO und O_2:

$$2\,NO_2 \rightarrow 2\,NO + O_2 \ ,$$
$$r = -1/2 \cdot dc(NO_2)/dt = k\,c^2(NO_2) \ .$$

7.5 Reaktionsgeschwindigkeit und Massenwirkungsgesetz

Molekularchemische Reaktionen verlaufen im Allgemeinen nicht vollständig. Sie führen zu einem Gleichgewicht, bei dem makroskopisch kein Umsatz mehr beobachtet wird (vgl. 6.4.1). Mikroskopisch finden jedoch auch im Gleichgewicht Reaktionen statt. Im zeitlichen Mittel werden aus den Ausgangsstoffen genauso viele Moleküle der Endprodukte gebildet, wie Moleküle der Endprodukte zu den Ausgangsstoffen reagieren. Am Beispiel der Reaktionen

$$A_2 + B_2 \underset{k''}{\overset{k'}{\rightleftharpoons}} 2AB \ ,$$

bei denen Reaktionsordnung und Molekularität übereinstimmen sollen, werden diese Aussagen verdeutlicht. Für die Reaktionsgeschwindigkeiten der Bildung und des Zerfalls von AB ergibt sich, wobei ein Strich die Hinreaktion, zwei Striche die Rückreaktion kennzeichnen:

$$r' = k'c(A_2)\,c(B_2)$$

bzw.

$$r'' = k''c^2(AB) \ .$$

Beim Erreichen des Gleichgewichtes wird die makroskopisch messbare Reaktionsgeschwindigkeit null, d. h., die Reaktionsgeschwindigkeiten der Bildung und des Zerfalls von AB müssen gleich sein:

$$r' = r'' \ . \qquad (7\text{-}9)$$

Daraus folgt:

$$k'/k'' = K_c = c^2(AB)/(c(A_2) \cdot c(B_2)) \ , \qquad (7\text{-}10)$$

K_c Gleichgewichtskonstante.

Die Gleichgewichtskonstante ist der Quotient der Geschwindigkeitskonstanten der Hin- und Rückreaktion.

Diese Aussage gilt für jedes chemische Gleichgewicht.

7.6 Temperaturabhängigkeit der Reaktionsgeschwindigkeit

Die Temperaturabhängigkeit der Reaktionsgeschwindigkeitskonstante wird durch die *Arrhenius-Gleichung* beschrieben:

$$k = A \exp(-E_A/RT) , \qquad (7\text{-}11)$$

A Frequenz- oder Häufigkeitsfaktor, E_A (Arrhenius'sche) Aktivierungsenergie (SI-Einheit: J/mol; E_A ist eine molare Größe, die Kennzeichnung molar wird jedoch häufig weggelassen), R universelle Gaskonstante.

Aus der differenzierten Form der Arrhenius-Gleichung $d\ln k/dT = E_A/(RT^2)$, der Beziehung (7-10) und der van't-Hoff'schen Reaktionsisobaren (vgl. 6.4.5) folgt, dass die Differenz der Aktivierungsenergien von Hin- und Rückreaktion (E_A' bzw. E_A'') gleich der Reaktionsenthalpie ($\Delta_r H$) ist:

$$E_A' - E_A'' = \Delta_r H . \qquad (7\text{-}12)$$

Die Beziehung zwischen den Aktivierungsenergien und der Reaktionsenthalpie ist in Bild 7-3 dargestellt.

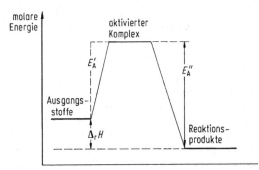

Bild 7-3. Schema des Energieverlaufs bei einer Elementarreaktion

Die Arrhenius-Gleichung gilt nicht nur für Elementarreaktionen, sondern auch für die meisten zusammengesetzten Reaktionen. Im zuletzt erwähnten Fall wird die Größe E_A der Arrhenius-Gleichung als scheinbare Aktivierungsenergie bezeichnet.

7.7 Kettenreaktionen

Unter den komplizierteren molekularchemischen Reaktionen haben vor allem die Kettenreaktionen große Bedeutung. Dieser Reaktionstyp ist dadurch gekennzeichnet, dass zu Beginn der Reaktion reaktive Zwischenprodukte gebildet werden. Diese aktiven Teilchen reagieren in Folgereaktionen sehr schnell mit den Ausgangsstoffen. Die reaktiven Zwischenprodukte werden dabei ständig regeneriert, sodass der Reaktionszyklus erneut durchlaufen werden kann. Die Reaktionskette endet, wenn die Kettenträger durch Abbruchreaktionen verbraucht sind (vgl. 12.1).

Man unterscheidet einfache und verzweigte Kettenreaktionen. Bei einer verzweigten Kettenreaktion wird innerhalb eines Reaktionszyklus mehr als ein aktives Teilchen erzeugt. Beispiele für einfache Kettenreaktionen sind Polymerisationen; verzweigte Kettenreaktionen haben in der Chemie der Verbrennungsvorgänge größte Bedeutung. Als Beispiel für diesen Reaktionstyp sei die Knallgasreaktion ($H_2 + 1/2\,O_2 \rightarrow H_2O$) angeführt. Für den Mechanismus dieser Reaktion kann folgendes Schema gelten (OH, H, O sind *Radikale*):

Startreaktion

$$H_2 + O_2 \rightarrow 2\,OH$$

Reaktionskette

$$OH + H_2 \rightarrow H_2O + H \quad \text{(ohne Verzweigung)}$$
$$H + O_2 \rightarrow OH + O \quad \text{(mit Verzweigung)}$$
$$O + H_2 \rightarrow OH + H \quad \text{(mit Verzweigung)}$$

Kettenabbruch

$$H + H + M \rightarrow H_2 + M .$$

M ist ein beliebiger Reaktionspartner (auch Wand des Reaktionsgefäßes), der einen Teil der Energie aufnimmt.

Kettenreaktionen mit Verzweigung laufen häufig sehr schnell (explosionsartig) ab (vgl. 7.8).

7.8 Explosionen

Explosionen sind schnell ablaufende exotherme chemische Reaktionen, die mit einer erheblichen Drucksteigerung verbunden sind. (vgl. hierzu EN 1127-1:1997)

Explosionen werden in Deflagrationen und Detonationen unterteilt. Bei *Deflagrationen* ist die Geschwindigkeit des Umsatzes durch Transportvorgänge (z. B. Konvektion, Wärmeleitung) begrenzt. Daher sind die Fortpflanzungsgeschwindigkeiten hier relativ gering; 10 m/s werden in gasförmigen Systemen selten überschritten. Bei *Detonationen* ist die Zone, in der die chemische Umsetzung abläuft, eng an eine sich mit Überschallgeschwindigkeit ausbreitende Stoßwelle gekoppelt. Die Detonationsgeschwindigkeiten liegen in gasförmigen Systemen bei ca. 2000 bis 3000 m/s und erreichen in kondensierten Systemen Werte bis ca. 9400 m/s (Nitroglycerin 7600 m/s, Octogen 9100 m/s, Hexanitro-Isowurtzitan 9400 m/s). Die bei den Detonationen auftretenden Druckgradienten sind denen von Stoßwellen analog. Das bedeutet, dass der Druck in außerordentlich kurzen Zeitspannen ansteigt (Größenordnung kleiner als eine Nanosekunde). Auch in anderen Eigenschaften gleichen sich Detonationen und Stoßwellen. So tritt bei Reflexion der Detonationsfront erneut ein Drucksprung auf (der Druckerhöhungsfaktor nimmt in der Regel Werte zwischen 2 und 3 an, teilweise werden jedoch wesentlich höhere Werte erreicht).

Deflagrationen und Detonationen können in gasförmigen, flüssigen und festen Systemen auftreten. Aber auch feinverteilte Flüssigkeitströpfchen bzw. Feststoffpartikel in Gasen können explosiv reagieren.

Beispiele

1. Bei Normaldruck reagieren H_2-O_2-Gemische im Bereich des nachfolgend angegebenen H_2-Volumenanteils, $x(H_2)$, explosiv: $4,0\% \leq x(H_2) \leq 94\%$. Diese Grenzzusammensetzungen, bei denen gerade noch Deflagrationen zu beobachten sind, werden als untere bzw. obere Explosionsgrenze bezeichnet. Analog sind die Detonationsgrenzen definiert. Im System H_2/O_2 liegen sie bei $x(H_2) = 15\%$ (untere Detonationsgrenze) und $x(H_2) = 90\%$ (obere Detonationsgrenze). Die Explosionsgrenzen von Wasserstoff und von einigen Kohlenwasserstoffen in Luft sind in Tabelle 11-3 aufgeführt.

2. Nitroglycerin (Glycerintrinitrat) ist einer der wichtigsten und meistgebrauchten Sprengstoffbestandteile. Alfred Nobel bereitete aus ihm das sog. Gur-Dynamit (Nitroglycerin-Kieselgur-Mischung mit einem Nitroglycerin-Massenanteil von 75 %).

3. Als Beispiel für eine Deflagration in einem heterogenen System sei die sog. Staubexplosion angeführt. Eine derartige Deflagration kann auftreten, wenn brennbarer Staub (z. B. Mehl, mittlerer Teilchendurchmesser < 0,5 mm) in Luft oder Sauerstoff aufgewirbelt und gezündet wird. Ungewollt ablaufende Staubexplosionen können in Betrieben – ebenso wie z. B. Gasexplosionen – beträchtlichen Schaden verursachen.

7.9 Katalyse

7.9.1 Grundlagen

Unter dem Begriff Katalyse versteht man die Veränderung der Geschwindigkeit einer chemischen Reaktion unter der Einwirkung einer Substanz, des Katalysators. Beschleunigen Katalysatoren die Reaktionsgeschwindigkeit, so spricht man von positiver Katalyse, vermindern Stoffe die Reaktionsgeschwindigkeit, so nennt man diesen Vorgang negative Katalyse, den entsprechenden Wirkstoff bezeichnet man als *Inhibitor*. Katalysatoren in lebenden Zellen (Biokatalysatoren) werden als *Enzyme* bezeichnet.

Katalysatoren sind durch folgende Eigenschaften charakterisiert:

Sie sind Stoffe, die die Reaktionsgeschwindigkeit ändern, ohne selbst in der Umsatzgleichung aufzutreten. Vor und nach der Umsetzung liegen sie in unveränderter Menge vor.

Sie haben keinen Einfluss auf den Wert der Freien Reaktionsenthalpie, können also weder die Gleichgewichtskonstante noch die Lage des chemischen Gleichgewichtes verändern. Dagegen ist die Geschwindigkeit der Einstellung des Gleichgewichtes von ihrer Anwesenheit abhängig. Die Geschwindigkeiten der Hin- und Rückreaktion werden dabei in gleicher Weise beeinflusst.

Katalysatoren verringern die Aktivierungsenergie einer Reaktion (Vernachlässigung der negativen Katalyse). Das ist nur möglich, wenn die Reaktion in Gegenwart des Katalysators nach einem anderen Mechanismus verläuft als in seiner Abwesenheit. Intermediär bilden sich zwischen den Ausgangsstoffen und dem Katalysator unbeständige Zwischenverbindungen, die dann in die Endprodukte und den Katalysator zerfallen.

7.9.2 Homogene Katalyse

Die homogene Katalyse ist dadurch gekennzeichnet, dass Katalysator und Reaktionspartner in der gleichen Phase vorliegen. Eine homogen katalysierte Gasreaktion findet z. B. beim klassischen Bleikammerverfahren statt, das zur Herstellung von Schwefelsäure dient. Hierbei wird Schwefeldioxid SO_2 durch Sauerstoff zu Schwefeltrioxid SO_3 oxidiert. Als Katalysator dienen Stickoxide. Schematisch kann der Vorgang folgendermaßen beschrieben werden:

$$N_2O_3 + SO_2 \rightarrow 2\,NO + SO_3$$
$$\underline{2\,NO + 1/2\,O_2 \rightarrow N_2O_3}$$
$$SO_2 + 1/2\,O_2 \rightarrow SO_3 \;.$$

Anschließend reagiert das gebildete Schwefeltrioxid mit Wasser unter Bildung von Schwefelsäure H_2SO_4.

7.9.3 Heterogene Katalyse

Bei der heterogenen Katalyse liegen Katalysator und Reaktionspartner in verschiedenen Phasen vor. Von großer technischer Bedeutung sind die Systeme fester Katalysator und flüssige bzw. gasförmige Reaktionspartner. Der Hauptvorteil gegenüber der homogenen Katalyse besteht in der leichteren Abtrennbarkeit des Katalysators von den Reaktionsprodukten und in der Möglichkeit kontinuierlicher Prozessführung. Aus diesen Gründen werden heute im technischen Bereich fast ausschließlich heterogene Katalysen durchgeführt.

Beispiel: Für die Reaktion mit der Umsatzgleichung

$$A \rightarrow B + C$$

können folgende Teilschritte formuliert werden:

$$A + K \rightarrow AK \;,$$
$$AK \rightarrow K + B + C$$

Dabei ist K der Katalysator.

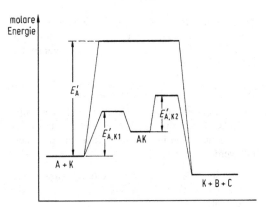

Bild 7-4. Schema des Energieverlaufs einer katalysierten und einer nicht katalysierten Reaktion

In Bild 7-4 sind die Energieprofile der katalysierten und der nichtkatalysierten Reaktion dargestellt. Man erkennt, dass die Reaktion in Gegenwart des Katalysators hier über zwei Energiestufen verläuft, von denen jede eine niedrigere Aktivierungsenergie hat, als dies beim nichtkatalysierten Verlauf der Reaktion der Fall ist.

7.9.4 Haber-Bosch-Verfahren

Ein Beispiel für einen großtechnischen Prozess, dem eine heterogene Katalyse zugrunde liegt, ist das Haber-Bosch-Verfahren zur Herstellung von Ammoniak NH_3 aus den Elementen (vgl. 6.4.6):

$$N_2 + 3\,H_2 \rightleftharpoons 2\,NH_3 \;, \quad \Delta_r H < 0 \;.$$

Dieses Verfahren wird bei einem Druck von 200 bar und bei einer Temperatur von 500 °C in Gegenwart eines Eisenkatalysators durchgeführt.

Zur Auswahl der Verfahrensparameter

Nach dem Prinzip von Le Chatelier und Braun (vgl. 6.4.6) wird die Lage des oben erwähnten exothermen Gleichgewichtes durch Verringerung der Temperatur und Erhöhung des Druckes auf die Seite des Ammoniaks verschoben. Bei den von der Thermodynamik geforderten tiefen Temperaturen erfolgt aber die Einstellung des chemischen Gleichgewichtes nicht mehr in einem technisch vertretbaren Zeitraum. Darüber hinaus wird die

Reaktion durch Katalysatoren erst bei höheren Temperaturen in ausreichendem Maße beschleunigt. Die Optimierung dieser Effekte führte zu den genannten Versuchsparametern.

Mechanismus der Ammoniaksynthese

Der Reaktionsablauf bei der Ammoniaksynthese kann wie jede andere durch einen Feststoff katalysierte Gasphasenreaktion in folgende Einzelschritte unterteilt werden:

1. Transport der Ausgangsstoffe durch Konvektion und Diffusion an die innere Oberfläche des Katalysators.
2. Adsorption der Reaktionsteilnehmer an der Oberfläche des Katalysators.
3. Reaktion der adsorbierten Teilchen auf der Katalysatoroberfläche.
4. Desorption des gebildeten Ammoniaks in die Gasphase.
5. Abtransport des Ammoniaks (durch Diffusion und Konvektion).

Der Mechanismus der Ammoniakbildung an der Katalysatoroberfläche kann durch folgendes Schema wiedergegeben werden (die adsorbierten Teilchen sind mit dem Zusatz ad, Moleküle in der Gasphase mit g gekennzeichnet):

$$H_2(g) \rightleftharpoons 2\,H(ad)$$
$$N_2(g) \rightleftharpoons N_2(ad) \rightleftharpoons 2\,N(ad)$$
$$N(ad) + H(ad) \rightleftharpoons NH(ad)$$
$$NH(ad) + H(ad) \rightleftharpoons NH_2(ad)$$
$$NH_2(ad) + H(ad) \rightleftharpoons NH_3(ad) \rightleftharpoons NH_3(g)\,.$$

Die Geschwindigkeit der Gesamtreaktion wird im Wesentlichen durch die Geschwindigkeit der dissoziativen Stickstoff-Adsorption (Reaktionsschritt 2) bestimmt.

8 Stoffe und Reaktionen in Lösung

8.1 Disperse Systeme

Ein *disperses System* ist eine Stoffmischung, die aus zwei oder mehreren Komponenten zusammengesetzt

ist. Bei einem derartigen System liegen ein oder mehrere Bestandteile, die als disperse oder dispergierte Phasen bezeichnet werden, fein verteilt in dem so genannten Dispersionsmittel vor. Disperse Systeme können aus einer oder aber auch aus mehreren Phasen bestehen.

Nach der Teilchengröße d der dispersen Phase unterscheidet man

– grobdisperse Systeme ($d > 10^{-6}$ m),
– kolloiddisperse Systeme ($10^{-9} < d/\text{m} < 10^{-6}$) und
– molekulardisperse Systeme ($d < 10^{-9}$ m).

8.1.1 Kolloide

In kolloiden Systemen sind die Teilchen der dispersen Phase zwischen 10^{-9} m und 10^{-6} m groß (häufige Bezeichnung: Nanopartikel). Das entspricht etwa 10^3 bis 10^{12} Atomen pro Teilchen. Kolloide nehmen eine Zwischenstellung zwischen den molekulardispersen und den grobdispersen Systemen ein. Aufgrund ihrer geringen Teilchengröße sind Kolloide im Lichtmikroskop nicht sichtbar. In Wasser dispergierte Kolloide werden von Membranfiltern – nicht aber von Papierfiltern – zurückgehalten.

Kolloide können nach dem Aggregatzustand der dispersen Phase und dem des Dispersionsmittels eingeteilt werden, siehe Tabelle 8-1. Haben die Teilchen der dispersen Phase alle die gleiche Größe, so spricht man von monodispersen Kolloiden, andernfalls liegen polydisperse Kolloide vor.

Tabelle 8-1. Einteilung der Kolloide

Dispersionsmittel	disperser Bestandteil	Bezeichnung
		Aerosole:
gasförmig	flüssig	Nebel
gasförmig	fest	Staub, Rauch
		Lyosole:
flüssig	gasförmig	Schaum
flüssig	flüssig	Emulsion
flüssig	fest	Suspension
		Xerosole:
fest	gasförmig	fester Schaum, Gasxerosol
fest	flüssig	feste Emulsion
fest	fest	feste Kolloide, Vitreosole

8.1.2 Lösungen

Unter einer Lösung versteht man eine homogene Mischphase, die aus verschiedenen Stoffen zusammengesetzt ist. Die Komponenten müssen molekulardispers verteilt sein. Der Bestandteil, der im Überschuss vorhanden ist, wird in der Regel als Lösungsmittel bezeichnet; die anderen Komponenten werden gelöste Stoffe genannt. Der Begriff Lösung wird üblicherweise auf flüssige und feste Mischphasen beschränkt.

Im Folgenden werden ausschließlich homogene flüssige Mischphasen behandelt. Derartige Lösungen werden in *Elektrolytlösungen* und *Nichtelektrolytlösungen* unterteilt.

Während Elektrolytlösungen gelöste Elektrolyte (siehe 8.1.3) enthalten, die in polaren Lösungsmitteln in Ionen dissoziieren (z. B. wässrige Lösung von Natriumchlorid), sind in Nichtelektrolytlösungen (z. B. wässrigen Lösungen von Rohrzucker) praktisch keine Ionen vorhanden.

8.1.3 Elektrolyte, Elektrolytlösungen

Als Elektrolyt wird eine chemische Verbindung bezeichnet, die im festen oder flüssigen (geschmolzen oder in Lösung) Zustand ganz oder teilweise aus Ionen besteht. Man unterscheidet zwischen:

- *Festen Elektrolyten.* Alle in Ionengittern kristallisierenden Stoffe, also sämtliche Salze (z. B. festes NaCl, dessen Gitter aus Na^+- und Cl^--Ionen aufgebaut ist) und salzartigen Verbindungen (z. B. NaOH) gehören hierzu.

- *Elektrolytschmelzen.* Geschmolzene Salze bzw. geschmolzene salzartige Verbindungen bestehen im flüssigen Zustand weitgehend aus Ionen.

- *Elektrolytlösungen.* Die Lösungen von echten und/oder potentiellen Elektrolyten (siehe unten) in einem polaren Lösungsmittel (dessen Moleküle ein permanentes elektrisches Dipolmoment haben) werden als Elektrolytlösungen bezeichnet. Elektrolytlösungen enthalten stets Ionen in hoher Menge.

Im Hinblick auf ihr Verhalten beim Lösen in polaren Lösungsmitteln werden die Elektrolyte in zwei Gruppen unterteilt:

- *Echte Elektrolyte.* Diese Substanzen sind bereits als Festkörper aus Ionen aufgebaut. Salze und salzartige Verbindungen gehören hierzu. Beim Lösungsvorgang in einem polaren Lösungsmittel wird das Kristallgitter zerstört und die Ionen gehen solvatisiert (siehe 8.5) in Lösung.

- *Potentielle Elektrolyte.* Diese Verbindungsgruppe ist als reine Phase (vgl. 6.1.1) nicht aus Ionen aufgebaut. Erst durch eine chemische Reaktion mit einem polaren Lösungsmittel werden Ionen gebildet.

Beispiele für potentielle Elektrolyte: Chlorwasserstoff HCl und Ammoniak NH_3 sind bei Raumbedingungen Gase, die mit flüssigem Wasser unter Bildung der hydratisierten Ionen $H^+(aq)$ und $Cl^-(aq)$ bzw. $NH_4^+(aq)$ und $OH^-(aq)$ reagieren:

$$HCl(g) + xH_2O(l) \rightarrow H^+(aq) + Cl^-(aq)$$

$$NH_3(g) + yH_2O(l) \rightarrow NH_4^+(aq) + OH^-(aq) \,.$$

8.2 Kolligative Eigenschaften von Lösungen

Zu den kolligativen Eigenschaften gehören die Dampfdruckerniedrigung, die Gefrierpunktserniedrigung, die Siedepunktserhöhung sowie der osmotische Druck. Diese Eigenschaften hängen bei starker Verdünnung nur von der Zahl (d. h. der Stoffmenge) der gelösten Teilchen, nicht aber von deren chemischer Natur ab. Im Folgenden werden ausschließlich Zweikomponentensysteme betrachtet. Das Lösungsmittel wird durch den Index 1, der gelöste Stoff durch den Index 2 gekennzeichnet. Ferner wird vorausgesetzt, dass der gelöste Stoff keinen messbaren Dampfdruck hat.

8.2.1 Dampfdruckerniedrigung

Durch Zusatz eines Stoffes mit den oben geschilderten Eigenschaften zu einem Lösungsmittel wird dessen Dampfdruck erniedrigt. Es gilt

$$p_1 = x_1 \cdot p_{01} \,, \quad T = \text{const} \,, \tag{8-1}$$

p_1 Dampfdruck über der Lösung, p_{01} Dampfdruck des reinen Lösungsmittels, $x_1 = n_1/(n_1 + n_2)$ Stoffmengenanteil des Lösungsmittels, T Temperatur. Mit $x_1 + x_2 = 1$ und $\Delta p = p_{01} - p_1$ folgt aus (8-1) für die relative Dampfdruckerniedrigung

$$\Delta p/p_{01} = x_2 \,, \tag{8-2}$$

Die relative Dampfdruckerniedrigung des Lösungsmittels ist gleich dem Stoffmengenanteil des gelösten Stoffes.

Die hier angegebenen Beziehungen gelten nur bei verdünnten Lösungen unter der Voraussetzung, dass der gelöste Stoff ein Nichtelektrolyt (z. B. Rohrzucker) ist.

8.2.2 Gefrierpunktserniedrigung und Siedepunktserhöhung

Fügt man zu einem reinen Lösungsmittel einen gelösten Stoff, so führt dies, wie in 8.2.1 dargelegt wurde, stets zu einer Dampfdruckerniedrigung. Diese bewirkt einerseits, dass über der Lösung der Normalluftdruck (101 325 Pa) erst bei einer höheren Temperatur erreicht wird als über dem reinen Lösungsmittel. Die Dampfdruckerniedrigung führt also zu einer Siedepunktserhöhung. Andererseits bewirkt der Zusatz des gelösten Stoffes, dass die Dampfdruckkurve der Lösung die des festen Lösungsmittels schon bei einer tieferen Temperatur schneidet als die entsprechende Kurve des reinen Lösungsmittels, d. h., der Gefrierpunkt wird durch den Zusatz des gelösten Stoffes erniedrigt. Dies ist schematisch in Bild 8-1 dargestellt. Für die *Gefrierpunktserniedrigung* gilt:

$$\Delta T_{sl} = T_{sl1} - T_{sl} = k_G\, b_2\,, \quad p = \text{const}\,, \quad (8\text{-}3)$$

T_{sl1} Schmelzpunkt des reinen Lösungsmittels, T_{sl} Schmelztemperatur der Lösung, $b_2 = n_2/m_1$ Molali-

tät des gelösten Stoffes, n_2 Stoffmenge des gelösten Stoffes, m_1 Masse des Lösungsmittels, p Druck.

Die Größe k_G, die nur von den Eigenschaften des reinen Lösungsmittels abhängt, heißt *kryoskopische Konstante*. Ihr Wert für Wasser ist bei 101 325 Pa

$$k_G = 1{,}860 \text{ K kg/mol}\,.$$

Eine analoge Beziehung besteht für die Siedepunktserhöhung:

$$\Delta T_{lg} = T_{lg} - T_{lg1} = k_S\, b_2 \quad p = \text{const}\,, \quad (8\text{-}4)$$

T_{lg} Siedetemperatur der Lösung, T_{lg1} Siedetemperatur des reinen Lösungsmittels, k_S *ebullioskopische Konstante*.
Für Wasser ist

$$k_S = 0{,}513 \text{ K kg/mol}\,.$$

Die Beziehungen, die für den Zusammenhang zwischen der Siedepunktserhöhung bzw. der Gefrierpunktserniedrigung und der Molalität des gelösten Stoffes angegeben sind, gelten nur für sehr verdünnte Lösungen unter der Voraussetzung, dass der gelöste Stoff ein Nichtelektrolyt ist. Messungen der Gefrierpunktserniedrigung wurden früher häufig zur Bestimmung der molaren Masse eines gelösten Stoffes benutzt. Hierzu wird (8-3) folgendermaßen umgeformt;

$$\Delta T_{sl} = k_G\, b_2 = k_G\, m_2/(M_2 m_1)\,,$$
$$M_2 = k_G\, m_2/(\Delta T_{sl}\, m_1) \quad (8\text{-}5)$$

M_2 molare Masse des gelösten Stoffes, m_2 Masse des gelösten Stoffes.
Bei Elektrolytlösungen wird die Abhängigkeit der Gefrierpunktserniedrigung bzw. der Siedepunktserhöhung von der Molalität des gelösten Stoffes durch folgende Beziehungen beschrieben:
Gefrierpunktserniedrigung

$$\Delta T_{sl}/b_2 = \nu\, k_G + a\, \sqrt{b_2} \quad (8\text{-}6)$$

Siedepunktserhöhung

$$\Delta T_{lg}/b_2 = \nu\, k_S + b\, \sqrt{b_2} \quad (8\text{-}7)$$

b_2 Molalität.

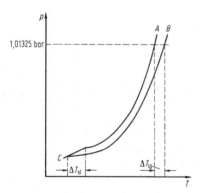

Bild 8-1. Schema der Dampfdruckkurve einer Lösung (Kurve B) und des entsprechenden Lösungsmittels (Kurve A). ΔT_{lg} Siedepunktserhöhung, ΔT_{sl} Gefrierpunktserniedrigung

Hierbei sind a und b Konstanten, die auch von den Eigenschaften des gelösten Stoffes abhängen. v ist die Summe der Zerfallszahlen. Diese Größe ist durch die Zahl der Ionen gegeben, in die die Formeleinheit des Elektrolyten zerfällt.

Beispiel: Natriumsulfat Na_2SO_4 zerfällt in zwei Na^+-Ionen und ein SO_4^{2-}-Ion, daher ist $v = 3$.

Messungen der Gefrierpunktserniedrigung und der Siedepunktserhöhung von Elektrolytlösungen können als Nachweis dafür dienen, dass Elektrolyte in wässriger Lösung dissoziiert vorliegen.

8.2.3 Osmotischer Druck

In Bild 8-2 ist ein System dargestellt, in dem eine semipermeable Membran zwei flüssige Teilsysteme trennt. Eine derartige Membran ist nur für bestimmte Teilchenarten durchlässig, in diesem Fall nur für die Moleküle des Lösungsmittels (Index 1), nicht aber für den gelösten Stoff (Index 2). Im Teilsystem I befindet sich nur das Lösungsmittel, im Teilsystem II zusätzlich ein gelöster Stoff (z. B. Rohrzucker). Im Gleichgewicht muss auf den Kolben II zusätzlich zum Druck p, der auch auf den Kolben I wirkt, der Druck π ausgeübt werden. Ein derartiges Gleichgewicht heißt *osmotisches Gleichgewicht*. Der Zusatzdruck π wird als *osmotischer Druck* bezeichnet.

Wirkt auf den Kolben II kein Zusatzdruck, so wandern Lösungsmittelmoleküle vom Teilsystem I ins Teilsystem II und verdünnen dadurch die Lösung. Als Folge dieses Vorganges wird der Flüssigkeitsspiegel im Zylinder II erhöht und im Zylinder I gesenkt. Dieser Vorgang wird so lange fortgesetzt, bis die hydrostatische Druckdifferenz den osmotischen Druck der Lösung erreicht hat. Die Konzentrationsabhängigkeit des osmotischen Druckes π eines gelösten Nichtelektrolyten wird durch folgende Beziehung beschrieben:

$$\pi = c_2RT + Bc_2^2 + Cc_2^3 + \dots \tag{8-8a}$$

$$\pi/\varrho_2 = RT/M_2 + B'\varrho_2 + C'\varrho_2^2 + \dots \tag{8-8b}$$

c_2 Konzentration des gelösten Stoffes, $\varrho_2 = m_2/V$ Massenkonzentration (Partialdichte), R universelle Gaskonstante. Die Konstanten B, C, B' und C' werden als Virialkoeffizienten bezeichnet.

Diese Gleichung stimmt formal mit der Virialform der Zustandsgleichung realer Gase überein (vgl. 5.1.5). Für sehr verdünnte Nichtelektrolytlösungen vereinfacht sich die obige Beziehung.

Es gilt näherungsweise

$$\pi = c_2 RT . \tag{8-9}$$

Diese Beziehung gleicht der Zustandsgleichung idealer Gase.

Elektrolytlösungen weisen bei gleichen Konzentrationen einen höheren osmotischen Druck auf als Nichtelektrolytlösungen. Für stark verdünnte Lösungen von Elektrolyten gilt:

$$\pi = v\,c_2\,RT , \tag{8-10}$$

v Summe der Zerfallszahlen.

Umkehrosmose

Wirkt auf den linken Kolben des in Bild 8-2 dargestellten Systems ein äußerer Druck, der größer als der osmotische Druck π ist, so geschieht folgendes: Lösungsmittelmoleküle wandern durch die semipermeable Membran vom Teilsystem II (Lösungsseite) zum Teilsystem I (Seite des Lösungsmittels). Dieser Vorgang wird als Umkehrosmose bezeichnet und technisch zur Meerwasserentsalzung eingesetzt.

Anwendungen und Beispiele

1. Bestimmung der molaren Masse gelöster Nichtelektrolyte. Hierzu wird π/ϱ_2 als Funktion der Massenkonzentration ϱ_2 aufgetragen und die molare Masse unter Anwendung obiger Beziehung aus dem Ordinatenabschnitt der graphischen Darstellung bestimmt (vgl. (8-8b)).

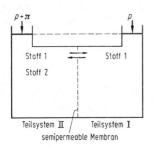

Bild 8-2. Osmotisches Gleichgewicht, die semipermeable Membran ist für den Stoff 2 undurchlässig (nach Tombs, M.P.; Peacocke, A.R.: The osmotic pressure of biological macromolecules)

2. Im menschlichen Blut besitzen sowohl das Blutplasma als auch der Inhalt der roten Blutkörperchen den gleichen osmotischen Druck (7,7 bar bei 37 °C). Eine Zufuhr von reinem Wasser bewirkt eine Verringerung des osmotischen Druckes des Blutplasmas und führt durch Quellung zum Platzen der roten Blutkörperchen (Hämolyse). Wird der Wassergehalt des Blutplasmas erniedrigt und damit der osmotische Druck erhöht, so schrumpfen die roten Blutkörperchen. Bei intravenösen Injektionen muss daher darauf geachtet werden, dass der osmotische Druck der injizierten Flüssigkeiten gleich dem des Blutplasmas ist.

8.3 Löslichkeit von Gasen in Flüssigkeiten

Die Löslichkeit von Gasen in Flüssigkeiten wird quantitativ durch das Gesetz von Henry und Dalton beschrieben:

$$x_2 = k\, p_2 , \quad T = \text{const} \qquad (8\text{-}11)$$

Bei konstanter Temperatur ist der Stoffmengenanteil x_2 eines Gases in einer Flüssigkeit seinem Partialdruck p_2 in der Gasphase proportional.

k ist eine von der chemischen Natur des Gases und des Lösungsmittels sowie von der Temperatur abhängige Stoffkonstante.

8.4 Verteilung gelöster Stoffe zwischen zwei Lösungsmitteln

Zwei (praktisch) unmischbare Flüssigkeiten enthalten beide einen dritten Stoff (Index B). Wenn sich das Verteilungsgleichgewicht eingestellt hat, gilt das *Nernst'sche Verteilungsgesetz*:

$$c_B^I / c_B^{II} = k, \quad T, p = \text{const} . \qquad (8\text{-}12)$$

(Kennzeichnung der beiden flüssigen Phasen durch I und II.)

Das Verhältnis der Konzentrationen eines sich zwischen zwei nicht mischbaren Lösungsmitteln verteilenden Stoffes ist konstant, d. h. unabhängig von der ursprünglich eingesetzten Stoffportion.

Die Konstante k wird als *Verteilungskoeffizient* des Stoffes B bezeichnet. Sie ist von der Natur der Lösungsmittel sowie von Druck und Temperatur abhängig. Voraussetzung für die Gültigkeit von (8-12) ist, dass der molekulare Zustand des Stoffes B in beiden flüssigen Phasen gleich ist.

8.5 Wasser als Lösungsmittel

Die Löslichkeit von Ionenkristallen (Salzen) oder Molekülkristallen in einem Lösungsmittel wird durch zwei unterschiedliche energetische Faktoren bestimmt. Beim Auflösen des Kristalls muss dessen Gitter zerstört werden. Dazu ist eine Energie notwendig, die größenordnungsmäßig gleich der Gitterenergie ist. Diese Energie wird durch die Wechselwirkung zwischen den Lösungsmittelmolekülen und den gelösten Teilchen geliefert und heißt *Solvatationsenergie* (beim Lösungsmittel Wasser: *Hydratationsenergie*). Die Wechselwirkung der gelösten Teilchen mit den Lösungsmittelmolekülen wird *Solvatation* (beim Lösungsmittel Wasser: *Hydratation*) genannt.

Es gilt folgende Beziehung zwischen der Gitterenthalpie $\Delta_G H$, der Solvatationsenthalpie $\Delta_S H$ und der Lösungsenthalpie $\Delta_L H$ (der Unterschied zwischen der Energie und der Enthalpie soll hier vernachlässigt werden):

$$\Delta_L H = |\Delta_G H| - |\Delta_S H| . \qquad (8\text{-}13)$$

Folgende drei Fälle sollen diskutiert werden:

1. $|\Delta_G H| > |\Delta_S H|$. Hier ist $\Delta_L H > 0$, d. h., beim Auflösen des Kristalls kühlt sich die Lösung ab (endothermer Vorgang). Die endotherme Auflösung eines Kristalls ist nur möglich, wenn die Bedingung $T \Delta_r S > \Delta_r H$ erfüllt ist (vgl. 6.3.4), da nur in diesem Fall $\Delta_r G < 0$ sein kann (die Reaktionsgrößen beziehen sich auf den Gesamtvorgang der Auflösung).

2. $|\Delta_G H| < |\Delta_S H|$. In diesem Fall ist $\Delta_L H < 0$, d. h., die Lösung erwärmt sich (exothermer Vorgang).

3. $|\Delta_G H| \gg |\Delta_S H|$. Die energetischen Voraussetzungen für eine Auflösung des Kristalls sind jetzt nicht mehr gegeben.

Hydratation von Ionen

Die direkte Ion-Dipol-Wechselwirkung führt zur Hydratation in der unmittelbaren Umgebung des Ions (primäre Hydratation). In dieser Hydrathülle sind die

Wassermoleküle relativ fest gebunden. Die primäre Hydrathülle bleibt sowohl bei der thermischen Eigenbewegung als auch bei der Bewegung unter dem Einfluss eines elektrischen Feldes erhalten. Kleine und hochgeladene Ionen sind besonders stark hydratisiert. Die Zahl der Wassermoleküle in der primären Hydrathülle liegt je nach Ionensorte meist zwischen 1 und 10. Die äußere, locker gebundene Hülle entsteht durch Wechselwirkung der Wassermoleküle mit dem bereits in erster Sphäre hydratisierten Ion (sekundäre Hydratation).

8.6 Eigendissoziation des Wassers, Ionenprodukt des Wassers

Auch chemisch reines Wasser besitzt eine elektrische Leitfähigkeit. So fanden Kohlrausch und Heydweiler (1894) für die Leitfähigkeit γ von Wasser bei 18 °C einen Wert von

$$\gamma = 4{,}4 \cdot 10^{-6} \, \text{S/m} \, .$$

Ursache dieser Restleitfähigkeit ist die Bildung von Ionen durch die Eigendissoziation von Wassermolekülen, die durch folgende Gleichung beschrieben werden kann:

$$H_2O \rightleftharpoons H^+(aq) + OH^-(aq) \, .$$

Die Wasserstoff- und die Hydroxidionen sind hydratisiert, was durch den Zusatz (aq) gekennzeichnet ist. Wendet man auf die obige Umsatzgleichung das Massenwirkungsgesetz an, so folgt

$$c(H^+) \, c(OH^-) = K_W \, ,$$
$$K_W = 1{,}01 \cdot 10^{-14} \, \text{mol}^2/\text{l}^2 \quad (25 \, °C) \, .$$

K_W wird als Ionenprodukt des Wassers bezeichnet. K_W ist, wie die nachfolgende Tabelle zeigt, stark von der Temperatur abhängig:

T in °C	K_W in $(\text{mol}^2/\text{l}^2)$
0	$0{,}115 \cdot 10^{-14}$
5	$0{,}188 \cdot 10^{-14}$
25	$1{,}006 \cdot 10^{-14}$
40	$2{,}83 \cdot 10^{-14}$
55	$6{,}85 \cdot 10^{-14}$
70	$14{,}7 \cdot 10^{-14}$
85	$28{,}3 \cdot 10^{-14}$
100	$49{,}9 \cdot 10^{-14}$

In reinem Wasser ist die Konzentration der $H^+(aq)$- und $OH^-(aq)$-Ionen gleich. Daher gilt:

$$c(H^+) = c(OH^-) = \sqrt{K_W} \, .$$

Bei 25 °C erhält man mit dieser Beziehung:

$$c(H^+) = c(OH^-) = 1 \cdot 10^{-7} \, \text{mol/l} \, .$$

Da die Konzentration des undissoziierten Wassers 55,5 mol/l beträgt, folgt, dass lediglich ein Bruchteil von $1{,}8 \cdot 10^{-9}$ der Wassermoleküle dissoziiert ist.

8.7 Säuren und Basen

8.7.1 Definitionen von Arrhenius und Brønsted

Nach *Arrhenius* werden Säuren und Basen folgendermaßen definiert:

Säuren sind wasserstoffhaltige Verbindungen, die in wässriger Lösung in positiv geladene Wasserstoffionen (H^+) und negativ geladene Säurerest-Ionen dissoziieren.
Basen sind hydroxidgruppenhaltige Verbindungen, die in wässriger Lösung in negative Hydroxidionen (OH^-) und positive Baserest-Ionen dissoziieren.

Beispiele: Die Säure Chlorwasserstoff HCl dissoziiert in wässriger Lösung gemäß folgender Gleichung: $HCl \rightleftharpoons H^+(aq) + Cl^-(aq)$. Im Gegensatz zur HCl kann ein Schwefelsäuremolekül H_2SO_4 zwei Wasserstoffionen abgeben:
$H_2SO_4 \rightleftharpoons H^+(aq) + HSO_4^-(aq)$ (1. Dissoziationsstufe) und
$HSO_4^-(aq) \rightleftharpoons H^+(aq) + SO_4^{2-}(aq)$ (2. Dissoziationsstufe).
Die Base Natriumhydroxid NaOH dissoziiert in wässriger Lösung in Natrium- und Hydroxidionen:

$$NaOH \rightleftharpoons Na^+(aq) + OH^-(aq) \, .$$

Nach Arrhenius bildet sich bei der Reaktion einer Säure mit einer Base ein Salz und undissoziiertes Wasser. Dieser Reaktionstyp wird als Neutralisation bezeichnet.

Beispiele:

$$HCl + NaOH \rightleftharpoons NaCl + H_2O$$
$$H_2SO_4 + 2 \, NaOH \rightleftharpoons Na_2SO_4 + 2 \, H_2O \, .$$

Das Wesentliche der Neutralisation besteht in der Reaktion von Wasserstoffionen und Hydroxidionen zu undissoziiertem Wasser:

$$H^+(aq) + OH^-(aq) \rightleftarrows H_2O \ .$$

J.N. Brønsted (dt.: Brönsted) erweiterte 1923 die Definition von Arrhenius folgendermaßen:

Säuren sind Protonendonatoren, d. h. Stoffe, die Protonen abgeben können.
Basen sind Protonenakzeptoren, d. h. Stoffe, die Protonen aufnehmen können.

Diese Definition von Brönsted ist unabhängig vom verwendeten Lösungsmittel.

Arrhenius-Säuren sind stets auch Brönsted-Säuren. Brönsted-Basen sind z. B. OH^-, NH_3, Cl^- und SO_4^{2-}. Durch Protonenanlagerung werden diese Verbindungen zu H_2O, NH_4^+, HCl und HSO_4^-. Die zuletzt genannten Moleküle bzw. Ionen sind, da sie die aufgenommenen Protonen wieder abspalten können, Brönsted-Säuren.

8.7.2 Starke und schwache Säuren und Basen

Säuren wie auch Basen unterscheiden sich durch das Ausmaß, in dem die Aufspaltung in Ionen, die Dissoziation, erfolgt. Die zuverlässigste Größe, die die Dissoziation quantitativ beschreibt, ist die Dissoziationskonstante. Für die Dissoziation einer Säure (HA) bzw. Base (BOH) gilt:

$$HA \rightleftarrows H^+(aq) + A^-(aq) \ .$$
$$BOH \rightleftarrows B^+(aq) + OH^-(aq) \ .$$

Wendet man auf diese Gleichgewichte das Massenwirkungsgesetz an, so folgt:

$$K_S = \frac{c(H^+) \cdot c(A^-)}{c(HA)} \qquad K_B = \frac{c(B^+) \cdot c(OH^-)}{c(BOH)} \ .$$

Hierbei sind $c(H^+)$, $c(A^-)$, $c(HA)$, $c(OH^-)$, $c(B^+)$ und $c(BOH)$ die Konzentrationen der im Gleichgewicht vorliegenden Teilchen. K_S und K_B werden als Dissoziationskonstanten bezeichnet. $c(HA)$ bzw. $c(BOH)$ unterscheiden sich von der analytischen oder der Gesamtkonzentration c_0. Die zuletzt genannten Größen setzen sich additiv aus der Konzentration der dissoziierten und der undissoziierten Säure bzw. Base zusammen. Es gilt:

$$c_0 = c(H^+) + c(HA) \quad \text{bzw.}$$
$$c_0 = c(OH^-) + c(BOH) \ .$$

Häufig wird das Ausmaß der Dissoziation durch den Dissoziationsgrad α ausgedrückt. Hierunter versteht man den Quotienten aus der Zahl der dissoziierten Moleküle und der Gesamtzahl der Moleküle, α kann Werte zwischen 0 (undissoziierte Verbindung) und 1 (vollständige Dissoziation) annehmen.

Säuren und Basen werden als stark bezeichnet, wenn die Dissoziationskonstante größer oder gleich 1 mol/l ist. In diesem Fall dissoziiert die Säure bei allen Konzentrationen praktisch vollständig, d. h., α ist bei allen Konzentrationen nahezu 1.

Beispiele für starke Säuren und Basen:

Salzsäure (HCl in Wasser), Salpetersäure HNO_3, Schwefelsäure H_2SO_4 und Perchlorsäure $HClO_4$ sind starke Säuren.

Starke Basen sind die Alkalimetallhydroxide (NaOH, KOH usw.) und die meisten Erdalkalimetallhydroxide ($Ca(OH)_2$, $Ba(OH)_2$, vgl. 10.3).

Säuren und Basen, die Dissoziationskonstanten aufweisen, die kleiner als 1 mol/l sind, werden als schwache Säuren bzw. Basen bezeichnet. Das Ausmaß der Dissoziation ändert sich hier sehr stark mit der Konzentration der Säure bzw. Base. Die Dissoziationskonstanten einiger schwacher Säuren bzw. Basen gibt die folgende Tabelle wieder (Temperatur 25 °C):

Salpetrige Säure	HNO_2	$4,6 \cdot 10^{-4}$ mol/l
Essigsäure	CH_3COOH	$1,75 \cdot 10^{-5}$ mol/l
Ameisensäure	$HCOOH$	$1,77 \cdot 10^{-4}$ mol/l
Kohlensäure	H_2CO_3	
1. Stufe		$1,32 \cdot 10^{-4}$ mol/l
2. Stufe		$4,69 \cdot 10^{-11}$ mol/l
Silberhydroxid	$AgOH$	$1,1 \cdot 10^{-4}$ mol/l
Ammoniak	$NH_3 \cdot H_2O$	$1,77 \cdot 10^{-5}$ mol/l

Namen und Formeln wichtiger anorganischer Säuren sind in Tabelle 8-2 aufgeführt.

8.7.3 Der pH-Wert

Häufig verwendet man anstelle der Wasserstoffionenkonzentration den pH-Wert, der durch folgende Beziehung definiert ist:

$$pH = -\log(c(H^+)/(mol/l)) \ . \qquad (8\text{-}14)$$

Tabelle 8-2. Wichtige anorganische Säuren

Name	Formel	Anion (Säurerestion) Formel	Name	Bemerkungen
Bromwasserstoff	HBr	Br^-	Bromid	
Chlorwasserstoff	HCl	Cl^-	Chlorid	unter Normalbedingungen farbloses Gas, wässrige Lösungen heißen Salzsäure
Fluorwasserstoff	HF	F^-	Fluorid	bei 19,5 °C siedende Flüssigkeit, wässrige Lösungen heißen Flusssäure
Schwefelwasserstoff	H_2S	HS^- S^{2-}	Hydrogensulfid Sulfid	farbloses, übelriechendes (wie faule Eier), sehr giftiges Gas
Hypochlorige Säure	HClO	ClO^-	Hypochlorit	
Chlorige Säure	$HClO_2$	ClO_2^-	Chlorit	
Chlorsäure	$HClO_3$	ClO_3^-	Chlorat	
Perchlorsäure	$HClO_4$	ClO_4^-	Perchlorat	
Kohlensäure	H_2CO_3	HCO_3^- CO_3^{2-}	Hydrogencarbonat Carbonat	Kohlensäure ist nur in wässriger Lösung beständig, CO_2 ist das Anhydrid der Kohlensäure (Oxid reagiert mit Wasser unter Bildung von Kohlensäure)
Phosphorsäure	H_3PO_4	$H_2PO_4^-$ HPO_4^{2-} PO_4^{3-}	Dihydrogenphosphat Hydrogenphosphat Phosphat	Anhydrid der Phosphorsäure: Phosphorpentoxid P_4O_{10}
Salpetrige Säure	HNO_2	NO_2^-	Nitrit	Stickstoffdioxid NO_2 ist das gemischte Anhydrid
Salpetersäure	HNO_3	NO_3^-	Nitrat	der Salpetrigen und der Salpetersäure
Schweflige Säure	H_2SO_3	SO_3^{2-}	Sulfit	Anhydrid der schwefligen Säure: Schwefeldioxid SO_2
Schwefelsäure	H_2SO_4	SO_4^{2-}	Sulfat	Anhydrid der Schwefelsäure: Schwefeltrioxid SO_3

Der pH-Wert ist der negative dekadische Logarithmus des Zahlenwertes der Wasserstoffionenkonzentration in mol/l.

Reines Wasser hat bei 25 °C wegen $K_W = 10^{-14}$ mol²/l² und $c(H^+) = 10^{-7}$ mol/l den pH-Wert 7. Durch Säurezusatz kann eine höhere Wasserstoffionenkonzentration erreicht werden. Derartige Lösungen haben einen pH-Wert, der kleiner als 7 ist. Sie werden als sauer bezeichnet. Ist durch Zusatz einer Base zu Wasser die Hydroxidionenkonzentration erhöht worden, so muss wegen der Gleichgewichtsbedingung

$$K_W = c(H^+)\, c(OH^-)$$

die Wasserstoffionenkonzentration entsprechend kleiner geworden sein. Derartige alkalische oder basische Lösungen haben einen pH-Wert, der größer als 7 ist:

pH < 7 saure Lösungen
pH = 7 neutrale Lösungen
pH > 7 alkalische Lösungen.

8.7.4 pH-Wert der Lösung einer starken Säure bzw. Base

Nach der in 8.7.2 angegebenen Definition sind *starke Säuren* bei allen Konzentrationen praktisch vollständig dissoziiert. Daraus folgt, dass die Wasserstoffionenkonzentration $c(H^+)$ bei starken Säuren gleich der analytischen oder Gesamtkonzentration c_0 der Säure ist: $c(H^+) = c_0$.

Beispiel: Der pH-Wert einer Salzsäure der Konzentration $c(HCl) = 2$ mol/l ist zu berechnen. Mit $c(H^+) = c_0(HCl) = 2$ mol/l folgt: pH = −0,3. Man erkennt, dass der pH-Wert der Lösung einer starken Säure auch kleinere Werte als 0 (bei $c(H^+) > 1$ mol/l) annehmen kann.

Bei Lösungen *starker Basen* gilt infolge der vollständigen Dissoziation dieser Verbindungen, dass die Konzentration der Hydroxidionen gleich der analytischen Konzentration der Base ist: $c(\text{OH}^-) = c_0$. Die Wasserstoffionen-Konzentration ist durch das Ionenprodukt des Wassers festgelegt:

$$c(\text{H}^+) = \frac{K_\text{W}}{c(\text{OH}^-)} = \frac{K_\text{W}}{c_0} \,.$$

Beispiel: Der pH-Wert einer Natriumhydroxidlösung der Konzentration $c_0(\text{NaOH}) = 0{,}1 \, \text{mol/l}$ ist gesucht ($25\,^\circ\text{C}$).
Ergebnis: $c(\text{OH}^-) = 0{,}1 \, \text{mol/l}$, $c(\text{H}^+) = 10^{-13} \, \text{mol/l}$, pH = 13.

8.7.5 pH-Wert der Lösung einer schwachen Säure bzw. Base

Gegeben sei die wässrige Lösung einer schwachen Säure HA (z. B. Essigsäure CH_3COOH) mit der analytischen Konzentration c_0. Das Dissoziationsgleichgewicht von HA wird durch die Dissoziationskonstante K_S beschrieben (vgl. 8.7.2):

$$\text{HA} \rightleftharpoons \text{H}^+ (\text{aq}) + \text{A}^- (\text{aq}) \,, \quad K_\text{S} = \frac{c(\text{H}^+) \cdot c(\text{A}^-)}{c(\text{HA})} \,. \tag{8-15}$$

Bei Lösungen, die außer dem Lösungsmittel Wasser nur die schwache Säure enthalten, gilt $c(\text{H}^+) = c(\text{A}^-)$. Ersetzt man in der obigen Beziehung $c(\text{HA})$ durch die analytische Konzentration c_0, so folgt:

$$K_\text{S} = \frac{c^2(\text{H}^+)}{c_0 - c(\text{H}^+)} \,. \tag{8-16}$$

Diese Gleichung bildet die Grundlage der Berechnung der Wasserstoffionenkonzentration und damit des pH-Wertes von Lösungen schwacher Säuren.
Für den Fall, dass $c_0 \gg c(\text{H}^+)$ ist, wovon bei nicht zu verdünnten Lösungen der schwachen Säure ausgegangen werden kann, vereinfacht sich (8-16) zu folgender Näherungsbeziehung:

$$K_\text{S} = \frac{c^2(\text{H}^+)}{c_0} \,. \tag{8-17}$$

Beispiel: Der pH-Wert einer wässrigen Essigsäurelösung der Konzentration $c_0 = 0{,}057 \, \text{mol/l}$ ist zu berechnen ($25\,^\circ\text{C}$).
Mit $K_\text{S} = 1{,}75 \cdot 10^{-5} \, \text{mol/l}$ erhält man mit obiger Näherungsgleichung $c(\text{H}^+) = 10^{-3} \, \text{mol/l}$ und pH = 3.

Zur Ermittlung des pH-Wertes der wässrigen Lösung einer schwachen Base können die folgenden Bestimmungsgleichungen herangezogen werden (Gleichgewichtsreaktion

$$\text{BOH} \rightleftharpoons \text{B}^+ (\text{aq}) + \text{OH}^- (\text{aq})) \, :$$
$$K_\text{B} = \frac{c(\text{B}^+) \cdot c(\text{OH}^-)}{c(\text{BOH})} \,,$$
$$K_\text{W} = c(\text{H}^+) \cdot c(\text{OH}^-) \quad \text{und} \quad c(\text{B}^+) = c(\text{OH}^-) \,.$$

Auch hier kann bei nicht zu verdünnten Lösungen die Konzentration der undissoziierten Base, $c(\text{BOH})$, gleich der analytischen oder Gesamtkonzentration c_0 gesetzt werden.
Unter dieser Bedingung folgt:

$$c(\text{H}^+) = \sqrt{\frac{K_\text{W}^2}{K_\text{B} \cdot c_0}} \,.$$

8.7.6 pH-Wert von Salzlösungen (Hydrolyse)

Nach Arrhenius werden Salze durch Neutralisation einer Säure mit einer Base gebildet (vgl. 8.7.1). Dabei können nun die Säure und/oder die Base stark oder schwach sein. Ist bei der Salzbildung eine schwache Säure und/oder Base beteiligt, so muss sich in der Lösung das Dissoziationsgleichgewicht dieser Verbindung mit dem des Wassers überlagern. Als Folge davon reagiert die Lösung nicht mehr neutral, sondern alkalisch oder sauer.

Beispiele: *1. Salz aus schwacher Säure und starker Base. (Wässrige Lösung reagiert alkalisch.)*
Natriumacetat NaCH_3COO ist ein Beispiel für ein derartiges Salz. In wässriger Lösung reagiert das Acetation (CH_3COO^-) als Salz der schwachen Essigsäure teilweise mit den Ionen des Wassers unter Bildung undissoziierter Essigsäure. Dadurch bildet sich ein Überschuss an Hydroxidionen, die Lösung reagiert alkalisch:

$$\text{CH}_3\text{COO}^- + \text{Na}^+ + \text{H}_2\text{O}$$
$$\rightleftharpoons \text{CH}_3\text{COOH} + \text{Na}^+ + \text{OH}^- (\text{aq}) \,.$$

2. Salz aus starker Säure und schwacher Base. (Wässrige Lösung reagiert sauer.)
Ammoniumchlorid (NH_4Cl) ist ein Salz, das derartig aufgebaut ist. In wässriger Lösung dissoziiert es in Ammonium- und Chloridionen. Die Ammoniumio-

nen reagieren mit den Hydroxidionen des Wassers teilweise unter Bildung von undissoziiertem Ammoniumhydroxid (NH_4OH). Dadurch entsteht ein Überschuss an Wasserstoffionen und die wässrige Lösung dieses Salzes reagiert sauer:

$$NH_4^+ + Cl^- + H_2O \rightleftharpoons NH_4OH + Cl^- + H^+ \text{ (aq)} \ .$$

3. *Salz aus starker Säure und starker Base.*
(Beispiel NaCl, wässrige Lösung reagiert neutral.)
4. *Salz aus schwacher Säure und schwacher Base.*
Ein derartiges Salz reagiert abhängig vom Wert der Dissoziationskonstanten der schwachen Säure bzw. Base neutral, alkalisch oder sauer. Ammoniumacetat (NH_4CH_3COO) ist ein Beispiel für diesen Salztyp. Da in diesem Falle die Dissoziationskonstanten der Essigsäure und des Ammoniumhydroxids praktisch gleich groß sind (vgl. 8.7.2), reagiert die wässrige Lösung dieses Salzes neutral.

8.7.7 Löslichkeitsprodukt

Wir betrachten die Lösung eines (schwerlöslichen) Elektrolyten in Wasser. Die Lösung sei bei konstanter Temperatur und bei konstantem Druck mit der festen Phase des Elektrolyten, dem Bodenkörper, im Gleichgewicht. Unter diesen Bedingungen spricht man von einer gesättigten Lösung. Für einen Elektrolyten des Formeltyps AB (Beispiel Silberchlorid AgCl) kann dieser Vorgang durch die folgende Umsatzgleichung beschrieben werden:

$$AgCl(s) \rightleftharpoons Ag^+(aq) + Cl^-(aq) \ .$$

Wendet man auf das vorstehende heterogene Gleichgewicht das Massenwirkungsgesetz an, so erhält man:

$$c(Ag^+) \cdot c(Cl^-) = K = L \ .$$

Die Massenwirkungskonstante heißt in diesem Fall Löslichkeitsprodukt. In der Tabelle 8-3 sind die Löslichkeitsprodukte einiger Elektrolyte (in Wasser) bei 20 °C und 1 bar aufgeführt.
Aus dem Wert des Löslichkeitsprodukts lässt sich die Sättigungskonzentration (oder die Löslichkeit) c_S einer Verbindung berechnen. Bei Elektrolyten des Formeltyps AB erhält man für den Zusammenhang zwischen c_S und dem Löslichkeitsprodukt die folgende Beziehung (Beispiel Silberchlorid):

$$c_S = c(Ag^+) = c(Cl^-) = c(AgCl) = \sqrt{L} \ .$$

Tabelle 8-3. Löslichkeitsprodukte schwerlöslicher Elektrolyte bei 20 °C und 1 bar (Lösungsmittel Wasser)

Elektrolyt	L
AgCl	$1{,}8 \cdot 10^{-10} \text{ mol}^2/l^2$
AgBr	$5{,}4 \cdot 10^{-13} \text{ mol}^2/l^2$
AgI	$8{,}5 \cdot 10^{-17} \text{ mol}^2/l^2$
$BaSO_4$	$1{,}7 \cdot 10^{-10} \text{ mol}^2/l^2$
$PbSO_4$	$2{,}3 \cdot 10^{-8} \text{ mol}^2/l^2$
$Hg_2Cl_2^a$	$1{,}4 \cdot 10^{-18} \text{ mol}^3/l^3$
$PbCl_2$	$1{,}7 \cdot 10^{-5} \text{ mol}^3/l^3$
$Mg(OH)_2$	$5{,}6 \cdot 10^{-12} \text{ mol}^3/l^3$

[a] Das Löslichkeitsgleichgewicht von Quecksilber (I)- Chlorid wird durch folgende Umsatzgleichung beschrieben: $Hg_2Cl_2(s) \rightleftharpoons Hg_2^{2+}(aq) + 2\,Cl^-(aq)$.

In der vorstehenden Gleichung ist $c(AgCl)$ die Konzentration des Silberchlorids. Der Begriff Silberchlorid ist hierbei formal stöchiometrisch zu verstehen. Die Tatsache, dass Silberchlorid – wie auch fast alle anderen Salze bei hinreichend kleinen Konzentrationen – vollständig dissoziiert ist, wird hierbei nicht berücksichtigt. Analoge Überlegungen gelten für den Begriff Sättigungskonzentration.

Beispiel: Fügt man zu einer Silberchlorid-Lösung, die sich im Gleichgewicht mit dem Bodenkörper befindet, eine Lösung, die Cl^--Ionen enthält (z. B. in Form einer Kochsalzlösung), so stellt man eine Verringerung der Konzentration der Ag^+-Ionen fest, da auch in diesem Fall das Produkt der Ionenkonzentrationen von Ag^+ und Cl^- gleich dem Löslichkeitsprodukt sein muss. Es kommt also zu einer Ausscheidung von festem Silberchlorid aus der Lösung.
Aus diesem Grunde sollte die Ausfällung eines schwerlöslichen Salzes zu Zwecken der quantitativen Analyse (vgl. 4.7.1) mit einem Überschuss des Fällungsmittels geschehen.

Übersättigte Lösungen

In Abwesenheit des festen Bodenkörpers sind auch Konzentrationen des Elektrolyten möglich, die größer als die Sättigungskonzentration sind:

$$c > c_S \text{ (übersättigte Lösung)} \ .$$

Auch in diesem Falle kann das System zeitlich unbegrenzt als übersättigte Lösung vorliegen, ohne dass eine neue Phase, der feste Bodenkörper, gebildet wird. Werden jedoch zu der flüssigen Phase Keime des Bodenkörpers hinzugefügt, oder entstehen diese spontan, so wachsen die Keime auf Kosten der Konzentration der gelösten Substanz, bis die momentane Konzentration den für den jeweiligen Druck und die jeweilige Temperatur charakteristischen Wert der Sättigungskonzentration erreicht hat. Übersättigte Lösungen sind metastabil (vgl. 6.3.5).

8.8 Härte des Wassers

Natürlich vorkommendes Wasser ist im chemischen Sinne niemals rein, sondern enthält verschiedene Verunreinigungen. Zu diesen gehören in erster Linie gelöste Gase (Kohlendioxid, Stickstoff, Sauerstoff) und Salze. Besonders wichtig für die Qualität von technisch nutzbarem Wasser ist sein Gehalt an Erdalkalimetallsalzen. Nutzwasser, das einen geringen bzw. hohen Gehalt dieser Salze aufweist, wird als weich bzw. hart bezeichnet.

Nach dem Verhalten der gelösten Erdalkalimetallsalze beim Kochen unterscheidet man zwei Arten der Härte des Wassers:

1. *temporäre* (*vorübergehende*) Härte und
2. *permanente* (*bleibende*) Härte.

Die temporäre Härte, die durch die Hydrogenkarbonate des Calciums und des Magnesiums hervorgerufen wird, kann durch Kochen beseitigt werden. Dabei bildet sich unlösliches Erdalkalimetallcarbonat, z. B.:

$$Ca^{2+} + 2\ HCO_3^- \rightarrow CaCO_3(s) + CO_2(g) + H_2O\ .$$

Im Gegensatz dazu wird die permanente Härte, die durch einen hohen Gehalt an Erdalkalimetallsulfaten und Chloriden verursacht wird, durch Kochen nicht beseitigt.

Die Härte des Wassers kann sich in der Technik vor allem durch Bildung von *Kesselstein* negativ auswirken.

9 Redoxreaktionen

9.1 Oxidationszahl

Eine zur Beschreibung von Redoxvorgängen nützliche, wenn auch künstlich konstruierte Größe ist die Oxidationszahl. Man versteht darunter diejenige Ladungszahl, die ein Atom in einem Molekül aufweisen würde, das nur aus Ionen aufgebaut wäre. Die Oxidationszahl ist eine positive oder negative Zahl.

Die Oxidationszahl wird nach folgenden Regeln ermittelt:

1. Ein chemisches Element hat die Oxidationszahl null.
2. Für ein einatomiges Ion ist die Oxidationszahl gleich dessen (vorzeichenbehafteter) Ladungszahl.
3. Für eine kovalente Verbindung ist die Oxidationszahl gleich der Ladungszahl, die ein Atom erhält, wenn die bindenden Elektronenpaare vollständig dem elektronegativeren Atom zugeordnet werden. Bei gleichen Atomen werden die Elektronenpaare zwischen diesen aufgeteilt.

Die Oxidationszahl wird in Formeln als römische Zahl rechts oben neben das betreffende Elementsymbol gesetzt. Nur negative Vorzeichen werden geschrieben und vor die römischen Ziffern gesetzt.

Beispiele:

Elemente: O_2, N_2, Cl_2, H_2, S_8. Die Oxidationszahl der Elementmoleküle ist null.

Einatomige Ionen: Na^+, Cl^-, Fe^{3+}, Sn^{4+}. Die Oxidationszahlen dieser Ionen sind I, – I, III, IV.

Moleküle: Ammoniak $N^{-III}H_3$, H_2O^{-II}, Wasserstoffperoxid $H_2O_2^{-I}$, Methanol $HO^{-II}-C^{-II}H_3$, Formaldehyd $HC^\circ HO^{-II}$ (Oxidationszahl des Wasserstoffs in diesen Verbindungen: I).

Molekülionen: Permanganation $Mn^{-VII}O_4^-$, Sulfation $S^{VI}O_4^{2-}$, Nitrition $N^{III}O_2^-$, Nitration $N^{V}O_3^-$ (Oxidationszahl des Sauerstoffs in diesen Verbindungen: -II).

9.2 Oxidation und Reduktion, Redoxreaktionen

Die Abgabe von einen oder mehreren Elektronen aus einem Atom, Molekül oder Ion wird als Oxidation bezeichnet.

Bei diesem Vorgang wird die Oxidationszahl erhöht. (Ursprüngliche Definition: Oxidation ist die Aufnahme von Sauerstoff.)

Oxidationsvorgänge:

$$Zn \qquad \rightarrow Zn^{2+} + 2\ e^-$$

$$\text{Fe}^{2+} \qquad\qquad \rightarrow \text{Fe}^{3+} + \text{e}^-$$

$$\text{NO}_2^- + \text{H}_2\text{O} \qquad \rightarrow \text{NO}_3^- + 2\,\text{H}^+ + 2\,\text{e}^-$$

$$\text{Cl}^- \qquad\qquad \rightarrow 1/2\,\text{Cl}_2 + \text{e}^- \ .$$

Als Reduktion definiert man die Aufnahme von einem oder mehreren Elektronen durch ein Atom, Molekül oder Ion.

Hierbei wird die Oxidationszahl erniedrigt. (Ursprüngliche, historische Definition: Reduktion ist die Abgabe von Sauerstoff.)

Reduktionsvorgänge:

$$\text{Cu}^{2+} + 2\,\text{e}^- \qquad\qquad \rightarrow \text{Cu}$$

$$\text{Fe}^{3+} + \text{e}^- \qquad\qquad \rightarrow \text{Fe}^{2+}$$

$$\text{H}^+ + \text{e}^- \qquad\qquad \rightarrow 1/2\,\text{H}_2$$

$$\text{MnO}_4^- + 8\,\text{H}^+ + 5\,\text{e}^- \quad \rightarrow \text{Mn}^{2+} + 4\,\text{H}_2\text{O}\ .$$

Freie Elektronen sind in chemischen Systemen i. Allg. nicht beständig. Daher müssen die Elektronen, die von einer Substanz (z. B. Zn, Fe^{2+}, NO) abgegeben werden, von einem anderen Stoff (z. B. Cu^{2+}, Fe^{3+}, H^+, MnO_4^-) aufgenommen werden.

Oxidation und Reduktion können also nie allein, sondern müssen stets gekoppelt als Redoxreaktion ablaufen.

Substanzen, die andere Stoffe oxidieren können, d. h. mehr oder weniger leicht Elektronen aufnehmen können, werden *Oxidationsmittel* genannt (Cu^{2+}, Fe^{3+}, H^+, MnO_4^-). *Reduktionsmittel* sind dagegen Substanzen, die Elektronen abgeben können (Zn, Fe^{2+}, metallisches Na und K).

Beispiele:

– Metallisches Zink reagiert in wässriger Lösung mit Kupfersulfat CuSO_4 unter Bildung von Zinksulfat ZnSO_4 und metallischem Kupfer:

$$\text{CuSO}_4 + \text{Zn} \rightarrow \text{ZnSO}_4 + \text{Cu}\ .$$

In einer Teilreaktion (I) wird hierbei Zn zu Zn^{2+} oxidiert:

(I) Oxidation: $\text{Zn} \rightarrow \text{Zn}^{2+} + 2\,\text{e}^-$,

während in einer Teilreaktion (II) die Cu^{2+}-Ionen zu metallischem Kupfer reduziert werden:

(II) Reduktion: $\text{Cu}^{2+} + 2\,\text{e}^- \rightarrow \text{Cu}$.

Die Summation beider Teilreaktionen ergibt die Redoxreaktion:

(I)	Zn	$\rightarrow \text{Zn}^{2+} + 2\,\text{e}^-$
(II)	$\text{Cu}^{2+} + 2\,\text{e}^-$	$\rightarrow \text{Cu}$
	$\text{Zn} + \text{Cu}^{2+}$	$\rightarrow \text{Zn}^{2+} + \text{Cu}$

(Bei dieser Summation muss – wie erwähnt – die Zahl der abgegebenen Elektronen gleich der der aufgenommenen sein.) Berücksichtigt man zusätzlich die Sulfationen, so erhält man schließlich:

$$\text{CuSO}_4 + \text{Zn} \rightarrow \text{ZnSO}_4 + \text{Cu}\ .$$

– Kaliumchlorid KCl wird in saurer Lösung (Zusatz von verdünnter Schwefelsäure H_2SO_4) durch Kaliumpermanganat KMnO_4 oxidiert. Das Permanganation wird dabei zu Mn^{2+} reduziert:

Oxidation
$$2\,\text{Cl}^- \rightarrow \text{Cl}_2 + 2\,\text{e}^- \qquad\qquad \times 5$$

Reduktion
$$\text{MnO}_4^- + 8\,\text{H}^+ + 5\,\text{e}^- \rightarrow \text{Mn}^{2+} + 4\,\text{H}_2\text{O} \qquad \times 2$$

Summe
$$10\,\text{Cl}^- + 2\,\text{MnO}_4^- + 16\,\text{H}^+ \rightarrow 5\,\text{Cl}_2 + 2\,\text{Mn}^{2+} + 8\,\text{H}_2\text{O}$$

Berücksichtigt man die Begleitionen, so erhält man:

$$10\,\text{KCl} + 2\,\text{KMnO}_4 + 8\,\text{H}_2\text{SO}_4$$
$$\rightarrow 5\,\text{Cl}_2 + 2\,\text{MnSO}_4 + 6\,\text{K}_2\text{SO}_4 + 8\,\text{H}_2\text{O}\ .$$

Derartige Gleichungen geben selbstverständlich nur die stöchiometrischen Verhältnisse wieder. Sie gestatten keinesfalls Rückschlüsse auf den wirklichen Ablauf der Reaktion.

9.3 Beispiele für Redoxreaktionen

9.3.1 Verbrennungsvorgänge

Als Verbrennung (im engeren Sinn) wird die in der Regel stark exotherme Reaktion von Substanzen, wie z. B. von Kohlenstoff, Kohlenwasserstoffen, Wasserstoff oder Metallen, mit Sauerstoff bezeichnet. Der Sauerstoff kann hierbei in reiner Form oder als Bestandteil von Gasmischungen (z. B. Luft) vorliegen. Sämtliche Verbrennungsvorgänge sind Redoxreaktionen. Der molekulare Sauerstoff wird hierbei von der Oxidationsstufe 0 in die Oxidationsstufe –II überführt, wird also reduziert. Der Brennstoff wird oxidiert.

Beispiele für Verbrennungsvorgänge:

– Kohlenstoffverbrennung

$$C + O_2 \rightarrow CO_2 \,,$$
$$C + 1/2\,O_2 \rightarrow CO \,.$$

Die vollständige Verbrennung des Kohlenstoffs führt bis zum Kohlendioxid CO_2. Bei unvollständiger Verbrennung entsteht neben CO_2 auch das giftige Kohlenmonoxid CO.

– Verbrennung von Kohlenwasserstoffen (Beispiel Benzol)

$$C_6H_6 + 15/2\,O_2 \rightarrow 6\,CO_2 + 3\,H_2O \,.$$

Die Reaktionsprodukte bei vollständiger Verbrennung von Kohlenwasserstoffen sind CO_2 und Wasser. Bei unvollständiger Verbrennung werden zusätzlich Kohlenmonoxid und teilweise auch Ruß gebildet. Ruß ist eine grafitische Form des Kohlenstoffs, die wechselnde Mengen an Wasserstoff und Sauerstoff enthält.

– Verbrennung von Schwefel

$$S + O_2 \rightarrow SO_2 \,.$$

Schwefel – auch wenn er in organischen Molekülen gebunden ist oder als Sulfid (vgl. Tabelle 8-2) vorliegt – liefert bei der Verbrennung Schwefeldioxid SO_2. SO_2 ist neben den Stickoxiden (siehe 10.6.1), Kohlenmonoxid und Kohlenwasserstoffen einer der giftigen Bestandteile des sog. Smog. SO_2 entsteht bei der Verbrennung fossiler Brennstoffe, da diese, mit Ausnahme von Erdgas, stets mehr oder weniger große Mengen Schwefel enthalten. In der Atmosphäre wird SO_2 langsam zu Schwefeltrioxid SO_3 oxidiert. SO_3 reagiert mit Wasser unter Bildung von Schwefelsäure H_2SO_4 (vgl. 8-2). Daher ist Schwefeldioxid der Hauptverursacher des umweltschädlichen sauren Regens.

Wird anstelle von reinem Sauerstoff Luft verwendet, so entstehen bei der Verbrennung stets auch Stickoxide (Stickstoffmonoxid NO und Stickstoffdioxid NO_2), da diese bereits bei der Erwärmung von Stickstoff-Sauerstoff-Gasmischungen auf die Flammentemperatur gebildet werden (vgl. 6.4.7). Stickoxide sind Smogbestandteile und für viele Umweltschäden mitverantwortlich.

9.3.2 Auflösen von Metallen in Säuren

Unedle Metalle können sich in wässrigen Lösungen von Säuren (teilweise auch in reinem Wasser und in wässrigen Lösungen von Basen) auflösen. Diese Reaktionen sind ebenfalls Redoxvorgänge. Als Beispiel wird die Auflösung von Aluminium in Salzsäure (wässrige Lösung von Chlorwasserstoff HCl) als Redoxvorgang formuliert:

$$
\begin{array}{lll}
Al & \rightarrow Al^{3+} + 3\,e^- & \times 2 \\
2\,H^+ + 2\,e^- & \rightarrow H_2(g) & \times 3 \\
\hline
2\,Al + 6\,H^+ & \rightarrow 2\,Al^{3+} + 3\,H_2(g) &
\end{array}
$$

Berücksichtigt man die Anionen, so erhält man:

$$2\,Al + 6\,HCl \rightarrow 2\,AlCl_3 + 3\,H_2(g)$$

9.3.3 Darstellung von Metallen durch Reduktion von Metalloxiden

Als Reduktionsmittel werden unedle Metalle, Wasserstoff und Koks verwendet.

Auf diese Weise wird z. B. Roheisen durch Reduktion oxidischer Eisenerze mit Koks im Hochofen dargestellt (Hochofenprozess), vgl. D 3.1. Die Reduktion der Eisenoxide erfolgt bei diesem Verfahren im Wesentlichen durch Kohlenmonoxid (CO):

$$3\,Fe_2O_3 + CO \rightarrow 2\,Fe_3O_4 + CO_2$$
$$Fe_3O_4 + CO \rightarrow 3\,FeO + CO_2$$
$$FeO + CO \rightarrow Fe + CO_2 \,.$$

Das für die Reduktion der Eisenoxide notwendige CO bildet sich durch Reaktion von Kohlendioxid mit Kohlenstoff nach folgender Gleichung:

$$CO_2 + C(s) \rightarrow 2\,CO(g) \,.$$

9.4 Redoxreaktionen in elektrochemischen Zellen

Als Beispiel einer elektrochemischen Zelle sei das Daniell-Element angeführt (vgl. Bild 9-1). In dieser Zelle taucht ein Kupferstab in eine Kupfersulfatlösung und ein Zinkstab in eine Zinksulfatlösung. Beide Lösungen sind durch ein Diaphragma D (poröse Wand) an der Vermischung weitgehend gehindert. Die Redoxvorgänge finden hier an den beiden

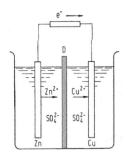

Bild 9-1. Schematischer Aufbau des Daniell-Elementes. D Diaphragma

Phasengrenzflächen Zn/Zn^{2+} und Cu/Cu^{2+} statt. Die chemische Reaktion wird durch folgende Umsatzgleichung beschrieben (vgl. 9.2):

$$Zn + CuSO_4 \rightarrow ZnSO_4 + Cu .$$

Sie kann jedoch nur stattfinden, wenn die vom Zink abgegebenen Elektronen durch einen metallischen Leiter zum Kupfer befördert werden, um dort die Cu^{2+}-Ionen zu entladen (zu reduzieren). Ursache, dass sich zwischen der Cu- und Zn-Elektrode eine Spannung aufbaut, die den erwähnten Elektronenstrom treibt, ist der negative Wert der Freien Reaktionsenthalpie $\Delta_r G$ (vgl. 6.3.4).

Die bei Stromlosigkeit an einer elektrochemischen Zelle gemessene Leerlaufspannung heißt auch elektromotorische Kraft (EMK). Quantitativ gilt folgender Zusammenhang zwischen der Freien Reaktionsenthalpie und der EMK E:

$$\Delta_r G = -n^* F E , \qquad (9\text{-}1)$$

n^* Anzahl der in der jeweiligen Umsatzgleichung enthaltenen Elektronen.
Beispiel:

$$Zn + CuSO_4 \rightarrow Cu + ZnSO_4 : \quad n^* = 2 ;$$

$F = N_A\, e = 96\,485{,}34\ \text{C/mol}$ Faraday-Konstante, N_A Avogadro-Konstante, e Elementarladung.

9.5 Elektrodenpotenziale, elektrochemische Spannungsreihe

Potenziale von Einzelelektroden (Halbzellen) kann man nicht direkt messen, doch ist ein paarweiser Vergleich der verschiedenen Elektrodenpotenziale anhand der Potenzialdifferenzen, d. h. der Spannungen zwischen den Elektroden möglich. Für einen solchen Vergleich ist die Festlegung einer Bezugselektrode erforderlich. Als Bezugselektrode wird die *Standardwasserstoffelektrode* verwendet.

Diese Elektrode besteht aus einem Platinblech, das von gasförmigem Wasserstoff ($p(H_2) = 101\,325\ \text{Pa}$) bei einer Temperatur von 25 °C umspült wird und das in eine Lösung der Wasserstoffionenkonzentration $c(H^+) = 1\ \text{mol/l}$ taucht.
Elektrodenreaktion: $1/2\ H_2 \rightleftharpoons H^+ + e^-$.

Schaltet man eine Standardwasserstoffelektrode mit einer beliebigen Halbzelle zusammen, so wird die bei Stromlosigkeit gemessene Spannung als Elektrodenpotenzial der Halbzelle oder als Halbzellenpotenzial bezeichnet. Die unter Standardbedingungen ($T = 25$ °C, $p = 101\,325$ Pa, sämtliche Konzentrationen $c_i = 1$ mol/l) gemessene Spannung heißt Standardelektrodenpotenzial (Standardhalbzellenpotenzial). Dem Standardelektronenpotenzial der Wasserstoffelektrode hat man durch Vereinbarung den Wert null zugeordnet. Die Potenziale der Elektroden haben ein negatives Vorzeichen, wenn sie bei Stromfluss der Standardwasserstoffelektrode Elektronen abgeben, wenn also an diesen Elektroden Oxidationsvorgänge stattfinden. Finden unter den genannten Bedingungen an den Halbzellen Reduktionsvorgänge statt, so wird dem Potenzial dieser Elektroden ein positives Vorzeichen zugeordnet. Zur besseren Übersicht werden die den verschiedenen Elektroden (Halbzellen) zugeordneten Elektrodenreaktionen nach dem Zahlenwert der Halbzellenstandardpotenziale geordnet. Man erhält auf diese Weise die elektrochemische Spannungsreihe (siehe Tabelle 9-1). Je kleiner (negativer) das Standardelektrodenpotenzial ist, umso stärker wirkt ein Redoxpaar als Reduktionsmittel und umso leichter wird es selbst oxidiert. Starke Oxidationsmittel müssen dagegen möglichst große Werte des Standardelektrodenpotenzials aufweisen.

9.5.1 Definition von Anode und Kathode

In der Elektrochemie werden die Bezeichnungen Anode und Kathode in Zusammenhang mit den Begriffen Oxidation und Reduktion verwendet. An der An-

Tabelle 9–1. Standardelektrodenpotenziale φ_0 (wässrige Lösungen, 25 °C)

Kurzbezeichnung der Elektrode	Elektrodenreaktion			φ_0 in V
K/K$^+$	K$^+$	$+\,e^-$	$\rightleftharpoons$ K	−2,931
Ca/Ca^{2+}	Ca^{2+}	$+\,2\,e^-$	$\rightleftharpoons$ Ca	−2,868
Na/Na$^+$	Na$^+$	$+\,e^-$	$\rightleftharpoons$ Na	−2,71
Mg/Mg^{2+}	Mg^{2+}	$+\,2\,e^-$	$\rightleftharpoons$ Mg	−2,372
Al/Al^{3+}	Al^{3+}	$+\,3\,e^-$	$\rightleftharpoons$ Al	−1,662
Mn/Mn^{2+}	Mn^{2+}	$+\,2\,e^-$	$\rightleftharpoons$ Mn	−1,185
Zn/Zn^{2+}	Zn^{2+}	$+\,2\,e^-$	$\rightleftharpoons$ Zn	−0,7618
Cr/Cr^{3+}	Cr^{3+}	$+\,3\,e^-$	$\rightleftharpoons$ Cr	−0,744
Fe/Fe^{2+}	Fe^{2+}	$+\,2\,e^-$	$\rightleftharpoons$ Fe	−0,447
Pb/Pb^{2+}	Pb^{2+}	$+\,2\,e^-$	$\rightleftharpoons$ Pb	−0,1262
Pt/H$_2$/H$^+$	2 H$^+$	$+\,e^-$	$\rightleftharpoons$ H$_2$(g)	0
Pt/Cu$^+$, Cu^{2+}	Cu^{2+}	$+\,e^-$	$\rightleftharpoons$ Cu$^+$	+0,153
Cu/Cu^{2+}	Cu^{2+}	$+\,2\,e^-$	$\rightleftharpoons$ Cu	+0,3419
Pt/O$_2$/OH$^-$	O$_2$(g) + 2 H$_2$O	$+\,4\,e^-$	$\rightleftharpoons$ 4 OH$^-$	+0,401
Pt/I$_2$/I$^-$	I$_2$	$+\,2\,e^-$	$\rightleftharpoons$ 2 I$^-$	+0,5355
Pt/Fe^{2+}, Fe^{3+}	Fe^{3+}	$+\,e^-$	$\rightleftharpoons$ Fe^{2+}	+0,771
Ag/Ag$^+$	Ag$^+$	$+\,e^-$	$\rightleftharpoons$ Ag	+0,7996
Pt/Cl$_2$/Cl$^-$	Cl$_2$(g)	$+\,2\,e^-$	$\rightleftharpoons$ 2 Cl$^-$	+1,3583
Pt/Mn^{2+}, MnO$_4^-$	MnO$_4^-$ + 8 H$^+$	$+\,5\,e^-$	$\rightleftharpoons$ Mn^{2+} + 4H$_2$O	+1,507
Pt/F$_2$/F$^-$	F$_2$(g)	$+\,2\,e^-$	$\rightleftharpoons$ 2 F$^-$	+2,866

ode werden Stoffe oxidiert, an der Kathode reduziert. Bei galvanischen Zellen ist die Elektrode mit dem niedrigeren Potenzial die Anode.

9.5.2 Konzentrations- bzw. Partialdruckabhängigkeit des Elektrodenpotenzials einer Halbzelle

Das Elektrodenpotenzial einer Halbzelle ist von der Konzentration bzw. vom Partialdruck der an der Elektrodenreaktion beteiligten Stoffe abhängig. Diese Abhängigkeit wird durch die *Nernst'sche Gleichung* beschrieben. Für die Elektrodenreaktion $a\,R_1 + b\,R_2 \rightleftharpoons x\,O_1 + y\,O_2 + z\,e^-$ gilt:

$$\varphi = \varphi^0 + \frac{RT}{zF} \frac{c^x(O_1)\,c^y(O_2)}{c^a(R_1)\,c^b(R_2)}. \qquad (9\text{-}2)$$

Sind an der Elektrodenreaktion Gase beteiligt, so wird ihr Gehalt in der Nernst'schen Gleichung durch Angabe der Partialdrücke berücksichtigt.
Reine kondensierte Phasen und Stoffe, deren Konzentration beim Ablauf der Elektrodenreaktion praktisch

unverändert bleibt, werden in der Nernst'schen Gleichung nicht berücksichtigt.
Beispiele für die Formulierung der Nernst'schen Gleichung:
1. Elektrodenreaktion:

$$\text{Zn} \rightleftharpoons \text{Zn}^{2+} + 2\,e^-$$

Nernst'sche Gleichung:

$$\varphi = \varphi^0 + \frac{RT}{2F}\ln c\left(\text{Zn}^{2+}\right)$$

2. Elektrodenreaktion:

$$\text{H}_2\,(g) \rightleftharpoons 2\,\text{H}^+ + 2\,e^-$$

Nernst'sche Gleichung:

$$\varphi = \frac{RT}{F}\ln\frac{c\,(\text{H}^+)}{\sqrt{p\,(\text{H}_2)}}.$$

Hinweis: Das Standardpotenzial der Wasserstoffelektrode ist definitionsgemäß null. In reinem Wasser ($c(\text{H}^+) = 10^{-7}$ mol/l) nimmt das Halbzellenpotenzial bei einem Wasserstoffpartialdruck von $p(\text{H}_2) = 1$ bar den Wert $\varphi = -0{,}41$ V an.

9.5.3 Berechnung der EMK elektrochemischer Zellen aus Elektrodenpotenzialen

Die Berechnung der EMK galvanischer Ketten aus den Elektrodenpotenzialen erfolgt derart, dass man das Potenzial der Anode (φ_A), also der Elektrode, an der eine Oxidation stattfindet, von dem Potenzial der Kathode (φ_K) subtrahiert:

$$E = \varphi_K - \varphi_A . \qquad (9\text{-}3)$$

Beispiel: Daniell-Element
Bei Stromfluss findet an der Kupferelektrode eine Reduktion der Kupferionen zu metallischem Kupfer und an der Zinkelektrode eine Oxidation des Zinks zu Zn^{2+}-Ionen statt. Die Kupferelektrode ist in diesem Fall Kathode und die Zinkelektrode Anode, da $\varphi^0_{Cu} > \varphi^0_{Zn}$. Mit den aus Tabelle 9-1 entnommenen Werten der Elektrodenpotenziale folgt für die EMK:

$$E^0 = \varphi^0_K - \varphi^0_A = 0{,}3419\,\text{V} - (-0{,}7613\,\text{V}) .$$
$$= 1{,}1032\,\text{V} .$$

9.5.4 Edle und unedle Metalle

Je größer die Tendenz von Metallionen ist, aus dem Metallzustand in den hydratisierten Zustand überzugehen, umso kleiner sind die Standardelektrodenpotenziale. Unedle Metalle haben Standardpotenziale, die kleiner als null sind. Entsprechend gilt für edle Metalle, dass ihr Standardpotenzial größer als null ist. Im Gegensatz zu edlen Metallen lösen sich unedle Metalle in Säuren (Wasserstoffionenkonzentration 1 mol/l) auf, wenn sich das chemische Gleichgewicht ungehemmt einstellen kann.
Dagegen können sich im reinen Wasser nur solche Metalle lösen, deren Halbzellenpotenzial kleiner als −0,41 V ist (vgl. 9.5.2, Hinweis). Einige Metalle, z. B. Aluminium und Zink, werden in reinem Wasser nicht gelöst, obwohl die Halbzellenpotenziale kleiner als −0,41 V sind. Man bezeichnet diese Eigenschaft als Passivität. Ihre Ursache liegt in der Ausbildung unlöslicher, fest haftender Metalloxidschichten auf der Metalloberfläche, die das Metall vor weiterem Angriff der Wasserstoffionen schützen. In stark sauren und in stark alkalischen Lösungen sind diese Schichten löslich, sodass diese Metalle unter diesen Bedingungen von Wasserstoffionen angegriffen werden.

9.6 Elektrochemische Korrosion

Die elektrochemische Korrosion von Metallen besteht in einer von der Oberfläche ausgehenden Zerstörung des Metallgefüges. Sie beruht auf einer Oxidation des Metalls. Notwendig ist hierbei die Anwesenheit eines zweiten, edleren Metalls, dessen Standardpotenzial also höher ist als das des korrodierenden Metalls. Die elektrochemische Korrosion findet an der Anode einer elektrochemischen Korrosionszelle (eines Korrosionselementes bzw. Lokalelementes) statt und kann nur in Gegenwart eines Elektrolyten (z. B. eines Feuchtigkeitsfilmes) erfolgen. Ein Korrosionselement ist also nichts anderes als eine kurzgeschlossene elektrochemische Zelle, vgl. D 10.4.

9.7 Erzeugung von elektrischem Strom durch Redoxreaktionen

Prinzipiell kann jede elektrochemische Zelle als Spannungsquelle dienen. Handelsübliche elektrochemische Zellen, die zur Stromerzeugung Verwendung finden, werden auch als galvanische Elemente bezeichnet. Kann die freiwillig ablaufende Zellreaktion durch Elektrolyse (vgl. 9.8) vollständig rückgängig gemacht werden, so spricht man von Sekundärelementen oder von Akkumulatoren. Im anderen Falle liegen Primärelemente vor.

Primärelemente
Das älteste technisch wichtige Primärelement ist das Leclanché-Element, das folgendermaßen aufgebaut ist: In einem Zinkbecher, der gleichzeitig als Anode dient, befindet sich eine wässrige ammoniumchloridhaltige Elektrolytpaste. Als Gegenelektrode dient ein Graphitstab, der von Mangandioxid (Braunstein) MnO_2 umgeben ist. Diesem sog. Trockenelement liegt folgende Zellreaktion zugrunde:

$$Zn + 2\,MnO_2 + 2\,H^+ \rightarrow Zn^{2+} + Mn_2O_3 + H_2O .$$

Sekundärelemente
Im *Bleiakkumulator* wird folgende chemische Reaktion ausgenutzt:

$$PbO_2(s) + Pb(s) + 2\,H_2SO_4 \underset{\text{Ladung}}{\overset{\text{Entladung}}{\rightleftarrows}} PbSO_4(s) + 2\,H_2O .$$

In einem typischen *Lithium-Ionen-Akkumulator* läuft folgende Reaktion ab:

$$\text{Li}_{1-x}\text{Mn}_2\text{O}_4 + \text{Li}_x\text{C}_n \underset{\text{Ladung}}{\overset{\text{Entladung}}{\rightleftarrows}} \text{LiMn}_2\text{O}_4 + n\text{C}.$$

Brennstoffzellen

In Brennstoffzellen werden die Reaktionspartner für die Redoxreaktion kontinuierlich zugeführt und die Reaktionsprodukte fortwährend entfernt. Für Spezialanwendungen (Raumfahrt, U-Boote) hat sich die *Wasserstoff-Sauerstoff-Zelle*, die auch als *Knallgaselement* bezeichnet wird, bewährt. Als Elektrolytlösungen kommen sowohl Laugen als auch Säuren in Betracht. Platin, Nickel und Graphit werden hauptsächlich (auch in Kombination) als Elektrodenmaterial eingesetzt. In dieser Zelle laufen die folgenden Reaktionen ab:

$$\text{H}_2 \rightarrow 2\,\text{H}^+ + 2\,\text{e}^- \qquad \text{(Anodenreaktion)}$$
$$1/2\,\text{O}_2 + \text{H}_2\text{O} + 2\,\text{e}^- \rightarrow 2\,\text{OH}^- \qquad \text{(Kathodenreaktion)}$$
$$\overline{\text{H}_2 + 1/2\,\text{O}_2 \rightarrow 2\,\text{H}_2\text{O}} \qquad \text{(Zellreaktion)}$$

9.8 Elektrolyse, Faraday-Gesetz

Galvanische Zellen ermöglichen durch den Übergang von Elektronen den freiwilligen Ablauf der Zellreaktion. Solange sich das System noch nicht im thermodynamischen Gleichgewicht befindet, gilt für die Zellreaktion $\Delta_r G < 0$. Die Spannung zwischen den Elektroden verschwindet und der Stromfluss endet, wenn durch die Konzentrationsänderungen der Reaktionsteilnehmer $\Delta_r G = 0$ wird (thermodynamisches Gleichgewicht) oder wenn einer der Reaktionsteilnehmer vollständig verbraucht ist.

Durch Anlegen einer äußeren Spannung und Zufuhr elektrischer Arbeit kann ein Elektronenstrom in umgekehrter Richtung erzwungen werden. In diesem Fall finden Redoxreaktionen statt, bei denen $\Delta_r G > 0$ ist. Einen derartigen Vorgang nennt man Elektrolyse. So ist es z. B. beim Daniell-Element durch Anlegen einer Spannung von mehr als 1,1 V möglich, Zink abzuscheiden und Kupfer aufzulösen.

Faraday-Gesetz

Die Stoffmenge n der an den Elektroden bei einer Elektrolyse umgesetzten Stoffe ist der durch den Elektrolyten geflossenen Elektrizitätsmenge Q direkt und der Ladungszahl z der Ionen umgekehrt proportional:

$$n = \frac{Q}{z \cdot F} = \frac{m}{M} \quad \text{oder} \quad m = \frac{M \cdot Q}{z \cdot F}, \qquad (9\text{-}4)$$

F Faraday-Konstante, M molare Masse, m Masse.

9.8.1 Technische Anwendungen elektrolytischer Vorgänge

Darstellung unedler Metalle

Unedle Metalle, wie z. B. Aluminium, Magnesium und die Alkalimetalle, können durch Elektrolyse wasserfreier geschmolzener Salze (Schmelzflusselektrolyse) dargestellt werden. In diesen Salzen müssen die erwähnten Metalle als Kationen enthalten sein.

Bei der Gewinnung von Aluminium geht man von Aluminiumoxid Al_2O_3 aus. Da dessen Schmelzpunkt sehr hoch liegt (2045 °C) elektrolysiert man eine Lösung von Al_2O_3 in geschmolzenem Kryolith Na_3AlF_6 bei ca. 950 °C. Die an den Elektroden stattfindenden Prozesse können schematisch durch die folgenden Gleichungen beschrieben werden:

$$2\,\text{Al}^{3+} + 6\,\text{e}^- \rightarrow 2\,\text{Al} \qquad \text{(Kathodenreaktion)}$$
$$3\,\text{O}^{2-} \rightarrow 3/2\,\text{O}_2 + 6\,\text{e}^- \qquad \text{(Anodenreaktion)}$$
$$\overline{\text{Al}_2\text{O}_3 \rightarrow 2\,\text{Al} + 3/2\,\text{O}_2}$$

Die Dichte der Salzschmelze ist bei der Temperatur, bei der die Elektrolyse durchgeführt wird, kleiner als die des flüssigen Aluminiums. Daher kann sich das flüssige Metall am Boden des Reaktionsgefäßes ansammeln und wird so vor der Oxidation durch den Luftsauerstoff geschützt.

Reinigung von Metallen (elektrolytische Raffination)

Dieses Verfahren wird z. B. zur Gewinnung von reinem Kupfer (Cu-Massenanteil 99,95%) und von reinem Gold eingesetzt. Zur Reindarstellung von Kupfer werden eine Rohkupferanode und eine Reinkupferkathode verwendet. Als Elektrolyt dient eine schwefelsaure (H_2SO_4 enthaltende) Kupfersulfatlösung. Bei Stromfluss wird metallisches Kupfer an der Anode zu Cu^{2+}-Ionen oxidiert ($\text{Cu} \rightarrow \text{Cu}^{2+} + 2\,\text{e}^-$). Die unedlen Verunreinigungen des Rohkupfers (wie Eisen,

Nickel, Kobalt, Zink) gehen ebenfalls in Lösung, die edlen Bestandteile (Silber, Gold, Platin) bleiben als Anodenschlamm ungelöst zurück. An der Kathode wird praktisch nur das Kupfer wieder abgeschieden, während die unedlen Begleitelemente in Lösung bleiben und sich dort allmählich anreichern.

Anodische Oxidation von Aluminium (Eloxal-Verfahren)

Beim Lagern von Aluminium an der Luft überzieht sich die Oberfläche des Metalls mit einer dünnen, festhaftenden Oxidschicht. Sie schützt das Aluminium vor weiterer Korrosion durch atmosphärische Einflüsse. Durch anodische Oxidation lässt sich die Dicke der Oxidschicht und damit die Schutzwirkung ganz erheblich verstärken (Dicke ca. 0,02 mm).

Chloralkali-Elektrolyse

Dieses Verfahren dient zur Darstellung von Chlor und Natronlauge durch Elektrolyse einer wässrigen Natriumchloridlösung. Der Gesamtvorgang kann durch folgende Umsatzgleichung beschrieben werden:

$$2\,H_2O + 2\,NaCl \rightarrow H_2 + 2\,NaOH + Cl_2 \,.$$

Bei diesem Verfahren muss verhindert werden, dass die im Kathodenraum entstehenden Hydroxidionen zum Anodenraum gelangen, da sonst das Chlor mit der Lauge unter Bildung von Chlorid und Hypochlorit ClO^- reagieren würde:

$$Cl_2 + 2\,OH^- \rightarrow Cl^- + ClO^- + H_2O \,.$$

Derartige Redoxvorgänge, bei denen eine Verbindung mittlerer Oxidationszahl gleichzeitig in eine Substanz mit größerer und kleinerer Oxidationszahl übergeht, werden als *Disproportionierungen* bezeichnet.

10 Die Elementgruppen

10.1 Wasserstoff

Elementarer Wasserstoff

Wasserstoff ist ein Mischelement und besteht aus drei Isotopen: ^1H, ^2H und ^3H (Häufigkeiten: 99,985%, 0,015% und $10^{-5}\%$). Die Isotope ^2H und ^3H werden auch als Deuterium D und Tritium T bezeichnet. Tritium ist radioaktiv und zerfällt als ß-Strahler in ^3_2He (Halbwertszeit $t_{1/2} = 12{,}346$ a).

Gewinnung:
1. Elektrolyse von Wasser, vgl. 9.8.
2. Reaktion von Säuren mit unedlen Metallen, vgl. 9.5.4, z. B.:
$$Zn + 2\,H^+(aq) \rightarrow Zn^{2+} + H_2 \,.$$
3. Umsetzung von Wasserdampf mit glühendem Koks: $H_2O(g) + C \rightleftharpoons CO + H_2$. Eine Mischung von Kohlenmonoxid CO und Wasserstoff wird als Wassergas bezeichnet.

Eigenschaften:
Siehe Tabelle 5–2; Elektronegativität $\chi = 2{,}1$.

Wasserstoffverbindungen

Wasserstoffverbindungen heißen auch *Hydride*. Nach der Art der Bindung unterscheidet man:

– *Ionische (salzartige) Hydride.* Solche Verbindungen bildet Wasserstoff mit den Elementen der I. und II. Hauptgruppe. Sie werden durch das negativ geladene Hydridion H^- charakterisiert (Oxidationszahl des Wasserstoffs in diesem Ion: –I). Beispiele: Lithiumhydrid LiH, Calciumhydrid CaH_2. Alkalimetallhydride kristallisieren im NaCl-Gitter, vgl. 5.3.2. Hydridionen reagieren mit Verbindungen, die Wasserstoffionen enthalten, unter Bildung von molekularem Wasserstoff, z. B.

$$H^- + H_2O \rightarrow OH^- (aq) + H_2 \,.$$

– *Kovalente Hydride.* Verbindungen dieses Typs entstehen bei der Reaktion des Wasserstoffs mit den Elementen der III. bis VII. Hauptgruppe. Beispiele: Methan CH_4, Wasser H_2O, Schwefelwasserstoff H_2S.
– *Metallartige Hydride.* Derartige Einlagerungsverbindungen bildet Wasserstoff mit den meisten Übergangsmetallen. Der Wasserstoff besetzt häufig die Oktaeder- und/oder Tetraederlücken in kubisch bzw. hexagonal dichtesten Kugelpackungen, die von den Metallatomen ausgebildet werden (vgl. 5.3.2). Beispiele $TiH_{1,0-2,0}$ und $ZrH_{1,5-2,0}$.
– *Komplexe Hydride.* Hierunter versteht man Wasserstoffverbindungen der Art $LiAlH_4$ (Lithiumaluminiumhydrid), an denen außer Alkalimetallen die Elemente Bor, Aluminium oder Gallium beteiligt sind.

10.2 I. Hauptgruppe: Alkalimetalle

Zu den Alkalimetallen gehören die Elemente Lithium Li, Natrium Na, Kalium K, Rubidium Rb, Caesium Cs und Francium Fr. Francium ist radioaktiv und kommt in der Natur nur in sehr geringen Mengen als Zerfallsprodukt des Actiniums vor. Die Elemente der I. Hauptgruppe sind silbrig glänzende, kubisch raumzentriert kristallisierende Metalle (vgl. 5.3.2). Sie sind sehr weich, haben eine geringe Dichte und niedrige Schmelz- und Siedepunkte (vgl. Tabelle 10-1). In der äußeren Schale haben die Alkalimetalle ein ungepaartes s-Elektron, das leicht abgegeben werden kann. Sie sind daher sehr starke Reduktionsmittel. In Verbindungen treten die Elemente der I. Hauptgruppe ausschließlich mit der Oxidationszahl I als einfach positiv geladene Ionen auf.

Gewinnung: Schmelzflusselektrolyse (siehe 9.8.1) der Hydroxide bzw. der Chloride.

Reaktionen

Die Alkalimetalle sind äußerst reaktionsfähig. Sie reagieren z. B. mit Halogenen, Schwefel und Wasserstoff unter Bildung von Halogeniden (z. B. Natriumchlorid $NaCl$), Sulfiden (z. B. Natriumsulfid Na_2S) und ionischen Hydriden (siehe 10.1). Die Reaktionsfähigkeit der Alkalimetalle nimmt mit steigender Ordnungszahl zu.

Reaktionen mit Sauerstoff: Lithium reagiert mit Sauerstoff unter Bildung von Lithiumoxid Li_2O. Natrium verbrennt an der Luft zu Natriumperoxid Na_2O_2: $2\,Na + O_2 \rightarrow Na_2O_2$. Die anderen Alkalimetalle reagieren mit Sauerstoff unter Bildung von Hyperoxiden, die durch das O_2^--Ion charakterisiert sind; Beispiel: $K + O_2 \rightarrow KO_2$.

Reaktionen mit Wasser: Hierbei werden Alkalimetallhydroxide und Wasserstoff gebildet, z. B.:

$$2\,Na + 2\,H_2O \rightarrow 2\,NaOH + H_2\,(g)\ .$$

Die Reaktion nimmt mit steigender Ordnungszahl an Heftigkeit zu. Bei der Reaktion von Kalium mit Wasser entzündet sich der gebildete Wasserstoff an der Luft von selbst.

Alkalimetallhydroxide

Wässrige Lösungen der Alkalimetallhydroxide (z. B. Natriumhydroxid $NaOH$) sind starke Basen (vgl. 8.7.4). Die Basenstärke nimmt mit wachsender Ordnungszahl der Alkalimetalle zu. Für wässrige Lösungen von Natriumhydroxid und Kaliumhydroxid sind die Trivialnamen Natronlauge und Kalilauge üblich.

10.3 II. Hauptgruppe: Erdalkalimetalle

Die Elemente Beryllium Be, Magnesium Mg, Calcium Ca, Strontium Sr, Barium Ba und das radioaktive Radium Ra (vgl. Tabelle 10-2) werden als Erdalkalimetalle bezeichnet. Es sind – mit Ausnahme des sehr harten Berylliums – nur mäßig harte Leichtmetalle. Die Erdalkalimetalle haben in der äußersten Schale zwei Elektronen, die leicht abgegeben werden können. Daher sind diese Elemente starke Reduktionsmittel. In ihren Verbindungen treten sie stets mit der Oxidationszahl II auf.

Reaktionen

Die Erdalkalimetalle sind i. Allg. sehr reaktionsfreudig. Sie reagieren direkt mit Halogenen, Wasserstoff und Sauerstoff zu Halogeniden (z. B. Calciumchlorid

Tabelle 10-1. Eigenschaften der Alkalimetalle

		Lithium	Natrium	Kalium	Rubidium	Caesium
Elektronenkonfiguration		[He]2s	[Ne]3s	[Ar]4s	[Kr]5s	[Xe]6s
Schmelzpunkt	°C	180,5	97,80	63,38	39,31	28,44
Siedepunkt	°C	1342	883	759	688	671
Ionisierungsenergie (1. Stufe)	eV	5,39	5,14	4,34	4,18	3,89
Atomradius	pm	152	186	227	248	266
Ionenradius	pm	59	99	138	152	167
Elektronegativität		1,0	0,9	0,8	0,8	0,8

Tabelle 10-2. Eigenschaften der Erdalkalimetalle

		Beryllium	Magnesium	Calcium	Strontium	Barium	Radium
Elektronenkonfiguration		$[He]2s^2$	$[Ne]3s^2$	$[Ar]4s^2$	$[Kr]5s^2$	$[Xe]6s^2$	$[Rn]7s^2$
Schmelzpunkt	°C	1287	650	842	777	727	700
Siedepunkt	°C	2471	1090	1484	1382	1897	1140
Ionisierungsenergie (1. Stufe)	eV	9,32	7,65	6,11	5,70	5,21	5,28
Atomradius	pm	111	160	197	215	217	
Ionenradius (Ladungszahl 2+)	pm	27	57	100	118	135	148
Elektronegativität		1,6	1,3	1,0	0,95	0,9	0,9

$CaCl_2$), ionischen Hydriden (vgl. 10.1) bzw. Oxiden (z. B. Magnesiumoxid MgO). An feuchter Luft und in Wasser bilden sich Hydroxide. Mg und vor allem Be werden dabei – wie bekanntlich auch Aluminium – mit einer dünnen, fest haftenden oxidischen Deckschicht überzogen. Daher sind diese beiden Metalle gegenüber Wasser beständig. Wie bei den Alkalimetallen nimmt auch bei den Erdalkalimetallen die Reaktionsfähigkeit mit steigender Ordnungszahl zu.

Gewinnung der Erdalkalimetalle: Durch Schmelzflusselektrolyse (siehe 9.8.1) der Halogenide oder durch Reduktion der Oxide mit Koks, Silicium oder Aluminium, letzteres wird als *aluminothermisches Verfahren* bezeichnet.

Beispiel:

$$3\,MgO + 2\,Al \rightarrow Al_2O_3 + 3\,Mg\,.$$

Erdalkalimetallhydroxide

Erdalkalimetalle bilden Hydroxide des Typs $M(OH)_2$ (M Erdalkalimetall). Der basische Charakter der Hydroxide nimmt mit steigender Ordnungszahl zu. Berylliumhydroxid $Be(OH)_2$ kann je nach Art des Reaktionspartners als Säure oder als Base reagieren und ist daher sowohl in Säuren als auch in starken Basen (vgl. 8.7) löslich. Verbindungen mit einem derartigen Verhalten werden als *amphoter* bezeichnet:

$$Be(aq)^{2+} \underset{-2\,H_2O}{\overset{+2\,H^+}{\longleftarrow}} Be(OH)_2 \overset{+2\,OH^-}{\longrightarrow} [Be(OH)_4]^{2-}$$

$\qquad\qquad$ Berylliumhydroxid $\qquad$ Beryllation

Magnesiumhydroxid $Mg(OH)_2$ ist eine schwache Base ohne amphotere Eigenschaften. $Ba(OH)_2$ und $Ra(OH)_2$ sind starke Basen.

10.4 III. Hauptgruppe: die Borgruppe

Die Elemente Bor B, Aluminium Al, Gallium Ga, Indium In und Thallium Tl bilden die III. Hauptgruppe, vgl. Tabelle 10-3. Alle Elemente dieser Gruppe haben drei Valenzelektronen, können also in Verbindungen maximal in der Oxidationszahl III auftreten. Daneben tritt in der Borgruppe auch die Oxidationszahl I auf, deren Beständigkeit mit steigender Ordnungszahl zunimmt. So sind beim Bor nur dreiwertige Verbindungen bekannt, während beim Thallium die Oxidationszahl I vorherrscht. Bor tritt nie als B^{3+}-Kation auf und unterscheidet sich dadurch von allen anderen Elementen der III. Hauptgruppe.

Metallcharakter: Der metallische Charakter nimmt – wie auch innerhalb der anderen Hauptgruppen – mit steigender Ordnungszahl zu. Elementares Bor ist ein hartes Halbmetall mit einem starken kovalenten Bindungsanteil. Die elektrische Leitfähigkeit ist gering ($56 \cdot 10^{-6}$ S/m bei 0 °C) und steigt mit zunehmender Temperatur rasch an. Die Schmelz- und Siedepunkte sind hoch (vgl. Tabelle 10-3).

Aluminium ist bereits ein in der kubisch dichtesten Kugelpackung kristallisierendes Leichtmetall mit hoher elektrischer Leitfähigkeit ($37,74 \cdot 10^6$ S/m bei 20 °C).

Säure-Base-Eigenschaften: Die basischen (oder sauren) Eigenschaften der Oxide und Hydroxide der Elemente der Borgruppe nehmen mit steigender Ordnungszahl zu (bzw. ab). Ähnlich verhalten sich die entsprechenden Verbindungen in den anderen Hauptgruppen.

$B(OH)_3$ (Borsäure) ist, wie der Name schon sagt, sauer, die entsprechenden Al- und Ga-Verbindungen sind amphoter und die In- und Tl-Verbindungen reagieren basisch.

Tabelle 10–3. Eigenschaften der Elemente der Borgruppe

		Bor	Aluminium	Gallium	Indium	Thallium
Elektronenkonfiguration		$[He]2s^2 2p$	$[Ne]3s^2 3p$	$[Ar]3d^{10}4s^2 4p$	$[Kr]4d^{10}5s^2 5p$	$[Xe]4f^{14}5d^{10}6s^2 6p$
Schmelzpunkt	°C	2075	660,323[a]	29,8	156,6	303,5
Siedepunkt	°C	4000	2519	2204	2072	1473
Ionisierungsenergie (1. Stufe)	eV	8,30	5,99	6,00	5,79	6,11
Atomradius	pm	79	143	122	162,6	170
Elektronegativität		2,0	1,6	1,8	1,8	1,8

[a] Fixpunkt der Internationalen Temperaturskala von 1990 (ITS-90).

Indium-Zinn-Oxid (ITO) hat als transparentes und leitfähiges Beschichtungsmaterial eine erhebliche Bedeutung für die Display- und Solarzellentechnik, für elektrische Abschirmungen und als Sensormaterial gewonnen. ITO ist eine Mischung aus Indium(III)-oxid In_2O_3 und Zinn(IV)-oxid SnO_2, typischerweise mit einem Massenverhältnis 90:10.

10.4.1 Bor

Borwasserstoffe (Borane) existieren in großer Vielfalt. Es sind sehr reaktionsfähige und meist giftige Substanzen, die mit Luft oder mit Sauerstoff explosionsfähige Gemische bilden. Die einfachste Verbindung ist das Diboran B_2H_6. Mit Sauerstoff reagiert es unter großer Wärmeentwicklung gemäß folgender Gleichung:

$$B_2H_6 + 3 O_2 \rightarrow B_2O_3 + 3 H_2O .$$
$$\text{Diboran} \qquad \text{Bortrioxid}$$

Borsäure H_3BO_3 oder $B(OH)_3$ ist in wässriger Lösung eine sehr schwache einbasige Säure, da die Verbindung als OH^--Akzeptor reagiert:

$$B(OH)_3 + HOH \rightleftharpoons H[B(OH)_4]$$
$$\rightleftharpoons H^+(aq) + [B(OH)_4]^- .$$

Die Salze der Borsäure heißen Borate. Es gibt Orthoborate (z. B. $Li_3[BO_3]$), Metaborate (z. B. $Na_3[B_3O_6]$) und Polyborate (z. B. Borax $Na_2B_4O_7 \cdot 10 H_2O$). Viele Wasch- und Bleichmittel enthalten Perborate. Das sind in der Regel Anlagerungsverbindungen des Wasserstoffperoxids H_2O_2 (siehe 10.7.1) an gewöhnliche Borate.

Bornitrid BN kommt in einer hexagonalen dem Graphit und einer kubischen dem Diamanten analogen Modifikation (Borazon), vor.
Borcarbid B_4C eine chemisch sehr beständige Verbindung, ist in seiner Härte mit dem Diamanten vergleichbar.
Metallboride bilden sich beim Erhitzen von Bor mit Metallen. Es sind sehr harte, chemisch beständige Verbindungen.

10.4.2 Aluminium

Elementares Aluminium

Vorkommen in Feldspäten z. B. Kalifeldspat oder Orthoklas $K[AlSi_3O_8]$, in Glimmern und in Tonen (Tone sind die Verwitterungsprodukte von Feldspäten oder feldspathaltigen Gesteinen), als reines Aluminiumoxid Al_2O_3 (Korund) und als Aluminiumhydroxid (Bauxit).
Darstellung: Schmelzflusselektrolyse von Aluminiumoxid (vgl. 9.8.1).

Aluminiumverbindungen

Aluminiumoxid Al_2O_3 kommt in zwei verschiedenen Modifikationen als γ-Al_2O_3 und α-Al_2O_3 vor. γ-Al_2O_3 ist ein weiches Pulver mit großer Oberfläche, das beim Glühen (1100 °C) in das sehr harte α-Al_2O_3 (Korund) übergeht. Im Korund bilden die O^{2-}-Ionen eine hexagonal dichteste Kugelpackung. Die Al^{3+}-Ionen besetzen 2/3 der vorhandenen Oktaederlücken (vgl. 5.3.2).
Aluminiumhydroxid $Al(OH)_3$ ist amphoter und löst sich daher sowohl in Säuren als auch in Basen auf:

$$Al(aq)^{3+} \underset{-3 H_2O}{\overset{+3 H^+}{\longleftarrow}} Al(OH)_3 \overset{+OH^-}{\longrightarrow} [Al(OH)_4]^- .$$

Das $[Al(OH)_4]^-$-Ion heißt Tetrahydroxoalumination oder kurz Alumination.

10.5 IV. Hauptgruppe: die Kohlenstoffgruppe

Die Elemente Kohlenstoff C, Silicium Si, Germanium Ge, Zinn Sn und Blei Pb bilden die IV. Hauptgruppe des Periodensystems (vgl. Tabelle 10-4). In Verbindungen treten diese Elemente in den Oxidationszahlen IV und II auf. Die Stabilität von Verbindungen mit der Oxidationszahl IV (II) nimmt mit steigender Ordnungszahl ab (zu). Der metallische Charakter wächst in Richtung vom Kohlenstoff zum Blei hin.

10.5.1 Kohlenstoff

Elementarer Kohlenstoff

Kohlenstoff kommt in mehreren Modifikationen vor. Die beiden wichtigsten sind *Diamant* und *Graphit* (vgl. Bild 5-14 und 5-15; siehe auch D 4.2). Die Kohlenstoffsorten mit technischer Bedeutung wie Kunstgraphit (Elektrographit), Koks, Ruß und Aktivkohle besitzen weitgehend Graphitstruktur.

Graphit kann als Stapel einer zweidimensionalen Kohlenstoffschicht (sog. *Graphen*) aufgefasst werden, die auch die Grundlage weiterer Kohlenstoffmodifikationen bildet. Bei den *Fullerenen* handelt es sich um sphärische Käfigverbindungen, die z. B. 60 oder 70 Kohlenstoffatome im Molekül enthalten (C_{60}, bzw. C_{70}). *Kohlenstoff-Nanoröhrchen* bestehen aus ein- oder mehrlagigen röhrenförmigen Graphenstrukturen mit Durchmessern im Bereich von 10 nm und Längen im Bereich von 100 nm bis 1 μm.

Kohlenstoffverbindungen

Carbide heißen die Verbindungen des Kohlenstoffs mit Metallen oder Nichtmetallen, wenn der Kohlenstoff der elektronegativere (vgl. 3.1.4) Partner ist. Diese Substanzen werden unterteilt in:

– *Salzartige Carbide* (z. B. Calciumcarbid CaC_2),
– *metallische Carbide* (z. B. Vanadiumcarbid VC) und
– *kovalente Carbide* (z. B. Siliciumcarbid SiC ‚Carborundum').

Kovalente Carbide sind extrem hart, schwer schmelzbar und chemisch inert. Viele salzartige Carbide reagieren mit Wasser unter Bildung von Acetylen $HC{\equiv}CH$, Beispiel:

$$CaC_2 + 2\,H^+ \rightarrow Ca^{2+} + HC \equiv CH\,.$$

Kohlenstoffdioxid (Kohlendioxid) CO_2 ist ein farbloses, etwas säuerlich schmeckendes Gas. CO_2 ist ein natürlicher Bestandteil der Luft (vgl. Tabelle 5-2). Es entsteht bei der Verbrennung von Kohle, Erdöl und Erdgas (vgl. 9.3.1).

Mit Wasser reagiert CO_2 unter Bildung von Kohlensäure H_2CO_3, die als schwache zweibasige Säure in Wasserstoffionen, Hydrogencarbonat- (HCO_3^-) und Carbonat-Ionen (CO_3^{2-}) dissoziiert:

$$CO_2 + H_2O \rightleftharpoons H_2CO_3 \rightleftharpoons H^+\,(aq) + HCO_3^-$$
$$\rightleftharpoons 2\,H^+\,(aq) + CO_3^{2-}\,.$$

CO_2-Gehalt in der Luft und Klima. Der Gehalt an CO_2 in der Luft hat sich durch die Verbrennung fossiler Energieträger (in Kraftwerken, Haushalten, Verkehr und Industrie) seit 1800 von 280 ppm auf den

Tabelle 10-4. Eigenschaften der Elemente der Kohlenstoffgruppe

		Kohlenstoff	Silicium	Germanium	Zinn	Blei
Elektronenkonfiguration		$[He]2s^2 2p^2$	$[Ne]3s^2 3p^2$	$[Ar]3d^{10}4s^2 4p^2$	$[Kr]4d^{10}5s^2 5p^2$	$[Xe]4f^4 5d^{10}6s^2 6p^2$
Schmelzpunkt	°C	3550 (Diam.)	1414	938,25	231,928[a]	327,46
Siedepunkt	°C	3825 (Sublim., Graphit)	3265	2833	2602	1749
Ionisierungsenergie (1. Stufe)	eV	11,26	8,15	7,90	7,34	7,42
Atomradius	pm	77	118	122	140	175
Elektronegativität		2,55	1,9	2,0	2,0	1,8

[a] Fixpunkt der ITS-90.

Stand von 383 ppm (2007) erhöht. Zwischen 1900 und 1973 betrug die mittlere jährliche Zuwachsrate der CO_2-Emission weltweit ca. 4%. Seit 1973 ist dieser Wert auf 2,3% gesunken. Da CO_2 (wie andere klimawirksame Spurengase, z. B. Methan CH_4, Distickstoffmonoxid N_2O, Ozon O_3 und Fluorchlorkohlenwasserstoffe) die infrarote Strahlung des Sonnenspektrums und vor allem die von der Erdoberfläche ausgehende Wärmestrahlung absorbiert, ist zu erwarten, dass eine Vergrößerung des CO_2-Gehaltes eine globale Temperaturerhöhung bewirkt. Die damit verbundenen Klimaänderungen können schwere Umweltschäden verursachen. 2004 wurden in Deutschland ca. $850 \cdot 10^6$ t CO_2 aus der Verbrennung fossiler Energierohstoffe (Kohle, Öl, Gas) freigesetzt (pro Einwohner jährlich ca. 10,4 t).

Kohlenstoffmonoxid (Kohlenmonoxid) CO ist ein farb- und geruchloses, sehr giftiges Gas (vgl. Tabelle 5-2). CO ist Nebenprodukt bei der unvollständigen Verbrennung von Kohle, Erdöl oder Erdgas (vgl. 9.3.1). Technisch kann es durch Reaktion von CO_2 mit Koks (C) bei 1000 °C dargestellt werden (Boudouard-Gleichgewicht):

$$CO_2 + C \rightleftharpoons 2\,CO \ .$$

CO ist Bestandteil von Wassergas, das beim Überleiten von Wasserdampf über stark erhitzten Koks entsteht, vgl. 10.1.

Schwefelkohlenstoff oder Kohlenstoffdisulfid CS_2 ist eine wasserklare Flüssigkeit (Siedepunkt 46,2 °C, MAK-Wert 10 ppm). CS_2-Dämpfe bilden mit Sauerstoff oder Luft explosionsfähige Gasgemische.

10.5.2 Silicium

Elementares Silicium

Die bei Raumtemperatur und Normaldruck stabile Modifikation, das α-Silicium, ist ein dunkelgraues, hartes Nichtmetall mit Diamantstruktur. Silicium ist – wie Germanium – ein Halbleiter, dessen elektrische Leitfähigkeit mit steigender Temperatur zunimmt. Geringe gezielt eingebrachte Fremdatome (Dotierungen) können die elektrische Leitfähigkeit um Größenordnungen steigern.

Darstellung: Reduktion von Siliciumdioxid SiO_2 mit Koks, Magnesium oder Aluminium.

Siliciumverbindungen

Siliciumwasserstoffe (Silane) sind durch die Summenformel $Si_{2n}H_{2n+2}$ charakterisiert. Sie gleichen in ihrer Struktur den Alkanen (vgl. 11.3.1). Das erste Glied dieser Reihe ist das Monosilan SiH_4. In den Siliciumwasserstoffen ist Silicium vierbindig (tetraedrische Anordnung). Silane sind sehr oxidationsempfindlich und bilden mit Luft, bzw. mit Sauerstoff, explosionsfähige Gasmischungen. Mit Wasser reagieren sie unter Bildung von Siliciumdioxid und Wasserstoff, so z. B.:

$$SiH_4 + 2\,H_2O \rightarrow SiO_2 + 4\,H_2 \ .$$

Siloxane, Silicone: Die Kondensation von Silanolen $R_3Si–OH$ (R Alkyl-Rest, vgl. 11.3.1) führt zu Disiloxanen:

$$R_3Si–OH + HO–SiR_3 \rightarrow R_3Si–O–SiR_3 + H_2O \ .$$

Bei der Kondensation von Silandiolen $R_2Si(OH)_2$ oder Silantriolen $RSi(OH)_3$ entstehen Polysiloxane

$$\ldots –SiR_2–O–SiR_2–O–SiR_2–O– \ldots$$

bzw. analog aufgebaute Schichtstrukturen. Diese Polymerverbindungen werden zusammengefasst als *Silicone* bezeichnet.

Siliciumoxide: Wie beim Kohlenstoff existieren auch beim Silicium zwei Oxide: Siliciummonoxid SiO und Siliciumdioxid SiO_2. Siliciumdioxid kommt in mehreren Modifikationen vor. Wichtig sind: α- und β-Quarz, β-Tridymit, β-Cristobalit sowie die beiden Hochdruckmodifikationen Stishovit und Coesit. Das technisch wichtige Quarzglas kann durch Abkühlen von geschmolzenem Siliciumdioxid hergestellt werden (vgl. 5.2.4 und D 4.3).

Silicate heißen die Salze der Kieselsäuren, deren einfachstes Glied die Orthokieselsäure H_4SiO_4 ist. Silicate weisen große Strukturmannigfaltigkeiten auf. Man unterscheidet, insbesondere bei der Klassifizierung der Minerale:

– *Inselsilicate* mit isolierten SiO_4-Tetraedern (z. B. Olivin $(Mg, Fe)_2[SiO_4]$).
– *Gruppen- und Ringsilicate* mit einer begrenzten Anzahl verknüpfter SiO_4-Tetraeder (Beispiel für ein Ringsilicat: Beryll $Al_2Be_3[Si_6O_{18}]$).

– *Ketten- und Bandsilicate*, die aus einer unbegrenzten Zahl von verketteten SiO_4-Tetraedern aufgebaut sind.
– *Schichtsilicate* mit zweidimensional unbegrenzten Schichten. Quantitative Zusammensetzung: $[Si_2O_5^{2-}]_x$. Beispiele: Glimmer, Tonminerale, Asbest.
– *Gerüstsilicate* mit dreidimensional unbegrenzter Struktur. In diesen Substanzen ist ein Teil der Si-Atome des Siliciumdioxids durch Aluminium ersetzt. Beispiel: Feldspäte, Zeolithe (Verwendung als Molekularsiebe).

Technisch wichtige Silicate
– *Wasserglas*, eine wässrige Lösung von Alkalisilicaten (Verwendung: Verkitten von Glas und Porzellan, Flammschutzmittel).
– *Silikatgläser* (Gläser im allgemeinen Sprachgebrauch, vgl. 5.2.4 und D 4.3).
– *Silikatkeramik-Erzeugnisse.* Hierunter versteht man im Wesentlichen technische Produkte, die durch Glühen von Tonen (vgl. 10.4.2) hergestellt werden.

10.5.3 Germanium, Zinn und Blei

α-*Germanium* ist die bei Raumtemperatur und Normaldruck stabile Germanium-Modifikation. Es ist ein grauweißes, sehr sprödes Metall mit Diamantstruktur. α-Ge hat Halbleitereigenschaften.
Zinn kommt in drei verschiedenen Modifikationen als α-, β- und γ-Sn vor. Bei Raumtemperatur ist das metallische β-Sn stabil. Unterhalb 13,2 °C wandelt sich diese Modifikation allmählich in graues α-Zinn mit Diamantstruktur um. Gegenstände aus Zinn zerfallen dabei in viele kleine Kriställchen („Zinnpest").
Blei ist ein graues, weiches Schwermetall. Es kristallisiert in der kubisch dichtesten Kugelpackung, also in einem echten Metallgitter (vgl. 5.3.2).

10.6 V. Hauptgruppe: die Stickstoffgruppe

Zur V. Hauptgruppe gehören die Elemente Stickstoff N, Phosphor P, Arsen As, Antimon Sb und Bismut (auch Wismut) Bi, vgl. Tabelle 10-5.

Oxidationszahl: Gegenüber elektropositiven Elementen (vgl. Tabelle 9-1), so z. B. Wasserstoff, treten die Elemente der Stickstoffgruppe mit der Oxidationszahl –III auf (z. B. NH_3, PH_3, AsH_3). In Verbindungen mit elektronegativen Elementen wie Sauerstoff oder Chlor werden hauptsächlich die Oxidationszahlen III und V beobachtet.

Metallcharakter: Der metallische Charakter der Elemente der V. Hauptgruppe nimmt mit steigender Ordnungszahl zu. Stickstoff ist ein typisches Nichtmetall und Bismut ein reines Metall. Die Elemente Phosphor, Arsen und Antimon kommen sowohl in metallischen als auch in nichtmetallischen Modifikationen vor.

10.6.1 Stickstoff

Elementarer Stickstoff

Vorkommen: Bestandteil der Luft, vgl. Tabelle 5-2.
Gewinnung: Durch fraktionierte Destillation von flüssiger Luft.
Eigenschaften: Stickstoff ist bei Raumtemperatur nur als N_2-Molekül beständig. Er ist unter diesen Bedingungen ein farb- und geruchloses Gas (vgl. Tabelle 5-2).

Stickstoffverbindungen

Ammoniak NH_3: Darstellung nach dem Haber-Bosch-Verfahren, siehe 7.9.4. Ammoniak ist ein farbloses Gas mit stechendem Geruch, vgl. Tabelle 5-2. Es ist sehr leicht in Wasser löslich. Die wässrige Lösung reagiert schwach basisch:

$$NH_3 + H_2O \leftrightharpoons NH_4^+ + OH^- \; .$$

Verwendung von Ammoniak: Herstellung von Salpetersäure und Düngemitteln.
Hydrazin H_2N-NH_2 *oder* N_2H_4: Darstellung durch Oxidation von Ammoniak:

$$H_2N-H + O + H-NH_2 \overset{-H_2O}{\leftrightharpoons} H_2N-NH_2 \; .$$

Hydrazin ist bei Raumtemperatur eine farblose ölige Flüssigkeit (Siedepunkte 113,5 °C), MAK-Wert: 0,1 ppm. Reines Hydrazin kann explosionsartig in Ammoniak und Stickstoff zerfallen:

$$3 \, N_2H_4 \, (l) \rightarrow 4 \, NH_3 \, (g) + N_2 \, (g) \; .$$

Mit starken Säuren reagiert Hydrazin unter Bildung von Hydraziniumsalzen (z. B. Hydraziniumsulfat $[N_2H_6][SO_4]$).

Tabelle 10–5. Eigenschaften der Elemente der Stickstoffgruppe

		Stickstoff	Phosphor	Arsen	Antimon	Bismut
Elektronenkonfiguration		[He]$2s^2 2p^3$	[Ne]$3s^2 3p^3$	[Ar]$3d^{10}4s^2 4p^3$	[Kr]$4d^{10}5s^2 5p^3$	[Xe]$4f^{14}5d^{10}6s^2 6p^3$
Schmelzpunkt	°C	−210,0	44,15^a	817 (28 bar)	630,63	271,40
Siedepunkt	°C	−195,79	280,5^a	613 (Sublim.)	1587	1564
Ionisierungsenergie (1. Stufe)	eV	14,53	10,49	9,81	8,64	7,29
Atomradius	pm	55	110	124	145	154
Elektronegativität		3,0	2,2	2,2	2,05	1,9

^{a} weißer Phosphor .

Stickstoffwasserstoffsäure HN_3 ist eine farblose, giftige (MAK-Wert: 0,1 ppm), explosive Flüssigkeit:

$$2\ HN_3\ (l) \rightarrow 3\ N_2\ (g) + H_2\ (g)\ .$$

Wässrige Lösungen reagieren schwach sauer. Die Salze der Stickstoffwasserstoffsäure heißen Azide. Schwermetallazide (z. B. Bleiazid $Pb(N_3)_2$ und Silberazid AgN_3) sind schlagempfindlich und werden daher in der Sprengtechnik als Initialzünder verwendet.

Oxide des Stickstoffs

- *Distickstoffmonoxid* N_2O (Lachgas), Oxidationszahl des Stickstoffs I, vgl. Tabelle 5-2.
- *Stickstoffmonoxid* NO ist ein farbloses, giftiges Gas, vgl. 6.4.7 und 9.3.1. Mit Sauerstoff reagiert es in einer Gleichgewichtsreaktion unter Bildung von Stickstoffdioxid NO_2:

$$2\ NO + O_2 \leftrightharpoons 2\ NO_2\ .$$

- *Stickstoffdioxid* NO_2 ist ein rotbraunes erstickend riechendes Gas, MAK-Wert: 5 ppm, vgl. 6.4.7 und 9.3.1. Mit Wasser reagiert das Oxid unter Bildung von salpetriger Säure HNO_2 und Salpetersäure HNO_3 (s. unten):

$$2\ NO_2 + H_2O \rightarrow HNO_2 + HNO_3\ .$$

Sauerstoffsäuren des Stickstoffs

- *Salpetrige Säure* HNO_2: Diese Säure ist nur in verdünnter wässriger Lösung beständig. Die Salze heißen Nitrite (z. B. Natriumnitrit $NaNO_2$).
- *Salpetersäure* HNO_3 ist eine farblose stechend riechende Flüssigkeit (Siedepunkt 84,1 °C). Die Verbindung ist eine starke Säure. Ihre Salze heißen Nitrate (z. B. Natriumnitrat $NaNO_3$). Konzentrierte Salpetersäure besitzt ein besonders starkes Oxidationsvermögen. Sie wird dabei zum Stickstoffmonoxid reduziert:

$$NO_3^- + 4\ H^+ + 3\ e^- \rightarrow NO + 2\ H_2O\ .$$

Aufgrund dieses Reaktionsverhaltens werden sämtliche Edelmetalle (vgl. 9.5.4) außer Gold und Platin von konzentrierter Salpetersäure gelöst.

10.6.2 Phosphor

Elementarer Phosphor

Phosphor kommt in mehreren monotropen (einseitig umwandelbaren) Modifikationen vor:

- *Weißer Phosphor.* Metastabil (vgl. 6.3.5), fest (Schmelzpunkt 44,2 °C), wachsweich, sehr giftig, in Schwefelkohlenstoff CS_2 löslich. Festkörper, Schmelze und Lösung enthalten tetraedrische P_4-Moleküle.
  Feinverteilter weißer Phosphor entzündet sich an der Luft von selbst und verbrennt zu Phosphorpentoxid P_4O_{10}. Im Dunkeln leuchtet Phosphor an der Luft wegen der Oxidation der von weißem Phosphor abgegebenen Dämpfe (*Chemolumineszenz*).
- *Roter Phosphor* (metastabil) entsteht aus weißem Phosphor durch Erhitzen auf ca. 300 °C (unter Ausschluss von Sauerstoff).
- *Schwarzer Phosphor* (stabil von Raumtemperatur bis ca. 400 °C) bildet sich aus weißem Phosphor bei erhöhter Temperatur (ca. 200 °C) und sehr hohem Druck (12 kbar). Das Gitter besteht aus Doppelschichten. Schwarzer Phosphor hat Halbleitereigenschaften.

Phosphorverbindungen

Phosphin PH$_3$ ist ein farbloses, sehr giftiges Gas (MAK-Wert: 0,1 ppm).

Oxide des Phosphors

- *Diphosphortrioxid* (Phosphortrioxid) P$_4$O$_6$ entsteht beim Verbrennen des Phosphors bei ungenügender Sauerstoffzufuhr. Es leitet sich vom tetraedrisch aufgebauten weißen Phosphor dadurch ab, dass zwischen jede P–P-Bindung ein Sauerstoffatom eingefügt ist. Das entspricht der Formel P$_4$O$_6$. Mit Wasser reagiert P$_4$O$_6$ unter Bildung von *phosphoriger Säure* H$_3$PO$_3$:

$$P_4O_6 + 6\ H_2O \rightarrow 4\ H_3PO_3\ .$$

- *Diphosphorpentaoxid* (Phosphorpentoxid) P$_2$O$_5$ bildet sich bei vollständiger Verbrennung von elementarem Phosphor. Die Molekülstruktur der Verbindung unterscheidet sich von der des P$_4$O$_6$ dadurch, dass an jedem Phosphoratom zusätzlich ein Sauerstoffatom gebunden ist. Das entspricht der Formel P$_4$O$_{10}$. P$_4$O$_{10}$ ist ein weißes, geruchloses Pulver. Es ist äußerst hygroskopisch (Wasser entziehend). Mit Wasser reagiert es über Zwischenstufen unter Bildung von Phosphorsäure H$_3$PO$_4$:

$$P_4O_{10} + 6\ H_2O \rightarrow 4\ H_3PO_4\ .$$

Phosphorsäure H$_3$PO$_4$ bildet drei Reihen von Salzen primäre Phosphate (Dihydrogenphosphate, z. B. NaH$_2$PO$_4$), sekundäre Phosphate (Hydrogenphosphate, z. B. Na$_2$HPO$_4$) und tertiäre Phosphate (z. B. Na$_3$PO$_4$). Verwendung von Phosphaten: Düngemittel.
Kondensierte Phosphorsäuren: Bei höheren Temperaturen kondensiert Orthophosphorsäure unter Wasserabspaltung zur Diphosphorsäure, die oberhalb

Orthophosphorsäure

Diphosphorsäure

300 °C unter weiterem Austritt von Wasser in kettenförmige Polyphosphorsäuren übergeht.

10.6.3 Arsen, Antimon

Arsen und *Antimon* bilden mit Wasserstoff die Verbindungen Arsin AsH$_3$ bzw. Antimonwasserstoff SbH$_3$. AsH$_3$ ist noch giftiger als Phosphin PH$_3$.
Die wichtigsten Oxide des Arsens und des Antimons sind As$_4$O$_6$ (‚Arsenik') und Sb$_4$O$_6$. Beide haben einen dem P$_4$O$_6$ analogen molekularen Aufbau.

10.7 VI. Hauptgruppe: Chalkogene

Die Elemente der VI. Hauptgruppe sind Sauerstoff O, Schwefel S, Selen Se, Tellur Te und Polonium Po. Polonium ist ein außerordentlich seltenes radioaktives Element. Die Sonderstellung, die der Sauerstoff als erstes Element innerhalb dieser Gruppe einnimmt, beruht auf seinem besonders kleinen Atomradius und seiner hohen Elektronegativität, vgl. Tabelle 10-6.

Oxidationszahl: Die Chalkogene kommen in den Oxidationszahlen –II bis VI vor. Sauerstoff tritt aufgrund seiner großen Elektronegativität (er ist nach Fluor das elektronegativste Element) fast nur in der Oxidationszahl –II auf. Im Wasserstoffperoxid und in anderen Peroxiden hat er die Oxidationszahl –I. In Verbindungen mit Fluor sind die Oxidationszahlen des Sauerstoffs positiv.

Metallcharakter: Der metallische Charakter nimmt mit steigender Ordnungszahl zu. Sauerstoff und Schwefel sind typische Nichtmetalle, Polonium ist ein reines Metall. Die Elemente Selen und Tellur kommen sowohl in metallischen als auch in nichtmetallischen Modifikationen vor.

10.7.1 Sauerstoff

Elementarer Sauerstoff

Vorkommen: Elementar als Bestandteil der Luft (vgl. Tabelle 5-2), gebunden hauptsächlich in Form von Oxiden und Silicaten als Bestandteil der meisten Gesteine. Der Massenanteil des Sauerstoffs am Aufbau der Erdrinde beträgt rund 49%.

Gewinnung: Durch fraktionierte Destillation von flüssiger Luft.

Tabelle 10-6. Eigenschaften der Chalkogene

		Sauerstoff	Schwefel	Selen	Tellur	Polonium
Elektronenkonfiguration		$[He]2s^2 2p^4$	$[Ne]3s^2 3p^4$	$[Ar]3d^{10}4s^2 4p^4$	$[Kr]4d^{10}5s^2 5p^4$	$[Xe]4f^{14}5d^{10}6s^2 6p^4$
Schmelzpunkt	°C	−218,79	119,6	220,5	449,5	254
Siedepunkt	°C	−182,95	444,6	685	988	962
Ionisierungsenergie (1. Stufe)	eV	13,62	10,36	9,75	9,01	8,42
Atomradius	pm	60	104	116	143	167
Ionenradius (Ladungszahl 2−)	pm	138	184	198	221	
Elektronegativität		3,4	2,6	2,55	2,1	2,0

Modifikationen des Sauerstoffs:

- *Molekularer Sauerstoff* O_2 ist ein farbloses, geruchloses, paramagnetisches Gas, vgl. Tabelle 5-2. Sauerstoff ist Oxidationsmittel bei der Verbrennung fossiler Brennstoffe (vgl. 9.3.1) und bei der Verbrennung von Nahrungsmitteln (Kohlenhydrate, Fette, Eiweißstoffe) in Organismen. Verbrennungsreaktionen laufen in reinem Sauerstoff wesentlich heftiger ab als in Luft. Mit flüssigem Sauerstoff reagieren viele Substanzen explosionsartig.
- *Ozon* O_3 ist ein bei Raumtemperatur deutlich blaues, sehr giftiges, charakteristisch riechendes, diamagnetisches Gas; Siedepunkt −110,5 °C, MAK-Wert: 0,1 ppm. Ozon ist energiereicher als molekularer Sauerstoff ($\Delta_B H_m^0 (O_3) = 142,7$ kJ/mol, vgl. 6.2.5). Es hat eine große Neigung – unter bestimmten Bedingungen explosionsartig – in molekularen Sauerstoff zu zerfallen. Ozon ist ein sehr starkes Oxidationsmittel. Das O_3-Molekül ist gewinkelt (116,8°). Die äußeren Atome sind vom zentralen 127,8 pm entfernt.

In der Erdatmosphäre wird Ozon fotochemisch aus molekularem Sauerstoff gebildet. Seine größte Teilchendichte hat es in 20 bis 25 km Höhe. Da Ozon einen großen Anteil der kurzwelligen Strahlung des Sonnenlichtes absorbiert, ist die Ozonschicht von großer Bedeutung für das Leben auf der Erde. Besonders Fluorchlorkohlenwasserstoffe (siehe 11.4.1 und Tabelle 5-2) verringern die Ozonkonzentration in den oberen Schichten der Atmosphäre. Die dadurch bedingte Erhöhung der UV-Strahlung auf der Erdoberfläche kann u. a. zu einem Ansteigen der Häufigkeit von bösartigen Hauterkrankungen führen.

Sauerstoffverbindungen

- *Wasser* H_2O, vgl. 5.2.3, schweres Wasser D_2O, vgl. 10.1, Eigenschaften von D_2O: Schmelzpunkt 3,82 °C, Siedepunkt 101,42 °C.
- *Wasserstoffperoxid* H_2O_2 ist eine in reinem Zustand praktisch farblose, sirupartige Flüssigkeit (Siedepunkt 150,2 °C, MAK-Wert: 1 ppm). Charakteristisch für diese Verbindung ist die folgende exotherme Zerfallsreaktion:

$$2\ H_2O_2 \rightarrow 2\ H_2O + O_2 \ .$$

In hochreinem Wasserstoffperoxid ist die Zerfallsgeschwindigkeit bei Raumtemperatur sehr klein. In Gegenwart von Katalysatoren (vgl. 7.9), wie z.B. Braunstein MnO_2, Mennige Pb_3O_4, feinverteiltem Silber oder Platin, kann die Zerfallsreaktion explosionsartig ablaufen. Wasserstoffperoxid ist ein starkes Oxidationsmittel. Mischungen von organischen Verbindungen mit konzentriertem Wasserstoffperoxid können explosiv reagieren.

Verwendung: Bleichmittelzusatz in Waschmitteln, Desinfektionsmittel.

10.7.2 Schwefel

Elementarer Schwefel

Vorkommen: Frei (elementar) z. B. in Sizilien und Kalifornien, gebunden vorwiegend in Form von Sulfiden (z. B. Schwefelkies oder Pyrit FeS_2, Zinkblende ZnS, Bleiglanz PbS) oder Sulfaten (z. B. Gips $CaSO_4 \cdot 2\ H_2O$).

Eigenschaften: Die bei Raumtemperatur stabile Schwefelmodifikation ist der rhombische α-Schwefel. Dieser wandelt sich bei 95,6 °C reversibel in den monoklinen β-Schwefel um, der bei 119,6 °C schmilzt. Beide Schwefelmodifikationen sind aus ringförmigen S_8-Molekülen aufgebaut.

Schwefelverbindungen

Schwefelwasserstoff H_2S ist ein farbloses, wasserlösliches, sehr giftiges Gas, das nach faulen Eiern riecht, MAK-Wert: 10 ppm. Wässrige Lösungen von H_2S reagieren sauer, vgl. Tabelle 8-2. Schwermetallsulfide sind in der Regel schwerlöslich.

Oxide des Schwefels

- *Schwefeldioxid* SO_2, MAK-Wert: 2 ppm, siehe 9.3.1 und Tabelle 8-2.
- *Schwefeltrioxid* SO_3, siehe Tabelle 8-2.

Sauerstoffsäuren des Schwefels

- *Schweflige Säure* H_2SO_3, siehe Tabelle 8-2.
- *Schwefelsäure* H_2SO_4 (siehe Tabelle 8-2) ist eine ölige, sehr hygroskopische Flüssigkeit (Siedepunkt 330 °C). Sie wird daher als Trockenmittel verwendet. Auf viele organische Verbindungen, damit auch auf Holz, Papier und menschliche Haut, wirkt konzentrierte Schwefelsäure verkohlend, indem sie diesen Substanzen Wasser entzieht. Schwefelsäure ist eine starke zweibasige Säure. Die elektrolytische Dissoziation erfolgt in zwei Stufen:

$$H_2SO_4 \leftrightarrows H^+ + HSO_4^- \leftrightarrows 2\,H^+ + SO_4^{2-}\,.$$

10.8 VII. Hauptgruppe: Halogene

Zur VII. Hauptgruppe gehören die Elemente Fluor F, Chlor Cl, Brom Br, Iod I und das radioaktive Astat At, vgl. Tabelle 10-7.

Oxidationszahl: Sämtliche Halogene bilden negativ einwertige Ionen (Oxidationszahl –I). Darüber hinaus sind viele Verbindungen bekannt, in denen Halogene die Oxidationszahlen I bis VII haben. Fluor ist das elektronegativste Element. In seinen Verbindungen kommt es stets mit der Oxidationszahl –I vor.

10.8.1 Fluor

Elementares Fluor

Fluor ist ein in dicker Schicht grünlichgelbes, sehr giftiges Gas mit starkem, charakteristischem Geruch, MAK-Wert: 0,1 ppm. Fluor ist das reaktionsfähigste Element und das stärkste Oxidationsmittel. Die Verbindungen des Fluors mit anderen Elementen heißen Fluoride.

Fluorverbindungen

Fluorwasserstoff HF riecht stechend und ist sehr giftig, MAK-Wert: 3 ppm, vgl. Tabelle 8-2. Eine bemerkenswerte Eigenschaft von Fluorwasserstoff ist die Fähigkeit, Quarz- und Silicatgläser (vgl. 5.2.4 und D 4.4) anzugreifen. Dabei wird neben Wasser gasförmiges Siliciumtetrafluorid SiF_4 gebildet:

$$SiO_2 + 4\,HF \rightarrow SiF_4 + 2\,H_2O\,.$$

10.8.2 Chlor

Elementares Chlor

Eigenschaften des Chlors: siehe Tabellen 5-2 und 10-7. Chlor gehört nach Fluor zu den reaktionsfähigsten Elementen. Mit Wasserstoff reagiert Chlor unter Bildung von Chlorwasserstoff (sog. Chlorknallgasreaktion). Die explosionsartig verlaufende Reaktion kann durch Bestrahlung mit blauem oder kurzwelligerem Licht gestartet werden. Dabei werden

Tabelle 10-7. Eigenschaften der Halogene

		Fluor	Chlor	Brom	Iod	Astat
Elektronenkonfiguration		$[He]2s^22p^5$	$[Ne]3s^23p^5$	$[Ar]3d^{10}4s^24p^5$	$[Kr]4d^{10}5s^25p^5$	$[Xe]4f^45d^{10}6s^26p^5$
Schmelzpunkt	°C	−219,62	−101,5	−7,2	113,7	302
Siedepunkt	°C	−188,12	−34,04	58,8	184,4	337 (gesch.)
Ionisierungsenergie (1. Stufe)	eV	17,42	12,97	11,81	11,81	
Atomradius	pm	71	99	114	133	
Ionenradius (Ladungszahl 1−)	pm	133	181	196	220	
Elektronegativität		4,0	3,2	3,0	2,7	2,2

Chlormoleküle in Atome gespalten. Die Umsetzung verläuft nach einem Kettenmechanismus (vgl. 7.7). Viele Elemente (z. B. Natrium, Arsen, Antimon) reagieren direkt unter Feuererscheinungen mit Chlor. Die Umsetzung mit Wasser führt zu einem Gleichgewicht. Es entstehen Chlorwasserstoff HCl und hypochlorige Säure HClO (siehe unten):

$$Cl_2 + H_2O \leftrightharpoons HCl + HClO \ .$$

Chlorverbindungen

Chlorwasserstoff HCl, siehe Tabellen 5-2 und 8-2.
Sauerstoffsäuren des Chlors, vgl. Tabelle 8-2.

– *Hypochlorige Säure* HClO, Oxidationszahl des Chlors I. Wässrige Lösungen von Hypochloriten (Salze der HClO) sind starke Oxidationsmittel und werden in Bleichlösungen und Desinfektionsmitteln verwendet.
– *Chlorige Säure* HClO$_2$, Oxidationszahl des Chlors III.
– *Chlorsäure* HClO$_3$, Oxidationszahl des Chlors V.
– *Perchlorsäure* HClO$_4$, Oxidationszahl des Chlors VII. Die reine Säure ist eine farblose Flüssigkeit, die sich explosiv zersetzen kann. Perchlorsäure gehört zu den stärksten Säuren.

10.8.3 Brom und Iod

Brom ist neben Quecksilber das einzige bei Raumtemperatur flüssige Element (Siedepunkt 58,8 °C).
Iod ist bei Raumtemperatur fest. Es bildet blauschwarze, metallisch glänzende Kristalle.

10.9 VIII. Hauptgruppe: Edelgase

Zur VIII. Hauptgruppe gehören die Elemente Helium He, Neon Ne, Argon Ar, Krypton Kr, Xenon Xe und das radioaktive Radon Rn. Die Stabilität der Edelgase gegenüber der Aufnahme und der Abgabe von Elektronen folgt aus den hohen Werten der Elektronenaffinität und der Ionisierungsenergie, vgl. Tabelle 10-8.
Vorkommen: Die Edelgase He, Ne, Ar, Kr und Xe sind Bestandteile der Luft. He und Rn kommen auch als Produkte radioaktiver Zerfallsvorgänge in einigen Mineralien vor.
Gewinnung: Helium wird hauptsächlich aus amerikanischen Erdgasen gewonnen. Die Gewinnung von Neon, Argon, Krypton und Xenon erfolgt entweder durch fraktionierte Destillation verflüssigter Luft oder durch selektive Adsorption an Aktivkohle.
Eigenschaften: Die Elemente der VIII. Hauptgruppe, vgl. Tabelle 5-2, sind farb- und geruchlose Gase. Flüssiges Helium existiert unterhalb 2,2 K im supraflüssigen Zustand mit extrem kleiner Viskosität und sehr hoher Wärmeleitfähigkeit.

Edelgasverbindungen

Von den Edelgasen Krypton und Xenon sind zahlreiche Verbindungen mit Sauerstoff und Fluor bekannt. So bildet Xenon die Fluoride Xenondifluorid XeF$_2$ (Schmelzpunkt 129 °C), Xenontetrafluorid XeF$_4$ (Schmelzpunkt 117 °C) und Xenonhexafluorid XeF$_6$ (Schmelzpunkt 49,5 °C). Xenondioxid XeO$_2$ und Xenontrioxid XeO$_3$ sind explosiv.

10.10 Scandiumgruppe (III. Nebengruppe)

Zur Scandiumgruppe gehören Scandium Sc, Yttrium Y, Lanthan La und Actinium Ac, vgl. Tabelle 10-9. Die auf das Lanthan bzw. das Actinium folgenden Lanthanoide und Actinoide sind in den Abschnitten 10.18 bzw. 10.19 behandelt. Actinium kommt als radioaktives Zerfallsprodukt des Urans in geringen Mengen in Uranerzen vor. Die Elemente sind Metalle

Tabelle 10-8. Eigenschaften der Edelgase. (Vgl. auch Tabelle 5-2)

		Helium	Neon	Argon	Krypton	Xenon	Radon
Elektronenkonfiguration		$1s^2$	$1s^2 2s^2 2p^6$	$[Ne]3s^2 3p^6$	$[Ar]3d^{10}4s^2 4p^6$	$[Kr]4d^{10}5s^2 5p^6$	$[Xe]4f^{14}5d^{10}6s^2 6p^6$
Schmelzpunkt [a]	°C	$< -272,2^c$	−248,59	−189,3442 tp^d	−157,38 tp	−111,79 tp	−71
Ionisierungsenergie (1. Stufe)	eV	24,59	21,56	15,76	14,0	12,13	10,75
Atomradius [b]	pm	140	150	180	190	210	

[a] tp: Tripelpunktstemperatur [b] Van-der-Waals-Radius [c] bei 26,3 bar [d] Fixpunkt der IST-90 .

Tabelle 10-9. Eigenschaften der Elemente der Scandiumgruppe

		Scandium	Yttrium	Lanthan	Actinium
Elektronenkonfiguration		$[Ar]3d4s^2$	$[Kr]4d5s^2$	$[Xe]5d6s^2$	$[Rn]6d7s^2$
Atomradius	pm	161	178	187	188
Schmelzpunkt	°C	1541	1522	918	1051
Siedepunkt	°C	2836	3345	3464	3198
Dichte (25 °C)	g/cm^3	2,989	4,469	6,145	10,07

mit hoher elektrischer Leitfähigkeit und großem Reaktionsvermögen. Dies zeigt sich in den Standardelektrodenpotenzialen (vgl. 9.5), die zwischen $-2,077$ V (Sc) und $-2,6$ V (Ac) liegen (bezogen auf die Elektrodenreaktion Me $\rightleftharpoons$ Me^{3+} + 3 e$^-$). In den meisten Verbindungen kommen die Elemente in der Oxidationszahl III vor. Die basischen Eigenschaften der Hydroxide nehmen mit der Ordnungszahl zu. So besitzt Sc(OH)$_3$ nur schwach basische Eigenschaften, während La(OH)$_3$ als starke Base reagiert. Die Darstellung der Metalle erfolgt durch Schmelzflusselektrolyse (vgl. 9.8.1) der Chloride oder durch Reduktion der Oxide mit Alkalimetallen.

10.11 Titangruppe (IV. Nebengruppe)

Zur Titangruppe gehören Titan Ti, Zirconium Zr und Hafnium Hf, vgl. Tabelle 10-10. Die Metalle sind silberweiß und duktil. Sie haben hohe Schmelz- und Siedepunkte. Aufgrund ihrer negativen Standardelektrodenpotenziale, die zwischen $-0,88$ V (Ti) und $-1,57$ V (Hf) liegen (bezogen auf die Elektrodenreaktion Me + H$_2$O $\rightleftharpoons$ MeO^{2+} + 2H$^+$ + 4e$^-$), sind sie gegenüber den meisten Oxidationsmitteln ziemlich reaktionsfähig (vgl. 9.5 und 10.11.1).

Die Oxidationszahlen des Titans in seinen Verbindungen sind II, III und IV, die des Zirconiums III und IV. Die beständigste und wichtigste Oxidationszahl ist bei beiden IV. Hafnium kommt in seinen Verbindungen nur in der Oxidationszahl IV vor.

10.11.1 Titan

Vorkommen: Titandioxid TiO$_2$ (in der Natur in den Modifikationen Rutil, Anatas und Brookit), Ilmenit FeTiO$_3$, Perowskit CaTiO$_3$.

Eigenschaften, Darstellung, Verwendung: Titan ist ein silberweißes Metall mit relativ kleiner Dichte (4,54 g/cm^3). Reines Titan wird durch eine kompakte Oxiddeckschicht vor dem Angriff von Luftsauerstoff, Meerwasser und verdünnten Mineralsäuren geschützt. Bei höheren Temperaturen ist es jedoch mit Sauerstoff und Stickstoff recht reaktionsfähig. Darstellung und Verwendung siehe D 3.4.3.

10.11.2 Zirconium

Eigenschaften, Verwendung: Zirconium ist ein verhältnismäßig hartes, korrosionsbeständiges Metall, das rostfreiem Stahl ähnelt. Es ist bei Raumtemperatur gegen Säuren ziemlich resistent. Zirconium und Zirconiumlegierungen mit mehr als 90% Zr (Zircaloy) haben als Werkstoffe in der Kerntechnik Bedeutung erlangt.

10.12 Vanadiumgruppe (V. Nebengruppe)

Zur Vanadiumgruppe gehören die Metalle Vanadium (früher: Vanadin) V, Niob Nb und Tantal Ta, vgl. Tabelle 10-11. Vanadium kommt in seinen Verbindungen in den Oxidationszahlen II bis V vor. Davon sind

Tabelle 10-10. Eigenschaften der Elemente der Titangruppe

		Titan	Zirconium	Hafnium
Elektronenkonfiguration		$[Ar]3d^24s^2$	$[Kr]4d^25s^2$	$[Xe]4f^{14}5d^26s^2$
Atomradius	pm	145	159	156
Schmelzpunkt	°C	1668	1855	2233
Siedepunkt	°C	3287	4409	4603
Dichte (20 °C)	g/cm^3	4,54	6,506	13,31

Tabelle 10-11. Eigenschaften der Elemente der Vanadiumgruppe

		Vanadium	Niob	Tantal
Elektronenkonfiguration		$[Ar]3d^34s^2$	$[Kr]4d^45s$	$[Xe]4f^{14}5d^36s^2$
Atomradius	pm	131	143	143
Schmelzpunkt	°C	1910	2477	3017
Siedepunkt	°C	3407	4744	5458
Dichte	g/cm^3	6,092	8,57 (20 °C)	16,65

IV und V gewöhnlich am stabilsten. Niob und Tantal kommen hauptsächlich in der Oxidationsstufe V vor, sie bilden praktisch keine Kationen, sondern existieren nur in anionischen Verbindungen. Die Metalle sind wichtige Legierungsbestandteile von Stählen.

10.12.1 Vanadium

Eigenschaften, Darstellung, Verwendung: Vanadium ist ein stahlgraues, ziemlich hartes Metall, das durch eine dünne Oxidschicht vor dem Angriff von Luftsauerstoff und Wasser geschützt wird. Das reine Metall wird durch Reduktion von Vanadium(V)-oxid V_2O_5 mit Aluminium dargestellt. Vanadium wird hauptsächlich als Legierungsbestandteil von Stählen verwendet (vgl. D 3.3.3). Als Ferrovanadin werden Legierungen aus Vanadium und Eisen mit einem Vanadiumanteil von mindestens 50 Gew.-% V bezeichnet. Ihre Darstellung erfolgt durch Reduktion einer Mischung von Vanadium- und Eisenoxid mit Kohle.

Vanadiumverbindungen: In Kaliummonovanadat K_3VO_4, Kaliumdivanadat $K_4V_2O_7$ und Kaliummetavanadat KVO_3 hat Vanadium die Oxidationszahl V. Kaliummetavanadat liegt in wässriger Lösung in Form tetramerer $[V_4O_{12}]^{4-}$-Ionen vor. Im festen Zustand besteht es aus hochpolymeren VO_3^--Ketten. In beiden Fällen sind die Polyvanadationen aus über Ecken verknüpften VO_4-Tetraedern aufgebaut. Bei Zugabe von Säuren zu wässrigen Monovanadatlösungen erfolgt über die Bildung des Ions HVO_4^{2-} Aggregation unter Wasserabspaltung (Kondensation). Dabei entstehen Salze von Polyvanadinsäuren (unter anderem werden auch Metavanadate gebildet). Diese Säuren gehören zu den Isopolysäuren und sind dadurch charakterisiert, dass ihre Anionen außer den entsprechenden Schwermetallionen nur Sauerstoff und Wasserstoff enthalten.

10.13 Chromgruppe (VI. Nebengruppe)

Zur Chromgruppe gehören die hochschmelzenden Schwermetalle Chrom Cr, Molybdän Mo und Wolfram W, vgl. Tabelle 10-12.

10.13.1 Chrom

Vorkommen: Chromeisenstein (Chromit) $FeCr_2O_4$, Rotbleierz (Krokoit) $PbCrO_4$.

Eigenschaften, Darstellung: Chrom ist ein silberglänzendes, in reinem Zustand zähes, dehn- und schmiedbares Metall. Metallisches Chrom wird durch eine dünne, zusammenhängende Oxidschicht vor dem Angriff von Luftsauerstoff und Wasser geschützt. Es behält daher trotz seines negativen Standardelektrodenpotenzials ($-0,74$ V bezogen auf die Elektrodenreaktion $Cr \rightleftharpoons Cr^{3+} + 3$ e$^-$) auch an feuchter Luft seinen metallischen Glanz. Darstellung des metallischen

Tabelle 10-12. Eigenschaften der Elemente der Chromgruppe

		Chrom	Molybdän	Wolfram
Elektronenkonfiguration		$[Ar]3d^54s$	$[Kr]4d^55s$	$[Xe]4f^{14}5d^46s^2$
Atomradius	pm	125	136	137
Schmelzpunkt	°C	1907	2623	3422
Siedepunkt	°C	2671	4639	5555
Dichte (20 °C)	g/cm^3	7,19	10,22	19,3

Chroms aus Chromeisenstein: Nach der Abtrennung des Eisens wird Chrom(III)-oxid mit Aluminium zu metallischem Chrom reduziert:

$$Cr_2O_3 + 2\,Al \leftrightharpoons Al_2O_3 + 2\,Cr\,.$$

Verwendung: Chrom ist ein wichtiger Legierungsbestandteil von nichtrostenden Stählen. Es dient als Korrosionsschutz unedler Metalle, indem diese mit einer dünnen Chromschicht überzogen werden. Das Verchromen geschieht auf elektrochemischem Wege auf einer dichten Zwischenschicht aus Nickel, Cadmium oder Kupfer.

Chromverbindungen: Die wichtigsten Oxidationszahlen des Chroms sind III und VI. Beispiele sind Chrom(III)-chlorid $CrCl_3$ und Kaliumdichromat $K_2Cr_2O_7$. Zwischen beiden Oxidationsstufen besteht folgendes Redoxgleichgewicht:

$$2\,Cr^{3+} + 7\,H_2O \leftrightharpoons Cr_2O_7^{2-} + 14\,H^+ + 6\,e^-\,.$$

Das $Cr_2^{VI}O_7^{2-}$-Ion heißt Dichromation. Diese Redoxreaktion ist Grundlage für ein wichtiges maßanalytisches Verfahren (vgl. 4.7.2 und 9.2). Mit Kaliumdichromatlösungen bekannter Konzentration kann beispielsweise der Gehalt von Fe^{2+}-Ionen quantitativ bestimmt werden. Zwischen Dichromationen und Chromationen CrO_4^{2-} besteht in wässriger Lösung folgende von der Wasserstoffionenkonzentration abhängige Gleichgewichtsreaktion:

$$2\,CrO_4^{2-} + 2\,H^+ \leftrightharpoons Cr_2O_7^{2-} + H_2O\,.$$

10.13.2 Molybdän

Vorkommen: Molybdänglanz (Molybdänit) MoS_2, Gelbbleierz $PbMoO_4$.

Eigenschaften, Verwendung: Molybdän ist ein zinnweißes, hartes und sprödes Metall. Verwendung als Legierungsbestandteil in Stählen (Molybdänstähle sind besonders hart und zäh).

Molybdänverbindungen: Molybdän tritt in seinen Verbindungen hauptsächlich mit der Oxidationszahl IV oder VI auf. Beispiel für Molybdän(IV)-Verbindungen: Molybdän(IV)-sulfid MoS_2, das in einem Schichtgitter kristallisiert und sich durch leichte Spaltbarkeit und hohe Schmierfähigkeit auszeichnet. In der Oxidationsstufe VI bildet Molybdän wie Vanadium Isopolysäuren (vgl. 10.12.1).

10.13.3 Wolfram

Vorkommen: Wolfram $(Fe^{II}, Mn)WO_4$, Scheelit $CaWO_4$, Wolframocker $WO_3 \cdot xH_2O$.

Eigenschaften, Darstellung: Wolfram ist ein weißglänzendes Metall von hoher Festigkeit. Es hat mit 3422 °C den höchsten Schmelzpunkt aller Metalle. Die Darstellung erfolgt durch Reduktion von Wolfram(VI)-oxid WO_3 mit Wasserstoff. Das dabei entstehende Pulver wird zu größeren Stücken gesintert.

Verwendung: Legierungsbestandteil von Wolframstählen (z. B. Schnellarbeitsstählen), als Glühfäden in Lampen.

Wolframverbindungen: In seinen Verbindungen tritt Wolfram hauptsächlich mit der Oxidationszahl VI auf. Beim Ansäuern wässriger Natriumwolframatlösungen (Natriumwolframat Na_2WO_4) tritt Aggregation zu Isopolysäuren ein (vgl. Vanadium und Molybdän). Beispiel: Natriummetawolframat $Na_6[H_2W_{12}O_{40}]$ ist das Natriumsalz der Metawolframsäure. Wässrige Lösungen von Natriummetawolframat dienen als *Schwereflüssigkeit* (Dichte einer gesättigten Lösung: 3,1 g/cm^3) .

10.14 Mangangruppe (VII. Nebengruppe)

Zur Mangangruppe gehören Mangan Mn, Technetium Tc und Rhenium Re, vgl. Tabelle 10-13. Technetium kommt in der Natur nicht vor. Es entsteht z. B. beim Beschuss von Molybdän mit Deuteronen d (= $^2H^+$) und bei der Uranspaltung.

10.14.1 Mangan

Vorkommen: Braunstein (Pyrolusit) MnO_2, Braunit Mn_2O_3, Hausmannit Mn_3O_4, Manganspat $MnCO_3$ und als Bestandteil der in der Tiefsee vorkommenden Manganknollen.

Eigenschaften, Verwendung: Mangan ist ein sprödes, hartes silbergraues Metall. Es erhöht als Legierungsbestandteil des Stahls dessen Härte und Zähigkeit.

Manganverbindungen: In seinen Verbindungen kommt Mangan in den Oxidationszahlen I, II, III, IV, VI und VII vor. Kaliumpermanganat $KMn^{VII}O_4$ ist ein wichtiges Reagenz zur maßanalytischen Bestimmung (vgl. 4.7.2) von Reduktionsmitteln,

Tabelle 10-13. Eigenschaften der Elemente der Mangangruppe

		Mangan	Technetium	Rhenium
Elektronenkonfiguration		$[Ar]3d^5 4s^2$	$[Kr]4d^6 5s$	$[Xe]4f^{14}5d^5 6s^2$
Atomradius	pm	137	135	137
Schmelzpunkt	°C	1246	2157	3186
Siedepunkt	°C	2061	4265	5596
Dichte	g/cm^3	7,21–7,44 [a]	11,5 (berechnet)	21,02 (20 °C)

[a] abhängig von der Modifikation .

wie z. B. Fe^{2+}-Ionen und Oxalationen $C_2O_4^{2-}$ sowie von Wasserstoffperoxid H_2O_2 und Nitritionen NO_2^-. Das Permanganation MnO_4^- wird dabei je nach dem pH-Wert der Lösung zu Mn^{2+} bzw. Mangandioxid $Mn^{IV}O_2$ reduziert (vgl. 9.2):

$$MnO_4^- + 8\,H^+ + 5\,e^- \leftrightarrows Mn^{2+} + 4\,H_2O$$

(Reaktion in saurer Lösung) bzw.

$$MnO_4^- + 4\,H^+ + 3\,e^- \leftrightarrows MnO_2\,(s) + 2\,H_2O$$

(Reaktion in neutraler oder alkalischer Lösung).

10.15 Eisenmetalle und Elementgruppe der Platinmetalle (VIII. Nebengruppe)

Zur *Elementgruppe der Eisenmetalle* gehören die in der 4. Periode der Nebengruppe VIIIA angeordneten Elemente Eisen Fe, Cobalt Co und Nickel Ni, vgl. Tabelle 10-14. Es sind Metalle mit hohem Schmelzpunkt und hoher Dichte. In ihren Verbindungen treten sie hauptsächlich mit den Oxidationszahlen II und III auf. Nickel kommt in seinen Verbindungen überwiegend in der Oxidationsstufe II vor.

Zur *Elementgruppe der Platinmetalle* gehören Ruthenium Ru, Rhodium Rh, Palladium Pd sowie Osmium Os, Iridium Ir und Platin Pt, vgl. Tabelle 10-14. Diese Elemente sind reaktionsträge. Sie zählen, da ihre Standardelektrodenpotenziale positiv sind, zu den Edelmetallen.

10.15.1 Eisen

Vorkommen: Magneteisenstein (Magnetit) Fe_3O_4, Roteisenstein (Hämatit) Fe_2O_3, Brauneisenstein $Fe_2O_3 \cdot xH_2O$, Spateisenstein (Siderit), $FeCO_3$ und Eisenkies (Pyrit) FeS_2.

Eigenschaften, Verwendung, Darstellung: Reines Eisen ist ein silberweißes, verhältnismäßig weiches Metall. Es kommt in drei Modifikationen vor: α-Eisen (kubisch raumzentriert), γ-Eisen (kubisch dichteste Kugelpackung) und δ-Eisen (kubisch raumzentriert). Die Umwandlungstemperatur zwischen α- und γ-Fe beträgt 906 °C, die zwischen γ- und δ-Fe 1401 °C. α-Eisen ist, wie auch Cobalt und Nickel, ferromagnetisch.

Bei der Curie-Temperatur von 768 °C wird es paramagnetisch. Das Standardelektrodenpotenzial (Fe/Fe^{2+}) ist −0,440 V. Daher ist reines Eisen recht reaktionsfähig. Von feuchter CO_2-haltiger Luft wird es angegriffen. Es bilden sich Eisen(III)-oxid-hydrate (Rost). Pulverförmiges, gittergestörtes Eisen entzündet sich von selbst an der Luft (pyrophores Eisen). Weiteres siehe D 3.3.

Zur Eisengewinnung werden die oxidischen Erze fast ausschließlich in Hochöfen reduziert, vgl. 9.3.3.

Eisenverbindungen: Eisen tritt in seinen Verbindungen hauptsächlich in den Oxidationszahlen II und III auf. Zwischen beiden Oxidationsstufen existiert folgendes Redoxgleichgewicht:

$$Fe^{2+} \leftrightarrows Fe^{3+} + e^- \,.$$

Beispiele für Eisen(II)-Verbindungen: Eisensulfat $FeSO_4$, Beispiele für Eisen(III)-Verbindungen: Fe^{3+}-Ionen in Wasser: Beim Auflösen von Fe(III)-Salzen in Wasser bilden sich $[Fe(H_2O)_6]^{3+}$-Ionen. Bei Basenzusatz entstehen unter Braunfärbung kolloide Kondensate der Zusammensetzung $(FeOOH)_x \cdot yH_2O$.

10.15.2 Cobalt

Vorkommen: Speiskobalt (Skutterudit) $(Co,Ni)As_3$, Kobaltglanz (Cobaltit) $CoAsS$, Kobaltkies (Linneit) Co_3S_4.

Tabelle 10-14. Eigenschaften der Elemente der VIII. Nebengruppe

		Eisen	Cobalt	Nickel
Elektronenkonfiguration		$[Ar]3d^64s^2$	$[Ar]3d^74s^2$	$[Ar]3d^84s^2$
Atomradius	pm	124	125	125
Schmelzpunkt	°C	1538	1495	1455
Siedepunkt	°C	2861	2927	2913
Dichte (20 °C)	g/cm³	7,874	8,9	8,902 (25 °C)
		Ruthenium	Rhodium	Palladium
Elektronenkonfiguration		$[Kr]4d^75s$	$[Kr]4d^85s$	$[Kr]4d^{10}$
Atomradius	pm	133	134	138
Schmelzpunkt	°C	2334	1964	1555
Siedepunkt	°C	4150	3695	2963
Dichte (20 °C)	g/cm³	12,41	12,41	12,02
		Osmium	Iridium	Platin
Elektronenkonfiguration		$[Xe]4f^{14}5d^66s^2$	$[Xe]4f^{14}5d^76s^2$	$[Xe]4f^{14}5d^96s$
Atomradius	pm	134	136	137
Schmelzpunkt	°C	3033	2446	1768
Siedepunkt	°C	5012	4428	3825
Dichte	g/cm³	22,57	22,42 (17 °C)	21,45 (20 °C)

Eigenschaften, Verwendung: Cobalt ist ein stahlgraues, glänzendes Metall. Von feuchter Luft wird Cobalt nicht angegriffen. Verwendet wird es z. B. als Bestandteil korrosionsbeständiger und hochwarmfester Legierungen. Ein Sinterwerkstoff aus Wolframcarbid WC in einer Cobaltmatrix von ca. 10 Gew.-% Cobalt wird als Widia („wie Diamant") bezeichnet. Es dient zur Herstellung von Schneidwerkzeugen.

10.15.3 Nickel

Vorkommen: Rotnickelkies (Nickelin) NiAs.

Eigenschaften, Darstellung: Nickel ist ein silberweißes, zähes Metall, das sich ziehen, walzen und schmieden lässt. Kompaktes Nickel ist gegenüber Luft und Wasser korrosionsbeständig. Weiteres siehe D 3.4.5. Da Nickelmineralien verhältnismäßig selten sind, wird es als Nebenprodukt bei der Aufbereitung von Kupferkies $CuFeS_2$ gewonnen.

Nickelverbindungen: Mit Kohlenmonoxid bildet Nickel bei hohen Temperaturen tetraedrisches Nickeltetracarbonyl $Ni(CO)_4$ (Oxidationszahl des Nickels 0). Die Bildung und anschließende Zersetzung von Nickeltetracarbonyl dient zur Reindarstellung von Nickel nach dem sog. Mond-Verfahren. Außer Nickel bilden auch andere Metalle der Nebengruppen V A bis VIII A Kohlenmonoxidverbindungen, die als Metallcarbonyle bezeichnet werden.

10.16 Kupfergruppe (I. Nebengruppe)

Zur Kupfergruppe, vgl. Tabelle 10-15, gehören Kupfer Cu, Silber Ag und Gold Au. Sie besitzen positive Standardelektrodenpotenziale und sind daher Edelmetalle (vgl. 9.5.4). Kupfer, Silber und Gold kristallisieren in der kubisch-dichtesten Kugelpackung (vgl. 5.3.2).

10.16.1 Kupfer

Vorkommen: Kupferkies (Chalkopyrit) $CuFeS_2$, Buntkupfererz (Bornit) Cu_3FeS_3, Rotkupfererz (Cuprit) Cu_2O, Malachit $Cu_2(OH)_2CO_3$ und gediegen (elementar).

Eigenschaften, Verwendung: Kupfer ist ein hellrotes, verhältnismäßig weiches, schmied- und dehnbares Metall. Bei Raumtemperatur besitzt es nach dem Silber die zweithöchste elektrische Leitfähigkeit aller Metalle (59,59 · 10^6 S/m, 20 °C). Wichtiger Legierungsbestandteil z. B. in Messing (Cu-Zn-Legierungen), Bronzen (Kupferlegierungen mit mindestens 60% Cu) und Monel (Ni-Cu-

Tabelle 10-15. Eigenschaften der Elemente der Kupfergruppe

		Kupfer	Silber	Gold
Elektronenkonfiguration		$[Ar]3d^{10}4s$	$[Kr]4d^{10}5s$	$[Xe]4f^{14}5d^{10}6s$
Atomradius	pm	128	144	144
Schmelzpunkt	°C	1084,62[a]	961,78[a]	1064,18[a]
Siedepunkt	°C	2562	2162	2856
Dichte (20 °C)	g/cm^3	8,96	10,50	19,3

[a] Fixpunkt der ITS-90 .

Legierungen). Monel zeichnet sich durch große Korrosionsbeständigkeit, auch gegenüber Chlor und Fluor, aus. Weiteres siehe D 3.4.4.

Kupferverbindungen: Kupfer tritt in seinen Verbindungen hauptsächlich in den Oxidationszahlen I und II auf. Kupfer(I)-Verbindungen können leicht zu Kupfer(II)-Verbindungen oxidiert werden:

$$Cu^+ \rightarrow Cu^{2+} + e^- .$$

10.16.2 Silber

Vorkommen: Silberglanz (Argenit) Ag_2S, Hornsilber AgCl, in silberhaltigen Erzen (z. B. Bleiglanz PbS (0,01 bis 1 Gew.-% Ag) und Kupferkies $CuFeS_2$) und gediegen.

Eigenschaften, Verwendung: Silber ist ein weißglänzendes, weiches, dehnbares Metall. Bei Raumtemperatur hat es die höchste elektrische Leitfähigkeit aller Metalle ($63,01 \cdot 10^6$ S/m, 20 °C). Silber wird als kupferhaltige Legierung (zur Erhöhung der Härte) in der Schmuckindustrie, als Münzmetall und zum Versilbern von Gebrauchsgegenständen verwendet. Insbesondere Silberbromid AgBr wird in der Photographie eingesetzt (s. u.).

Silberverbindungen: In seinen Verbindungen tritt Silber hauptsächlich mit der Oxidationszahl I auf: Silberchlorid AgCl, Silberbromid AgBr und Silberiodid AgI. Die genannten Halogenide sind in Wasser schwerlöslich (vgl. 8.8). Durch Licht werden sie gemäß folgender Bilanzgleichung zersetzt:

$$AgX + h\nu \rightarrow Ag + 1/2 \, X_2$$

*h*ν Photon hinreichend hoher Energie; X = Cl, Br oder I.

10.16.3 Gold

Vorkommen: Hauptsächlich gediegen.

Eigenschaften, Verwendung: Gold ist ein rötlichgelbes, weiches Metall. Neben Kupfer, Caesium, Calcium, Strontium und Barium ist Gold das einzige Metall, das das Licht des sichtbaren Spektrums nicht fast vollständig reflektiert und deshalb farbig erscheint. Legiertes Gold wird u. a. zur Schmuckherstellung, als Zahngold und für elektrische Kontakte in der Elektronik verwendet. In seinen Verbindungen tritt Gold mit den Oxidationszahlen I, III und V auf. Beispiele für Goldverbindungen sind: Gold(III)-chlorid $AuCl_3$ und Gold(V)-fluorid AuF_5.

10.17 Zinkgruppe (II. Nebengruppe)

Zur Zinkgruppe, vgl. Tabelle 10-16, gehören Zink Zn, Cadmium Cd und Quecksilber Hg. Die Standardelektrodenpotenziale von Zink und Cadmium sind negativ, das des Quecksilbers ist positiv. Quecksilber ist also ein edles Metall. Zink und Cadmium kommen hauptsächlich in der Oxidationszahl II vor. Quecksilber tritt in seinen Verbindungen häufig auch in der Oxidationsstufe I auf. An der Luft überziehen sich Zink und Cadmium mit einer dünnen Deckschicht (Oxid, Hydroxid, Carbonat), die sie vor weiterem Angriff durch Wasser und Sauerstoff schützt.

10.17.1 Zink

Vorkommen: Zinkblende ZnS (kubisch) bzw. Wurtzit ZnS (hexagonal) (natürliche Modifikationen des Zinksulfids ZnS), Zinkspat $ZnCO_3$.

Eigenschaften, Verwendung, Darstellung: Zink ist ein bläulichweißes Metall, das bei Raumtemperatur recht spröde ist. Seinem Standardelektrodenpotenzial entsprechend ($-0,762$ V bezogen auf die Elektrodenreaktion Zn $\leftrightharpoons$ Zn^{2+} + 2 e$^-$) reagiert Zink mit Säuren unter Bildung von Wasserstoff, z. B.:

$$Zn + 2 \, HCl \leftrightharpoons ZnCl_2 + H_2(g) .$$

Tabelle 10-16. Eigenschaften der Elemente der Zinkgruppe

		Zink	Cadmium	Quecksilber
Elektronen-konfiguration		$[Ar]3d^{10}4s^2$	$[Kr]4d^{10}5s^2$	$[Xe]4f^{14}5d^{10}6s^2$
Atomradius	pm	133	149	150
Schmelzpunkt	°C	419,527 [a]	321,1	-38,83
Siedepunkt	°C	907	767	356,73
Dichte (20 °C)	g/cm^3	7,133 (25 °C)	8,65	13,546

[a] Fixpunkt der ITS-90 .

Zink ist Legierungsbestandteil z. B. von Messing (Cu-Zn-Legierung) und dient als dünner Überzug zum Korrosionsschutz von Eisen und Stahl. Über die Anwendung des Zinks in Primärelementen siehe 9.7. Die Darstellung erfolgt entweder durch Reduktion von Zinkoxid ZnO mit Kohle oder elektrochemisch durch Elektrolyse wässriger Zinksulfatlösungen.

10.17.2 Quecksilber

Vorkommen: Zinnober HgS (Quecksilber(II)-sulfid), gediegen (elementar) in Form kleiner Tröpfchen.

Eigenschaften, Verwendung: Quecksilber ist das einzige bei Raumtemperatur flüssige Metall, Schmelzpunkt −38,84 °C, Dichte des flüssigen Quecksilbers 13,546 g/cm^3 (20 °C). Der Sättigungsdampfdruck des flüssigen Hg beträgt bei 25 °C 0,25 Pa. Quecksilberdämpfe sind stark toxisch (MAK-Wert: 0,01 ppm). Quecksilberlegierungen heißen Amalgame. Einige Amalgame, wie z. B. Silberamalgam, sind unmittelbar nach der Herstellung weich und knetbar und erhärten nach einiger Zeit. Aufgrund dieser Eigenschaft wird Silberamalgam für Zahnfüllungen eingesetzt. Die Verwendung von reinem Quecksilber in Thermometern und Barometern läuft aus.

Quecksilberverbindungen: Hg(I)-Verbindungen enthalten die dimeren Ionen Hg_2^{2+}, Beispiel: Quecksilber(I)chlorid (Kalomel) Hg_2Cl_2. Beispiel einer Hg(II)-Verbindung: Quecksilber(II)-chlorid (Sublimat) $HgCl_2$. Im festen Zustand existiert diese Verbindung in Form von $HgCl_2$-Molekülen. Auch in wässriger Lösung bleiben diese Teilchen weitgehend erhalten. Das haben z. B. Untersuchungen der Gefrierpunktserniedrigung (vgl. 8.2.2) und Messungen des osmotischen Druckes (vgl. 8.2.3) an wässrigen $HgCl_2$-Lösungen bewiesen. Quecksilber(II)-chlorid

ist also kein typisches Salz, sondern eine Verbindung mit hohem kovalenten Bindungsanteil. $HgCl_2$ hat den Trivialnamen Sublimat, weil es leicht sublimiert.

10.18 Die Lanthanoide

Bei der Elementgruppe der Lanthanoide (früher: Lanhanide) werden die 4f-Niveaus der Elektronenhülle aufgebaut (vgl. 2.1). Zu dieser Gruppe gehören die auf das Lanthan ($_{57}$La) folgenden 14 Elemente Cer Ce, Praseodym Pr, Neodym Nd, Promethium Pm, Samarium Sm, Europium Eu, Gadolinium Gd, Terbium Tb, Dysprosium Dy, Holmium Ho, Erbium Er, Thulium Tm, Ytterbium Yb und Lutetium Lu, vgl. Tabelle 10-17. Heute wird häufig auch das Lanthan selbst zu den Lanthanoiden gerechnet.

Der Sammelname Seltenerdmetalle bezeichnet die Lanthanoide zusammen mit Lanthan, Scandium und Yttrium.

Lanthanoidenkontraktion: Unter der Lanthanoidenkontraktion versteht man die monotone Abnahme der Ionenradien mit steigender Ordnungszahl (vgl. Tabelle 10-17). Die Lanthanoidenkontraktion ist eine Folge der wachsenden Kernladungszahl bei gleichzeitiger Auffüllung der inneren 4f-Niveaus. Sie ist der Grund dafür, dass die auf die Lanthanoide in der 6. Periode folgenden Elemente (Hafnium, Tantal, Wolfram usw.) fast die gleichen Ionenradien aufweisen wie ihre leichteren Homologen (Zirconium, Niob, Molybdän usw.) in der 5. Periode.

Eigenschaften: Die Lanthanoide sind silberweiße, sehr reaktionsfähige Metalle. Die Standardelektrodenpotenziale liegen zwischen −2,48 V (Cer) und −2,25 V (Lutetium) (bezogen auf die Elektrodenreaktion Me $\leftrightharpoons$ Me^{3+} + 3 e$^-$). Die Metalle reagieren mit Wasser unter Wasserstoffentwicklung. Da sich

Tabelle 10-17. Eigenschaften der Lanthanoide

	Elektronen-konfiguration	Atomradius pm	Radius des M^{3+}-Ions pm	Schmelz-punkt °C	Siede-punkt °C	Kristall-struktur	Dichte (25 °C) g/cm³
Cer	$[Xe]4f^1 5d^1 6s^2$	182,5	115	798	3443	kd	6,770
Praseodym	$[Xe]4f^3 6s^2$	182,8	113	931	3520	hds	6,773
Neodym	$[Xe]4f^4 6s^2$	182,1	112	1021	3074	hds	7,008
Promethium	$[Xe]4f^5 6s^2$	181,1	111	1042	3000	hds	7,264
Samarium	$[Xe]4f^6 6s^2$	180,4	110	1074	1794	rhomb	7,520
Europium	$[Xe]4f^7 6s^2$	204,2	109	822	1527	krz	5,244
Gadolinium	$[Xe]4f^7 5d6s^2$	180,1	108	1313	3273	hd	7,901
Terbium	$[Xe]4f^9 6s^2$	178,3	106	1356	3230	hd	8,230
Dysprosium	$[Xe]4f^{10} 6s^2$	177,4	105	1412	2567	hd	8,551
Holmium	$[Xe]4f^{11} 6s^2$	176,4	104	1474	2700	hd	8,795
Erbium	$[Xe]4f^{12} 6s^2$	175,7	103	1529	2868	hd	9,066
Thulium	$[Xe]4f^{13} 6s^2$	174.6	102	1545	1950	hd	9,321
Ytterbium	$[Xe]4f^{14} 6s^2$	193,9	101	819	1196	kd	6,966
Lutetium	$[Xe]4f^{14} 5d6s^2$	173,5	100	1663	3402	hd	9,841

kd kubisch dichteste Kugelpackung, hd hexagonal dichteste Kugelpackung, krz kubisch raumzentriert, rhomb rhombo-edrisch, hds dichteste Kugelpackung mit der Stapelsequenz A B A C ... (Lanthan-Typ)

die Lanthanoide im Wesentlichen nur in der Elektronenkonfiguration des 4f-Niveaus, das nur geringen Einfluss auf die chemischen Eigenschaften hat, unterscheiden, ähneln sich diese Elemente chemisch außerordentlich. Daher bereitete ihre Trennung und Reindarstellung lange Zeit erhebliche Schwierigkeiten. Heute werden die Lanthanoide entweder durch Ionenaustausch mit Kationenaustauschern oder durch Flüssig-Flüssig-Extraktionsverfahren getrennt.

Die reinen Metalle werden durch Reduktion der Trichloride (Ce bis Gd) bzw. der Trifluoride (Tb, Dy, Ho, Er, Tm und Yb) mit Calcium bei 1000 °C dargestellt. Promethium wird durch Reduktion von PmF_3 mit Lithium erhalten.

In den Verbindungen treten die Lanthanoide hauptsächlich als Kationen mit der Ladungszahl +3 auf. Cer bildet auch Ce^{4+}-Ionen, Samarium, Europium und Ytterbium auch Me^{2+}-Ionen.

Verwendung: Aufgrund ihres Fluoreszenz- bzw. Lumineszenzverhaltens werden z. B. Terbium, Holmium und Europium als Oxidphosphore in Bildröhren verwendet. Eine Legierung, die neben Eisen leichtere Lanthanoidmetalle enthält, wird als Zündstein in Feuerzeugen eingesetzt. Darüber hinaus finden Lanthanoide u. a. zur Herstellung farbiger Gläser, in Feststoffasern (z. B. Nd-Laser) und als Legie-rungsbestandteile in hartmagnetischen Werkstoffen Verwendung.

10.19 Die Actinoide

Bei der Elementgruppe der Actinoide (früher: Actinide) werden die 5f-Niveaus der Elektronenhülle aufgebaut (vgl. 2.1). Die Gruppe umfasst die auf das Actinium ($_{89}$Ac) folgenden 14 Elemente Thorium Th, Protactinium Pa, Uran U, Neptunium Np, Plutonium Pu, Americium Am, Curium Cm, Berkelium Bk, Californium Cf, Einsteinium Es, Fermium Fm, Mendelevium Md, Nobelium No und Lawrencium Lr, vgl. Tabelle 10-18. Heute wird häufig auch das Actinium selbst mit zu den Actinoiden gerechnet. Die auf das Uran folgenden Elemente heißen Transurane.

Eigenschaften: Die Actinoide sind sehr reaktionsfähige Metalle. Die Standardelektrodenpotenziale liegen zwischen $-1,17$ V (Thorium) und $-2,07$ V (Americium) (bezogen auf die Elektronreaktion Me $\leftrightarrows$ Me^{3+} + $3e^-$). Frische Metalloberflächen oxidieren rasch an der Luft. Im feinverteilten Zustand sind die Actinoide pyrophor, d. h. sie entzünden sich von selbst an der Luft. Alle Actinoide und ihre Verbindungen sind stark toxisch. In den Verbindungen treten die Actinoide mit Oxidationszahlen

Tabelle 10-18. Eigenschaften der Actinoide

	Elektronen-konfiguration	Atomradius pm	Schmelzpunkt °C	Siedepunkt °C	Dichte g/cm^3
Thorium	[Rn]6d^{2}7s^2	180	1750	4788	11,72
Protactinium	[Rn]5f^{2}6d7s^2	164	1572		15,37
Uran	[Rn]5f^{3}6d7s^2	154	1132	4131	18,95
Neptunium	[Rn]5f^{5}7s^2	150	640	3903	20,25
Plutonium	[Rn]5f^{6}7s^2	152	641	3228	19,84
Americium	[Rn]5f^{7}7s^2	173	994	2011	13,67
Curium	[Rn]5f^{7}6d7s^2	174	1340		13,51
Berkelium	[Rn]5f^{9}7s^2	170	986		
Californium	[Rn]5f^{10}7s^2	169	900		
Einsteinium	[Rn]5f^{11}7s^2	(169)			
Fermium	[Rn]5f^{12}7s^2	(194)			
Mendelevium	[Rn]5f^{13}7s^2	(194)			
Nobelium	[Rn]5f^{14}7s^2	(194)			
Lawrencium	[Rn]5f^{14}6d7s^2	(171)			

zwischen II und VII auf. Thorium kommt in seinen Verbindungen praktisch nur mit der Oxidationszahl IV vor (z. B. Thoriumnitrat Th^{IV}(NO$_3$)$_4$). Bei Uranverbindungen werden Oxidationszahlen zwischen III und VI beobachtet, wobei IV und VI die beständigsten sind (z. B. Uranylnitrat U^{VI}O$_2$(NO$_3$)$_2$). Neptunium und Plutonium treten in ihren Verbindungen mit Oxidationszahlen zwischen III und VII auf, wobei V (Np) bzw. IV (Pu) die beständigsten sind. Bis auf die natürlich vorkommenden Actinoide Thorium, Protactinium und Uran (in winzigen Mengen kommen auch ^{237}Np, ^{239}Np und ^{239}Pu in Uranerzen vor) werden die Elemente dieser Gruppe künstlich durch Kernreaktionen dargestellt. Dabei wird vor allem die Bestrahlung von Uran, Plutonium und Americium mit Neutronen angewendet. Bei diesen Verfahren entstehen durch Neutroneneinfang bevorzugt β⁻-aktive Nuklide. Beim β⁻-Zerfall erhöht sich die Ordnungszahl um eine Einheit:

$$^A_Z X \xrightarrow{\text{n,y}} {}^{A+1}_Z X \xrightarrow{\beta^-} {}^{A+1}_{Z+1} Y$$

X, Y Elemente der Ordnungszahl Z bzw. Z + 1, A Massenzahl.

10.19.1 Thorium

Vorkommen: Monazit (Ce,Th)[(P, Si)O$_4$].

Wichtiges Isotop: $^{232}_{90}$Th, Häufigkeit 100%, Halbwertszeit $T_{1/2}$ = 1,405 · 10^{10} a, Zerfall: α, γ. ^{232}Th ist Ausgangsnuklid für die Gewinnung von ^{233}U, das mit thermischen Neutronen spaltbar ist (vgl. B 17.4). Die Darstellung von ^{233}U erfolgt in einem Brutreaktor. Der Zweck eines derartigen Brutreaktors ist die Erzeugung von spaltbaren Stoffen aus nicht spaltbaren Nukliden. Als Brutreaktoren für die Gewinnung von ^{233}U können z. B. gasgekühlte Hochtemperaturreaktoren eingesetzt werden. Der Brutvorgang kann mit folgender Umsatzgleichung beschrieben werden:

$$^{232}\text{Th}\,(\text{n}, \gamma)\, ^{233}\text{Th} \xrightarrow{\beta^-} {}^{233}\text{Pa} \xrightarrow{\beta^-} {}^{233}\text{U} .$$

10.19.2 Uran

Vorkommen: Uranpecherz (Uranpechblende) UO$_2$, Uraninit U$_3$O$_8$, Uranglimmer (z. B.: Torbernit Cu(UO$_2$)$_2$(PO$_4$)$_2$ · 8 H$_2$O), im Meerwasser mit 3,2 mg U pro Tonne.

Wichtige Isotope: $^{238}_{92}$U relative Häufigkeit 99,276 Gew.-%, $T_{1/2}$ = 4,468 · 10^9 a, Zerfall: α, γ; ^{235}U, relative Häufigkeit 0,7205 Gew.-%, $T_{1/2}$ = 7,038·10^8 a, Zerfall: α, γ; ^{233}U $T_{1/2}$ = 1,585 · 10^5 a, Zerfall: α, γ (Gewinnung von ^{233}U siehe 10.19.1). Die Trennung der beiden natürlich vorkommenden Isotope ^{235}U und ^{238}U kann durch fraktionierte Diffusion von gasförmigem Uranhexafluorid UF$_6$ erfolgen. Weitere

Verfahren zur Isotopentrennung sind z. B. Ultrazentrifugation, Thermodiffusion und optische Verfahren. Die Isotope ^{235}U und ^{233}U sind mit thermischen Neutronen spaltbar und dienen daher als Kernbrennstoff für Kernreaktoren. Anfangs wurde ^{235}U auch zur Herstellung der Atombomben verwendet. $^{238}_{92}$U ist Ausgangsmaterial für die Gewinnung von spaltbarem Plutonium $^{239}_{94}$Pu in Brutreaktoren:

$$^{238}U\,(n,\,\gamma)\ ^{239}U \xrightarrow{\beta^-}\ ^{239}Np \xrightarrow{\beta^-}\ ^{239}Pu\ .$$

Die Trennung von Uran, Plutonium und Spaltprodukten erfolgt mit einem Wiederaufarbeitungsverfahren. Ein Beispiel ist das Purex-Verfahren (Plutonium and Uranium Recovery by Extraction). Bei diesem Extraktionsverfahren werden die Kernbrennstoffe in wässriger Salpetersäure gelöst und anschließend Uran und Plutonium extrahiert. Als Extraktionsmittel dient ein Gemisch aus Tri-n-butylphosphat mit Dodecan oder mit Kerosin.

10.19.3 Plutonium

Wichtiges Isotop: $^{239}_{94}$Pu, α-Strahler, Halbwertszeit $T_{1/2} = 2{,}411 \cdot 10^4$ a, wird bei der Bestrahlung von $^{238}_{92}$U mit Neutronen gebildet (siehe 10.19.2). Wie ^{233}U und ^{235}U ist auch ^{239}Pu durch thermische Neutronen spaltbar. Es ist daher als Brennstoff für Kernreaktoren und als Spaltmaterial für Kernwaffen geeignet.

11 Organische Verbindungen

11.1 Organische Chemie: Überblick

Als *organische Chemie* wird die Chemie der Kohlenstoffverbindungen zusammengefasst. Jedoch werden die verschiedenen Modifikationen des Kohlenstoffs und die Oxide des Kohlenstoffs, die Carbonate, Carbide und die Metallcyanide, zur anorganischen Chemie gerechnet. Die meisten organischen Verbindungen enthalten neben Kohlenstoff nur verhältnismäßig wenige andere Elemente, vor allem Wasserstoff, Sauerstoff, Stickstoff und Halogene.

Die Besonderheit des Kohlenstoffs besteht darin, dass er in fast unbegrenztem Maße Bindungen mit sich selbst eingehen und auf diese Weise ketten- und ringförmige Strukturen ausbilden kann. Überschreitet die molare Masse einen gewissen, eigenschaftsabhängigen Wert, spricht man von Makromolekülen (s. 12).

Nach der Art des Aufbaus der Kohlenstoffgerüste wird zwischen folgenden Verbindungsklassen unterschieden:

– *Aliphatische Verbindungen* enthalten unverzweigte oder verzweigte Kohlenstoffketten.

– *Alicydische Verbindungen* sind durch unterschiedlich große Kohlenstoffringe charakterisiert. In der Bindungsart ähneln sie den aliphatischen Verbindungen.

– *Aromatische Verbindungen* sind zusätzlich zu einem ebenen, ringförmigen Aufbau durch besondere Bindungsverhältnisse charakterisiert (siehe 11.3.3).

– *Heterocyclische Verbindungen* sind ebenfalls ringförmig aufgebaut. Der Ring enthält jedoch neben Kohlenstoff auch andere Atome (sog. Heteroatome), vgl. Tabelle 11-7.

11.2 Isomerie bei organischen Molekülen

Chemische Verbindungen nennt man isomer, wenn sie bei gleicher quantitativer Zusammensetzung – also bei gleicher Summenformel – strukturell verschieden aufgebaut sind. Im Folgenden wird zwischen *Struktur-* und *Stereoisomerie* unterschieden.

Isomere Stoffe unterscheiden sich in physikalischen und chemischen Eigenschaften, z. B. durch die Schmelz- und Siedepunkte, die Löslichkeit, die Kristallform sowie durch ihr Verhalten im polarisierten Licht.

11.2.1 Strukturisomerie

Strukturisomere Verbindungen unterscheiden sich voneinander durch eine unterschiedliche Atomverknüpfung in den Molekülen. Zum Teil treten bei diesem Isomerietyp auch unterschiedliche Bindungsarten auf.

Beispiele

– Die strukturisomeren Verbindungen Ethanol (Ethylalkohol) und Dimethylether haben beide dieselbe Summenformel C_2H_6O, weisen aber verschiedene Strukturen mit unterschiedlichen Atomverknüpfungen auf. Ethanol und Dimethylether zeigen neben unterschiedlichen physikalisch-chemischen Eigenschaften auch verschiedenartiges chemisches Verhalten. So reagiert Ethanol im Gegensatz zu Dimethylether mit metallischem Natrium unter Bildung von gasförmigem Wasserstoff und Natriumalkoholat.

$$
\begin{array}{cc}
H \quad H & H \quad H \\
| \quad | & | \quad | \\
H{-}C{-}C{-}OH & H{-}C{-}O{-}C{-}H \\
| \quad | & | \quad | \\
H \quad H & H \quad H \\
\text{Ethanol} & \text{Dimethylether} \\
T_{lg} = 78{,}5\,°C & T_{lg} = -24{,}9\,°C
\end{array}
$$

(T_{lg} Siedepunkt).

– Bei dem gesättigten Kohlenwasserstoff Butan (vgl. 11.3.1) sind folgende strukturisomere Verbindungen möglich (Summenformel C_4H_{10}):

$$
\begin{array}{cc}
H \quad H & CH_3 \\
| \quad | & | \\
H_3C{-}C{-}C{-}CH_3 & H_3C{-}C{-}H \\
| \quad | & | \\
H \quad H & CH_3 \\
\text{Butan} & \text{Isobutan} \\
T_{lg} = -0{,}5\,°C & T_{lg} = -11{,}6\,°C
\end{array}
$$

11.2.2 Stereoisomerie

Stereoisomere Verbindungen zeigen unterschiedliche räumliche Anordnung von Atomen oder Atomgruppen im Molekül.
Nachfolgend werden zwei Typen der Stereoisomerie näher beschrieben: die *cis-trans-Isomerie* und die *Spiegelbildisomerie*.

Cis-trans-Isomerie

Dieser Isomerietyp tritt z. B. bei den Derivaten des Ethylens auf, bei denen infolge der Doppelbindung die freie Drehbarkeit um die C–C-Achse durch eine hohe Energiebarriere aufgehoben ist (vgl. 11.3.1). Die Atome oder Atomgruppen können zwei stabile, durch unterschiedliche Atomabstände gekennzeichnete Lagen einnehmen.

Beispiel: 1,2-Dichlorethylen $C_2H_2Cl_2$:

$$
\begin{array}{cc}
\overset{H}{\underset{Cl}{\diagdown}}C{=}C\overset{H}{\underset{Cl}{\diagup}} & \overset{H}{\underset{Cl}{\diagdown}}C{=}C\overset{Cl}{\underset{H}{\diagup}} \\
\textit{cis}\text{-1, 2-Dichlorethylen} & \textit{trans}\text{-1, 2-Dichlorethylen} \\
T_{lg} = 60{,}3\ °C & T_{lg} = 47{,}5\ °C
\end{array}
$$

Der Abstand der Cl-Atome unterscheidet sich bei den beiden Chlorkohlenwasserstoffen. Er beträgt bei der cis-Form dieser Verbindung 370 pm und bei der trans-Form 470 pm.

Spiegelbildisomerie

Spiegelbildisomerie tritt bei Molekülen auf, die in zwei zueinander spiegelbildlichen, aber nicht deckungsgleichen Formen auftreten. Dieser Isomerietyp ist bei allen Verbindungen, die ein asymmetrisches Kohlenstoffatom enthalten, vorhanden. Ein solches C-Atom ist dadurch gekennzeichnet, dass an ihm vier unterschiedliche Atome oder Atomgruppen (sog. Liganden) tetraedrisch gebunden sind. Das chemische Verhalten der beiden spiegelbildisomeren Formen, die auch als optische Antipoden bezeichnet werden, ist bei fast allen Reaktionen völlig gleich. Zwei Spiegelbildisomere unterscheiden sich aber z. B. dadurch, dass sie die Ebene des linear polarisierten Lichtes in entgegengesetzte Richtung drehen. Spiegelbildisomerie wird bei den meisten organischen Naturstoffen, so z. B. bei Kohlenhydraten und Proteinen, beobachtet.

Beispiel:

$$
\begin{array}{cc}
CHO & CHO \\
| & | \\
H{-}C{-}OH & HO{-}C{-}H \\
| & | \\
CH_2OH & CH_2OH \\
D\,(+)\text{-Glycerinaldehyd} & L\,(-)\text{-Glycerinaldehyd}
\end{array}
$$

Die Buchstaben D und L kennzeichnen die Konfiguration am asymmetrischen C-Atom. Die Vorzeichen + und – geben die Drehrichtung der Polarisationsebene des linear polarisierten Lichtes an.

11.3 Kohlenwasserstoffe

Kohlenwasserstoffe sind ausschließlich aus Kohlenstoff und Wasserstoff aufgebaut. Kohlenwasserstof-

Tabelle 11-1. Einteilung der Kohlenwasserstoffe (KW)

aliphatische Kohlenwasserstoffe			cyclische Kohlenwasserstoffe	
Alkane	Alkene	Alkine	alicyclische KW	aromatische KW
$H_3C{-}CH_3$	$H_2C{=}CH_2$	$HC{\equiv}CH$		
Ethan	Ethylen (Ethen)	Acetylen (Ethin)	Cyclohexan	Benzol

fe mit kettenförmiger Anordnung der C-Atome heißen aliphatische Kohlenwasserstoffe. Sind die Kohlenstoffatome ringförmig angeordnet, so spricht man von ringförmigen oder cyclischen Kohlenwasserstoffen. Diese werden nach der Art der Bindung in alicyclische und aromatische Kohlenwasserstoffe unterteilt (vgl. Tabelle 11-1).

11.3.1 Aliphatische Kohlenwasserstoffe

Alkane C_nH_{2n+2}

> *Alkane (früher: Paraffine) sind unverzweigte und verzweigte Kohlenwasserstoffe, die ausschließlich C–H- und C–C-Einfachbindungen enthalten. Verbindungen, die nur einfache C–C-Bindungen enthalten, werden als gesättigt bezeichnet.*

Die Zusammensetzung der Alkane wird durch die Summenformel

$$C_nH_{2n+2}$$

beschrieben. Die Alkane sind das einfachste Beispiel einer homologen Reihe. Darunter versteht man eine Gruppe von Verbindungen, deren einzelne Glieder sich durch eine bestimmte Atomgruppierung (hier CH_2) oder ein Vielfaches davon unterscheiden. Glieder einer homologen Reihe zeigen große Ähnlichkeit im chemischen Verhalten.

Nomenklatur

Die ersten vier Glieder der Alkane werden mit sog. Trivialnamen bezeichnet und heißen:
Methan CH_4
Ethan $H_3C{-}CH_3$

Propan $H_3C{-}CH_2{-}CH_3$
Butan $H_3C{-}CH_2{-}CH_2{-}CH_3$.
Die Namen der höheren Glieder bestehen aus einem Stamm, der von einem griechischen Zahlwort hergeleitet ist, und der Endung -an (siehe Tabelle 11-2).
Benennung verzweigter Alkane: Die Bezeichnungen der Seitenketten werden der längsten vorhandenen Kette vorangestellt. Die längste Kette wird von einem Ende zum anderen nummeriert. Dabei wählt man die Richtung derart, dass Verzweigungsstellen möglichst niedrige Nummern erhalten.

Beispiel: Die Verbindung Isobutan (vgl. 11.2.1)

$$\overset{3}{C}H_3{-}\overset{2}{C}H{-}\overset{1}{C}H_3$$
$$|$$
$$CH_3$$

hat den systematischen Namen 2-Methylpropan.

Tabelle 11-2. Schmelz- und Siedepunkte der Alkane, T_{sl} und T_{lg} (bezogen auf 101 325 Pa) (vgl. auch Tabelle 5-2)

Name	Formel	$T_{sl}/^\circ C$	$T_{lg}/^\circ C$
Methan	CH_4	-182	-164
Ethan	C_2H_6	$-183,3$	$-88,6$
Propan	C_3H_8	$-189,7$	$-42,1$
Butan	C_4H_{10}	$-138,4$	$-0,5$
Pentan	C_5H_{12}	-130	$36,1$
Hexan	C_6H_{14}	$-95,0$	$69,0$
Heptan	C_7H_{16}	$-90,6$	$98,4$
Octan	C_8H_{18}	$-56,8$	$125,7$
Nonan	C_9H_{20}	-51	$150,8$
Decan	$C_{10}H_{22}$	$-29,7$	$174,1$
Undecan	$C_{11}H_{24}$	$-25,6$	$196,8$
Dodecan	$C_{12}H_{26}$	$-9,6$	$216,3$

Benennung der Alkyl-Reste: Alkyl-Reste entstehen aus Alkanen durch Wegnahme eines endständigen Wasserstoffatoms. Diese Reste werden benannt, indem man die Endung -an im Namen des entsprechenden Alkans durch -yl ersetzt.

Beispiele: Die Alkyl-Reste CH_3-, CH_3-CH_2-, und $CH_3-CH_2-CH_2-$ heißen Methyl, Ethyl bzw. Propyl. Für die folgenden verzweigten Alkyl-Reste werden unsystematische Namen verwendet:

Isopropyl $(CH_3)_2CH-$
Isobutyl $(CH_3)_2CH-CH-$
sec-Butyl $H_3C-CH_2-(CH_3)CH-$
tert-Butyl $(CH_3)_3C-$
(sec sekundär, tert tertiär)

Struktur des Methans

Im Methanmolekül sind die vier C–H-Bindungen tetraedrisch angeordnet. Der Valenzwinkel (H–C–H-Winkel) ist $109°28'$. Die Elektronenzustände am C-Atom sind beim Methan wie auch bei allen anderen Alkanen sp^3-hybridisiert (vgl. 3.1.3).

Eigenschaften, Reaktionen

Die Alkane sind farblose Verbindungen. Die niedrigen Glieder der Reihe bis einschließlich Butan sind bei Raumtemperatur gasförmig, die mittleren bis zum Hexadekan ($C_{16}H_{34}$) flüssig und die höheren fest (vgl. Tabellen 5-2 und 11-2).
Die Alkane sind recht reaktionsträge und verbinden sich nur mit wenigen Substanzen direkt, so z.B. mit Sauerstoff.

Verbrennungsreaktionen der Alkane

Die Verbrennungsreaktionen (vgl. 9.3.1) der Alkane sind wie die aller Kohlenwasserstoffe stark exotherm. Daher werden diese Reaktionen technisch in großem Maße zur Energiegewinnung genutzt (Alkane sind die Hauptbestandteile von Erdgas, Benzin, Heizöl und Dieselkraftstoff).
Gasmischungen, die aus Alkanen oder aus anderen Kohlenwasserstoffen und Luft bestehen, reagieren in bestimmten Bereichen der Zusammensetzung explosiv, teilweise sogar detonativ (vgl. 7.8). Ähnliches Verhalten zeigen auch viele andere organische Verbindungen. In Tabelle 11-3 sind die Explosionsgrenzen für einige organische Substanzen aufgeführt.

Tabelle 11-3. Explosionsgrenzen des Wasserstoffs und einiger organischer Verbindungen in Luft bei 20 °C und 101 325 Pa. Die oberen Explosionsgrenzen der bei Raumbedingungen flüssigen Verbindungen wurden bei den in Klammern aufgeführten Temperaturen angegeben. ϕ_{uL}, ϕ_{oL} Volumenanteil des Brennstoffs an der unteren bzw. oberen Explosionsgrenze
k. A.: keine Temperaturangabe
Z: reines Acetylen kann explosiv in die Elemente zerfallen. Die aufgeführten Werte sind der Datenbank *chemsafe* und dem Tabellenwerk Brandes, W.; Möller, W.: Sicherheitstechnische Kenngrößen. Bremerhaven: Wirtschaftsverlag NW 2003 entnommen.

Substanz	ϕ_{uL} (%)	ϕ_{oL} (%)
Methan	4,4	17,0
Ethan	2,4	14,3
Propan	1,7	10,8
Butan	1,4	9,4
Ethylen	2,4	32,6
Acetylen	2,3	100 (Z)
Benzol	1,2	≈ 8,6 (k. A.)
Toluol	1,1	7,8 (k. A.)
Methanol	6,0	50 (100 °C)
Ethanol	3,1	27,7 (100 °C)
Formaldehyd	7,0	73,0 (k. A.)
Acetaldehyd	4,0	57,0 (k. A.)
Aceton	2,5	14,3 (100 °C)
Ameisensäure	10,0	45,5 (k. A.)
Essigsäure	≈ 4,0	≈ 17,0 (k. A.)
Essigsäureethylester	2,0	12,8 (100 °C)
Diethylether	1,7	36,0 (k. A.)
Wasserstoff	4,0	77,0

Wichtige Alkane

Schmelz- und Siedepunkte, kritische Daten und die MAK-Werte einiger wichtiger Alkane sind in den Tabellen 5-2 und 11-2 aufgeführt.

Alkene C_nH_{2n}

Alkene (früher: Olefine) sind Kohlenwasserstoffe, die außer C–H– und C–C-Einfachbindungen auch eine C=C-Doppelbindung im Molekül enthalten. Alkene haben die allgemeine Summenformel C_nH_{2n}. Kohlenwasserstoffe mit Doppel- oder Dreifachbindungen werden als ungesättigt bezeichnet.

Nomenklatur

Das erste Glied der Alkene heißt:

Ethylen $H_2C=CH_2$

(systematischer Name: Ethen).

Die Namen der höheren Glieder der homologen Reihe entsprechen denen der Alkane, jedoch wird hier anstelle der Endung -an die Endung -en verwendet; Beispiel:

Propen $H_3C–CH=CH_2$.

Bei höheren Gliedern der Alkene wird die Kette so nummeriert, dass die an den Doppelbindungen beteiligten Atome möglichst niedrige Zahlen erhalten. Man kennzeichnet die Lage der Doppelbindung durch Anführen der Nummer desjenigen C-Atoms, von dem aus sich die Doppelbindung zum nächst höheren C-Atom erstreckt.

Beispiel:

$$\text{2-Hexen} \quad \overset{6}{H_3C}–\overset{5}{CH_2}–\overset{4}{CH_2}–\overset{3}{CH}=\overset{2}{CH}–\overset{1}{CH_3} \,.$$

Benennung der Alkylen-Reste: Alkylen-Reste entstehen aus Alkenen durch Wegnahme eines Wasserstoffatoms. Die ersten Glieder dieser Reihe werden nicht systematisch benannt. Sie heißen vielmehr:

Vinyl $\qquad H_2C=CH–$

Allyl $\qquad H_2C=CH–CH_2–$

Isopropenyl $\quad H_2C=C–$
$\qquad\qquad\qquad\quad |$
$\qquad\qquad\qquad\ H_3C$

Die Namen der höheren Glieder entsprechen denen der Alkene. Sie haben jedoch die Endung -enyl.

Beispiele:

$$\text{2-Butenyl} \quad \overset{4}{H_3C}–\overset{3}{CH}=\overset{2}{CH}–\overset{1}{CH_2}–$$

$$\text{3-Pentenyl} \quad \overset{5}{H_3C}–\overset{4}{CH}=\overset{3}{CH}–\overset{2}{CH_2}–\overset{1}{CH_2}–$$

Entfernt man beim Ethylen an einem C-Atom zwei Wasserstoffatome, erhält man den Vinyliden-Rest:

Vinyliden $\quad H_2C=C=$.

Struktur des Ethylens

Im Ethylenmolekül sind vier C–H-Bindungen und eine C=C-Doppelbindung vorhanden. Die Elektronenzustände an den beiden C-Atomen sind in diesem Molekül sp^2-hybridisiert (vgl. 3.1.3). Die Hybridorbitale sind planar unter einem Winkel von 120° (trigonal) angeordnet. An jedem Kohlenstoffatom verbleibt ein p-Orbital, das senkrecht zur Ebene der Hybridorbitale steht. Die beiden sp^2-Hybrid-Orbitale bilden eine σ-Bindung zwischen den beiden C-Atomen aus. Zusätzlich überlappen sich die beiden p-Orbitale. Dabei entsteht eine π-Bindung. Die π-Bindung ist wegen der geringen Überlappung der p-Elektronenzustände nicht so fest wie die σ-Bindung. Sie besitzt eine geringere Bindungsenergie als die σ-Bindung.

Als Folge der geschilderten Bindungsverhältnisse ist das Ethylen-Molekül eben aufgebaut. Der HCH-Winkel beträgt 120°. Dieses Bindungsmodell erklärt die Aufhebung der freien Drehbarkeit um die C–C-Atome folgendermaßen: Jede Drehung um diese Achse führt zu einer weniger guten Überlappung der beiden p-Elektronenzustände, was nur durch Energiezufuhr ermöglicht wird.

Eigenschaften und Reaktionen der Alkene

In ihren physikalischen Eigenschaften ähneln die Alkene den Alkanen. So sind z. B. die Alkene bis einschließlich des Butens bei Raumtemperatur gasförmig. Aufgrund ihrer Doppelbindung sind die Alkene reaktionsfähiger als die Alkane. Typisch für die Alkene sind Additionsreaktionen (z. B. Hydrierung und Halogenierung, siehe unten). Dabei werden aus der π-Bindung zwei neue Einfachbindungen (σ-Bindungen) gebildet.

Einige physikalisch-chemische Eigenschaften des wichtigsten Alkens, des Ethylens, sind in Tabelle 5-2 aufgeführt.

1. Verbrennung

Die leichtflüssigen Alkene bilden im Gemisch mit Luft explosionsfähige Gasmischungen. Die Explosionsgrenzen des Ethylens sind in Tabelle 11-3 angegeben.

2. Hydrierung (Anlagerung von Wasserstoff)

Mit Wasserstoff reagieren die Alkene in Gegenwart von Katalysatoren zu Alkanen:

Beispiel: $H_2C=CH_2 + H_2 \rightarrow H_3C–CH_3$
$\qquad\qquad\ $ Ethylen $\qquad\qquad\quad$ Ethan

3. Halogenierung (Anlagerung von Halogenenen)

Die Anlagerung von Halogenen führt spontan zu Dihalogenalkanen:

Beispiel: $H_2C{=}CH_2 + Br_2 \rightarrow H_2C{-}CH_2$
$$\qquad\qquad\qquad\quad | \quad |$$
$$\qquad\qquad\qquad\; Br \quad Br$$
1,2-Dibromethan

4. Polymerisation (s. 12.1)
Verschiedene Alkene lagern sich unter Umwandlung der Doppelbindung zu längeren Kettenmolekülen zusammen. Dieser Reaktionstyp wird als Polymerisation bezeichnet.

Alkine C_nH_{2n-2}

Alkine (früher: Acetylene) sind Kohlenwasserstoffe, die außer C–H- und C–C-Einfachbindungen eine C≡C-Dreifachbindung im Molekül enthalten.

Nomenklatur

Das erste Glied der Alkine heißt:
Acetylen HC≡CH.
(systematischer Name: Ethin)
Die Namen der höheren Glieder der homologen Reihe (Summenformel C_nH_{2n-2}) entsprechen denen der Alkane, jedoch wird bei den Alkinen anstelle der Endung -an die Endung -in verwendet.

Struktur des Acetylenmoleküls

Im Acetylenmolekül sind zwei C–H-Bindungen und eine C≡C-Dreifachbindung vorhanden. Die Elektronenzustände an den beiden C-Atomen sind sp-hybridisiert (vgl. 3.1.3). Mit diesen Orbitalen werden σ-Bindungen zwischen den Kohlenstoff- und Wasserstoffatomen und zwischen den beiden C-Atomen ausgebildet. Hinzu kommen zwei π-Bindungen durch das Überlappen der jeweils zwei p-Orbitale der beiden Kohlenstoffatome, die senkrecht zur Molekülachse angeordnet sind. Das Acetylenmolekül ist linear.

Eigenschaften und Reaktionen des Acetylens

Der wichtigste Vertreter der homologen Reihe der Alkine ist das Acetylen. Acetylen ist bei Raumtemperatur gasförmig (vgl. Tabelle 5-2).

1. Verbrennungsreaktionen des Acetylens
Mit Luft und besonders mit reinem Sauerstoff bildet Acetylen außerordentlich reaktionsfähige Gemische, die in einem großen Bereich der Zusammensetzung explosions- oder detonationsfähig sind (vgl. Tabelle 11-3).
Die Temperatur von Acetylen-Sauerstoff-Flammen ist ungewöhnlich hoch und erreicht ca. 3400 K (Acetylen-Luft-Flammen erreichen maximal 2500 K). Daher werden Acetylen-Sauerstoff-Flammen zum autogenen Schneiden und zum Schweißen von Stahlteilen eingesetzt.

2. Zerfallsreaktion des Acetylens
Acetylen kann gemäß folgender Umsatzgleichung in die Elemente zerfallen (Reaktionsenthalpie vgl. 6.2.5):

$$HC{\equiv}CH(g) \rightarrow 2\,C(s) + H_2(g)\,.$$

Diese Reaktion kann als Deflagration oder als Detonation ablaufen. Aus diesem Grunde darf Acetylen nur in speziellen Druckgasflaschen in den Handel kommen. Der Hohlraum dieser Acetylenflaschen ist mit einer porösen Masse, in der sich ein geeignetes Lösungsmittel (z. B. Aceton) befindet, ausgefüllt. Diese Füllung verhindert die explosionsartige Zersetzung des Acetylens in der Flasche.

3. Additionsreaktionen
Ähnlich wie bei den Alkenen werden auch beim Acetylen zahlreiche Additionsreaktionen beobachtet, so die folgenden:

3.1 Hydrierung
Acetylen kann katalytisch über Ethylen als Zwischenprodukt zum Ethan hydriert werden:

$$HC{\equiv}CH \xrightarrow{H_2} H_2C{=}CH_2 \xrightarrow{H_2} H_3C{-}CH_3\,.$$
$$\text{Acetylen} \qquad \text{Ethylen} \qquad \text{Ethan}$$

3.2 Halogenierung
Die Anlagerung von Halogen an Acetylen verläuft, wie am Beispiel der Bromierung gezeigt wird, über die Zwischenstufe des 1,2-Dibromethylens:

$$HC{\equiv}CH \xrightarrow{Br_2} BrHC{=}CHBr$$
$$\text{1,2-Dibromethylen}$$

$$\xrightarrow{Br_2} Br_2HC{-}CHBr_2$$
$$\text{1,1,2,2-Tetrabromethan}$$

3.3 Addition von Halogenwasserstoffen
Diese Reaktion dient hauptsächlich zur Herstellung von Vinylhalogeniden

(Beispiel: Anlagerung von Chlorwasserstoff):

$$HC{\equiv}CH + HCl \rightarrow H_2C{=}CHCl$$
$$\text{Acetylen} \qquad\qquad \text{Vinylchlorid}$$

Die Polymerisation von Vinylchlorid führt zum Polyvinylchlorid (PVC) (vgl. 12.1.1 und D 5.3).

Kohlenwasserstoffe mit zwei oder mehr Doppelbindungen

Enthalten Kohlenwasserstoffe zwei oder mehr C=C-Doppelbindungen im Molekül, so kann man je nach Lage dieser Doppelbindungen drei verschiedene Verbindungstypen unterscheiden:

– Kohlenwasserstoffe mit *kumulierten* Doppelbindungen

Bei diesem Verbindungstyp sind im Molekül mehrere Doppelbindungen unmittelbar benachbart. Kohlenwasserstoffe mit zwei kumulierten Doppelbindungen werden *Allene* genannt. Der einfachste Vertreter dieser Verbindungsgruppe heißt:

Allen $H_2C{=}C{=}CH_2$

(systematischer Name: Propadien).

– Kohlenwasserstoffe mit *konjugierten* Doppelbindungen

Zwei oder mehr C=C-Doppelbindungen werden als konjugiert bezeichnet, wenn sich zwischen ihnen jeweils eine C–C-Einfachbindung befindet. Verbindungen mit zwei konjugierten C=C-Doppelbindungen heißen *Diene*. Die wichtigsten Vertreter dieser Verbindungsgruppe sind:

1,3-Butadien $H_2C{=}CH{-}CH{=}CH_2$ und

$$\text{Isopren} \quad H_2C{=}CH{-}C{=}CH_2$$
$$\qquad\qquad\qquad\qquad |$$
$$\qquad\qquad\qquad\qquad CH_3$$

(systematischer Name des Isoprens: 2-Methyl-1,3-butadien).

1,3-Butadien und Isopren sind Ausgangsstoffe zur Herstellung von synthetischem Kautschuk.

Bei Dienen und anderen Verbindungen mit konjugierten Doppelbindungen liegen in gewissem Ausmaß delokalisierte π-Elektronenzustände vor. Diese Delokalisation ist mit einer energetischen Stabilisierung des Moleküls verbunden (vgl. 11.3.3). Die formelmäßige Wiedergabe der Delokalisation der π-Elektronenzustände geschieht mithilfe so genannter mesomerer Grenzformeln, die durch das Mesomeriezeichen ($\leftrightarrow$) verbunden sind. Im Falle des Butadiens werden folgende Grenzformeln formuliert:

$$CH_2{=}CH{-}CH{=}CH_2$$
$$\qquad\ominus \qquad\qquad \oplus$$
$$\leftrightarrow\ |CH_2{-}CH{=}CH{-}CH_2$$
$$\qquad\oplus \qquad\qquad \ominus$$
$$\leftrightarrow\ CH_2{-}CH{=}CH{-}\underline{C}H_2\ .$$

– Kohlenwasserstoffe mit *isolierten* Doppelbindungen

Sind die C=C-Doppelbindungen eines Kohlenwasserstoffes durch mehr als eine C–C-Einfachbindung getrennt, so spricht man von isolierten Doppelbindungen. Die Wechselwirkungen zwischen derartigen Doppelbindungen können vernachlässigt werden. Kohlenwasserstoffe mit isolierten Doppelbindungen verhalten sich wie Alkene.

11.3.2 Alicyclische Kohlenwasserstoffe

Als monocyclische Kohlenwasserstoffe werden diejenigen Kohlenwasserstoffe bezeichnet, die aus nur einem Ringsystem aufgebaut sind. Derartige alicyclische Verbindungen werden folgendermaßen benannt: Dem Präfix Cyclo- folgt der Name des analogen acyclischen Kohlenwasserstoffs.

Beispiele:

Propan $H_3C{-}CH_2{-}CH_3$

$$\qquad\qquad\qquad\qquad CH_2$$
$$\qquad\qquad\qquad\quad \diagup\ \diagdown$$
$$\qquad\qquad\qquad H_2C{-}CH_2$$
$$\qquad\qquad\qquad \text{Cyclopropan}$$

2-Hexen $H_3C{-}CH_2{-}CH_2{-}CH{=}CH{-}CH_3$

$$\qquad\qquad\qquad\qquad CH$$
$$\qquad\qquad\qquad \diagup\quad \diagdown$$
$$\qquad\qquad H_2C\qquad\quad CH$$
$$\qquad\qquad |\qquad\qquad\ |$$
$$\qquad\qquad H_2C\qquad\quad CH_2$$
$$\qquad\qquad\qquad \diagdown\quad \diagup$$
$$\qquad\qquad\qquad\quad CH_2$$
$$\qquad\qquad\qquad \text{Cyclohexen}$$

11.3.3 Aromatische Kohlenwasserstoffe

Aromatische Kohlenwasserstoffe sind durch folgende Eigenschaften charakterisiert:

– Sie bestehen aus eben aufgebauten Kohlenstoffringen.

– Im Kohlenstoffring sind abwechselnd C–C-Einfach- und C=C-Doppelbindungen vorhanden, die C=C-Doppelbindungen sind also konjugiert angeordnet (vgl. 11.3.1). Nach der Hückel'schen Regel muss die Zahl der im Ring vorhandenen π-Elektronen $4n + 2$ betragen ($n = 0, 1, \ldots$).

– Die π-Elektronenzustände sind delokalisiert. Dadurch wird eine energetische Stabilisierung des Moleküls erreicht.

Die Namen und Formeln einiger aromatischer Kohlenwasserstoffe sind in der Tabelle 11-4 zusammengestellt.

Benzol C_6H_6

Struktur des Benzolmoleküls

Benzol – der wichtigste aromatische Kohlenwasserstoff – hat die Summenformel C_6H_6 und wird durch folgende Strukturformel beschrieben. Zur Vereinfachung werden die C- und H-Atome häufig nicht einzeln dargestellt (rechts).

Tabelle 11–4. Die wichtigsten aromatischen Kohlenwasserstoffe o ortho, m meta, p para

monocyclische Verbindungen

Benzol   Toluol   Styrol

o-Xylol m-Xylol p-Xylol

polycyclische Verbindungen

Naphthalin   Anthracen

Naphthacen   Phenanthren

Das Benzolmolekül ist – wie alle aromatischen Verbindungen – eben aufgebaut. Sämtliche Bindungswinkel betragen 120°. In seinen Bindungsverhältnissen ähnelt das Benzolmolekül dem Graphit (vgl. 5.3.2). Die Elektronenzustände der C-Atome sind sp^2-hybridisiert. Es entsteht ein cyclisches Gerüst aus C–C-σ-Bindungen. Das an jedem Kohlenstoffatom verbleibende dritte sp^2-Orbital bildet mit dem 1s-Orbital des Wasserstoffatoms eine C–H-Bindung aus. Die p-Orbitale ergeben ein cyclisches Gerüst aus delokalisierten C–C-π-Bindungen. Diesen Bindungszustand des Benzols symbolisiert die Kurzformel:

Die Delokalisation des π-Elektronensystems führt zu einer energetischen Stabilisierung des Benzolmoleküls. Die molare Stabilisierungsenergie kann theoretisch abgeschätzt werden. Sie beträgt ca. $-150\,\text{kJ/mol}$.

Aufgrund des großen Betrages dieser Energie sind Reaktionen, die die Aromatizität des Ringsystems aufheben würden (z. B. Addition von Halogenen, vgl. 11.3.1), nur sehr schwer durchführbar.

Nomenklatur von Abkömmlingen des Benzols

Der Rest, der durch Entfernen eines H-Atoms vom Benzol entsteht, heißt

Phenyl, C_6H_5

Als Biphenyl $C_{12}H_{10}$ wird der Kohlenwasserstoff bezeichnet, der aus zwei Phenylresten aufgebaut ist:

Sind zwei Substituenten am Benzolrest vorhanden, so werden die Kennzeichnungen o- (ortho), m- (meta) oder p- (para) verwendet. Einzelheiten siehe Tabelle 11-4.

Eigenschaften und Reaktionen des Benzols

Benzol ist eine bei Raumtemperatur farblose Flüssigkeit, die bei 80,1 °C siedet (Schmelzpunkt 5,5 °C). Benzol (auch Benzoldampf) ist stark giftig und darüber hinaus kanzerogen. Informationen über kanze-

rogene Substanzen finden sich in der Gefahrstoffver-
ordnung (GefStoffV). Nähere Angaben zum Umgang
mit diesen Stoffen können den Technischen Regeln
für Gefahrstoffe (TRGS) entnommen werden.

Substitutionsreaktionen

Charakteristisch für aromatische Verbindungen sind
Substitutionsreaktionen. Hierbei wird ein H-Atom
durch einen anderen Rest (einen anderen Liganden)
ersetzt.

Beispiele:

1. Halogenierung
Die Reaktion gelingt nur in Gegenwart eines Katalysators (z. B. Eisen(III)-chlorid):

Benzol   Chlorbenzol

2. Nitrierung
Benzol kann mit Nitriersäure, ein Salpetersäure-
Schwefelsäure-Gemisch, in Nitrobenzol umgewan-
delt werden:

Benzol   Nitrobenzol

11.4 Verbindungen mit funktionellen Gruppen

*Unter funktionellen Gruppen versteht man
Atomgruppen in organischen Verbindungen,
die charakteristische Eigenschaften und ein
bestimmtes Reaktionsverhalten verursachen.*

Hierzu gehören z. B. die Carboxylgruppe $-\overset{\overset{\text{O}}{\|}}{\text{C}}-\text{OH}$ und
die Hydroxylgruppe $-\text{OH}$. Organische Verbindungen
mit diesen funktionellen Gruppen heißen Carbonsäuren bzw. Alkohole oder Phenole. Bei den Alkoholen
ist die Hydroxylgruppe an einen aliphatischen Rest,
bei den Phenolen direkt an einen aromatischen
Rest gebunden. Einen Überblick über organische
Verbindungen mit funktionellen Gruppen gibt die Tabelle 11-5. Die Namen von Verbindungen, bei denen
funktionelle Gruppen direkt am Benzol gebunden
sind, können Tabelle 11-6 entnommen werden.

11.4.1 Halogenderivate der aliphatischen Kohlenwasserstoffe

*Unter Halogenkohlenwasserstoffen ver-
steht man Verbindungen, bei denen ein
oder mehrere Halogenatome an Stelle von
Wasserstoffatomen an einem Kohlenwasserstoff gebunden sind.*

Bei Raumbedingungen sind die Halogenkohlen-
wasserstoffe häufig Flüssigkeiten mit relativ hoher
Dichte. Sie werden in großem Umfang als Lösungs-
und/oder Entfettungsmittel (besonders Chlorkoh-
lenwasserstoffe), als Kältemittel und Treibgase
(besonders Fluorchlorkohlenwasserstoffe, FCKW)
verwendet. Einige dieser Substanzen dienen zur Einführung von Alkylgruppen in andere Verbindungen
(Alkylierungsmittel).

Wichtige Halogenkohlenwasserstoffe

In Klammern sind hinter den Formeln der Substanzen
die Siedepunkte und die MAK-Werte (vgl. Tabelle 5-2) angegeben.
– Dichlormethan (Methylenchlorid) CH_2Cl_2 (40 °C,
  100 ppm),
– Trichlormethan (Chloroform) $CHCl_3$ (61,7 °C,
  10 ppm),
– Tetrachlormethan (Tetrachlorkohlenstoff) CCl_4
  (76,5 °C, 10 ppm),
– 1,1,1-Trichlorethan Cl_3C-CH_3 (74,1 °C, 200 ppm),
– Trichlorethylen („Tri") $Cl_2C{=}CHCl$ (87 °C, 50 ppm)
  und
– Tetrachlorethylen („Perchlorethylen", „Per")
  $Cl_2C{=}CCl_2$ (121 °C, 50 ppm)
werden vornehmlich als Lösungs-, Reinigungs-
und/oder Entfettungsmittel eingesetzt.
– Trichlorfluormethan („R11") CCl_3F (23,6 °C,
  1000 ppm) und Dichlordifluormethan CCl_2F_2
  („R12") (vgl. Tabelle 5-2) sind die Verbindungen,
  die aus der Gruppe der Fluorchlorkohlenwasserstoffe hauptsächlich verwendet werden.

Das Freisetzen von Fluorchlorkohlenwasserstoffen
verursacht Umweltschäden, vgl. Tabelle 5-2.
– Vinylchlorid $H_2C{=}CHCl$ (kanzerogenes Gas,
  −13,9 °C) ist Ausgangsstoff zur Herstellung von
  Polyvinylchlorid (PVC) (vgl. 12.1.1 und D 5.5).
– Tetrafluorethylen (TFE) $F_2C{=}CF_2$ (−76,3 °C, giftig) ist Ausgangsstoff für die Herstellung des Poly-
  merwerkstoffes Polytetrafluorethylen (PTFE). Die-

Tabelle 11–5. Organische Verbindungen mit funktionellen Gruppen (mit Beispielen). R, R_1, und R_2 stehen für Kohlenwasserstoffreste

Verbindungstyp	Beispiel	
Chlorkohlenwasserstoffe, R–Cl	H_5C_2–Cl	Chlorethan
Alkohole, R–OH	H_5C_2–OH	Ethanol (Ethylalkohol)
Ether, R_1–O–R_2	H_5C_2–O–C_2H_5	Diethylether
Aldehyde, R–CHO	H_3C–$\overset{\overset{\textstyle O}{\|}}{C}$–H	Acetaldehyd
Ketone, R_1–CO–R_2	H_3C–$\overset{\overset{\textstyle O}{\|}}{C}$–$CH_3$	Aceton
Carbonsäuren, R–COOH	H_3C–$\overset{\overset{\textstyle O}{\|}}{C}$–OH	Essigsäure
Ester, R_1–COO–R_2	H_3C–$\overset{\overset{\textstyle O}{\|}}{C}$–O–$CH_3$	Essigsäuremethylester
Amide, R–$CONH_2$	H_3C–$\overset{\overset{\textstyle O}{\|}}{C}$–$NH_2$	Acetamid
Amine, R–NH_2	H_3C–NH_2	Methylamin
Nitroverbindungen, R–NO_2	H_3C–$\overset{\overset{\textstyle O}{\|}}{N}$–O	Nitromethan
Nitrile, R–CN	H_3C–C≡N	Acetonitril
Sulfonsäuren, R–SO_3H.	H_5C_2–SO_3H	Ethansulfonsäure

ser Kunststoff zeichnet sich durch relativ hohe Hitzebeständigkeit und chemische Widerstandsfähigkeit aus (vgl. D 5.5). Zur Verhinderung der Polymerisation von TFE, die äußerst heftig ablaufen kann, werden dem handelsüblichen monomeren Produkt Stabilisatoren zugesetzt. TFE zerfällt auch gemäß folgen der Gleichung in Kohlenstoff und Tetrafluormethan (siehe auch 6.3.4):

$$F_2C=CF_2 \rightarrow C(s) + CF_4 .$$

Tetrafluor-   Tetrafluorethylen   methan

Diese Zerfallsreaktion kann als Explosion ablaufen. Als Zündquelle kann die Polymerisationsreaktion des TFE fungieren.

11.4.2 Alkohole

Alkohole sind Verbindungen, die eine oder mehrere Hydroxylgruppen (OH-Gruppen)
im Molekül enthalten. Die Kohlenstoffatome, an denen eine Hydroxylgruppe gebunden ist, dürfen außerdem nur noch C–H- oder C–C-Einfachbindungen eingehen.

Verbindungen mit einer direkt am aromatischen Rest gebundenen OH-Gruppe heißen Phenole (vgl. Tabelle 11-6).

Nach der Zahl der C–C-Bindungen, an denen das Kohlenstoffatom beteiligt ist, an dem sich die Hydroxylgruppe befindet, unterscheidet man

primäre   sekundäre   tertiäre Alkohole:

$$R\text{—}CH_2\text{—}OH \qquad \overset{R_1}{\underset{R_2}{\diagdown}}CH\text{—}OH \qquad R_2\text{—}\overset{R_1}{\underset{R_3}{\overset{|}{\underset{|}{C}}}}\text{—}OH .$$

Alkohole werden auch nach der Zahl der im Molekül enthaltenen OH-Gruppen in ein- und mehrwertige Alkohole unterteilt:

Beispiele:

Einwertiger Alkohol	Zweiwertiger Alkohol
H₃C–CH₂–OH	H₂C–OH
	│
	H₂C–OH
Ethanol (Ethylalkohol)	Ethylenglykol (Glykol) .

Tabelle 11-6. Derivate des Benzols

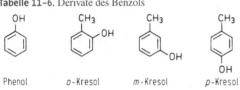

Phenol   o-Kresol   m-Kresol   p-Kresol

einwertige Phenole

Brenz-   o-Benzo-   Resorcin   Hydro-   p-Benzo-
katechin   chinon   chinon   chinon

zweiwertige Phenole und ihre Oxidationsprodukte

Benzaldehyd   Acetophenon   Benzophenon

aromatische Aldehyde und Ketone

Benzoesäure   Salicylsäure   Acetylsalicylsäure (ASS)   Phthalsäure

aromatische Carbonsäuren

Anilin   Nitrobenzol   Trinitrotoluol (TNT)   Pikrinsäure

Stickstoffverbindungen

Tabelle 11-7. Heterocyclische Verbindungen

Pyrrol   Furan   Thiophen

Fünfringe mit einem Heteroatom

Pyrazol   Imidazol   1,3-Oxazol   1,3-Thiazol

Fünfringe mit zwei Heteroatomen

Pyridin   4H- oder γ-Pyran   4H- oder γ-Thiopyran

Sechsringe mit einem Heteroatom

Pyridazin   Pyrimidin   Pyrazin   Melamin

Sechsringe mit zwei oder drei Heteroatomen

Reaktionen

1. Intramolekulare Wasserabspaltung (Bildung von Alkenen)

Die innerhalb eines Moleküls stattfindende (intramolekulare) Wasserabspaltung erfolgt in der Hitze in Gegenwart von Katalysatoren oder von starken Säuren:

$$H_3C\text{–}CH_2\text{–}OH \rightarrow H_2C\text{=}CH_2 + H_2O .$$
$$\text{Ethanol} \qquad\qquad \text{Ethylen}$$

2. Intermolekulare Wasserabspaltung (Bildung von Ethern)

An der intermolekularen Wasserabspaltung sind zwei Moleküle beteiligt. Bei Alkoholen bilden sich in diesem Fall Ether R–O–R (Erhitzen in Gegenwart von konzentrierter Schwefelsäure):

$$H_3C\text{–}CH_2\text{–}OH + H_3C\text{–}CH_2\text{–}OH$$
$$\text{Ethanol} \qquad\qquad \text{Ethanol}$$

$$\rightarrow H_3C\text{–}CH_2\text{–}O\text{–}CH_2\text{–}CH_3 + H_2O .$$
$$\text{Diethylether}$$

3. Verbrennung, Oxidation
Leichtflüchtige Alkohole bilden mit Luft explosionsfähige Gasmischungen (vgl. Tabelle 11-3).
Primäre, sekundäre und tertiäre Alkohole unterscheiden sich in ihrem Verhalten gegenüber
Oxidationsmitteln. So können primäre und sekundäre
Alkohole bis zu Carbonsäuren bzw. zu Ketonen
oxidiert werden. Die Oxidation von tertiären Alkoholen gelingt nicht, ohne dass das Kohlenstoffgerüst
zerstört wird:

$$R{-}CH_2{-}OH \rightarrow R{-}\overset{\displaystyle O}{\underset{\displaystyle H}{C}} \rightarrow R{-}\overset{\displaystyle O}{\underset{\displaystyle OH}{C}}$$

primärer Alkohol   Aldehyd   Carbonsäure

$$\overset{\displaystyle R_1}{\underset{\displaystyle R_2}{>}}CH{-}OH \rightarrow \overset{\displaystyle R_1}{\underset{\displaystyle R_2}{>}}C{=}O \ .$$

sekundärer Alkohol   Keton

4. Veresterung
Säuren und Alkohole reagieren in Gegenwart von Katalysatoren unter Bildung von Estern (siehe 11.4.5).

Wichtige Alkohole
Methanol (Methylalkohol) $H_3C{-}OH$, Siedepunkt
65,1 °C, giftig (letale Dosis: etwa 25 g), MAK-Wert:
200 ppm).
Verwendung: Treibstoffzusatz, Lösungsmittel, Ausgangsstoff für Synthesen (z. B. Formaldehyd, Polyester).

Ethanol (Ethylalkohol) $C_2H_5{-}OH$, Siedepunkt
78,5 °C. Verwendung: verdünnt als Genussmittel
(letale Dosis ca. 300 g, MAK-Wert: 1000 ppm).
Lösungsmittel, Ausgangsstoff für Synthesen (z. B.
Essigsäure), technischer Ethylalkohol wird durch
Vergällungsmittel (z. B. Pyridin, Benzin, Campher)
ungenießbar gemacht.

Ethylenglykol (Glykol), Siedetem- $CH_2{-}OH$
peratur 198,9 °C, giftig, in jedem |
Verhältnis mit Wasser mischbar. $CH_2{-}OH$
Verwendung: Frostschutzmittel.

Glycerin, Siedetemperatur 290 °C, in $CH_2{-}OH$
jedem Verhältnis mit Wasser mischbar. |
Vorkommen: Bestandteil aller Fette $CH{-}OH$
(vgl. 11.4.5). |
Verwendung: Frostschutzmittel, in $CH_2{-}OH$
pharmazeutischen Präparaten, Herstellung von Nitroglycerin, Lösungsmittel.

Nitroglycerin (Salpetersäuretri- $CH_2{-}O{-}NO_2$
ester des Glycerins) detonations- |
fähiger Stoff (vgl. 7.8), außer- $CH{-}O{-}NO_2$
ordentlich schlagempfindlich. |
Verwendung: einer der wichtig- $CH_2{-}O{-}NO_2$
sten und meistgebrauchten Sprengstoffbestandteile; Mischungen von
Nitroglycerin und Nitrocellulose
sind Bestandteile von Treibmitteln
und Raketentreibstoffen.

11.4.3 Aldehyde

Aldehyde sind durch die funktionelle Gruppe

$$-\overset{\displaystyle H}{C}{=}O$$

*charakterisiert. Sie haben die allge-
meine Formel R–CH=O. R kann hierbei ein
aliphatischer, aromatischer oder heteroeycli-
scher Rest sein.*

Reaktionen
1. Verbrennung, Oxidation
Leichtflüchtige Aldehyde bilden mit Luft explosionsfähige Gasmischungen (vgl. Tabelle 11-3).
Die Oxidation der Aldehyde führt unter milderen Bedingungen zu Carbonsäuren:

$$H_3C{-}CHO + 1/2\ O_2 \rightarrow H_3C{-}COOH \ .$$
Acetaldehyd   Essigsäure

2. Reduktion
Aldehyde werden katalytisch mit Wasserstoff zu primären Alkoholen reduziert:

$$H_3C{-}CHO + H_2 \rightarrow H_3C{-}CH_2{-}OH \ .$$
Acetaldehyd   Ethanol

3. Polymerisation

Aldehyde können wie die Alkene polymerisieren. So führt z. B. die Polymerisation von Formaldehyd zu kettenförmig aufgebautem Polyoxymethylen (POM, Polyformaldehyd) (vgl. D 5.5):

$$n\ H_2C=O \quad \rightarrow \quad HO[CH_2-O]_nH\ .$$
Formaldehyd   Polyoxymethylen

4. Polykondensation

Unter einer Kondensation versteht man eine Reaktion, bei der C–C-Einfach- oder auch C=C-Doppelbindungen unter Abspaltung kleiner Moleküle (z. B. Wasser) entstehen. Werden hierbei polymere Verbindungen gebildet, so spricht man von Polykondensation, vgl. 12.1 und D 5.3.

Von den unter Wasserabspaltung verlaufenden Polykondensationsreaktionen soll hier die Bildung von *Phenoplasten* aus Formaldehyd und Phenol angeführt werden.

Phenol   Form-   Phenol   Dihydroxy-
          aldehyd   diphenylmethan

Durch weitere Kondensationsvorgänge bilden sich dreidimensional vernetzte Makromoleküle.

Wichtige Aldehyde

Formaldehyd $H-\overset{\underset{|}{H}}{C}=O$, Siedepunkt $-21\,°C$, MAK-Wert: 0,5 ppm.

Verwendung: Desinfektionsmittel. Ausgangsstoff für Polymerwerkstoffe: Polykondensation mit Harnstoff $H_2N-CO-NH_2$ (Harnstoff-Formaldehydharze), Melamin (Formel, siehe Tabelle 11-7) (Melamin-Formaldehydharze, MF) und mit Phenol (Phenol-Formaldehydharze, PF).

Polymerisation zu Polyoxymethylen (Einzelheiten siehe D 5.5).

Acetaldehyd $H_3C-\overset{\underset{|}{H}}{C}=O$, Siedepunkt $20,8\,°C$, MAK-Wert: 50 ppm.

11.4.4 Ketone

Ketone sind durch die Carbonylgruppe $-\overset{\overset{O}{\|}}{C}-$, *die sich mittelständig in einer Kohlenstoffkette befinden muss, gekennzeichnet. Ketone haben die allgemeine Formel* R_1-CO-R_2.

Reaktionen

1. Verbrennung, Oxidation

Leichtflüchtige Ketone bilden mit Luft explosionsfähige Gasmischungen (vgl. Tabelle 11-3).

Die Oxidation unter Spaltung der Kohlenstoffkette gelingt nur mit starken Oxidationsmitteln (z. B. Chromtrioxid CrO_3). Hierbei wird die von der Carbonylgruppe ausgehende C–C-Bindung gespalten, es entstehen zwei Carbonsäuren:

$$R_1-CH_2-CO-CH_2-R_2 + 3/2\ O_2$$
$$\rightarrow R_1COOH + HOOC-CH_2-R_2\ .$$

2. Reduktion

Ketone werden katalytisch oder mit starken Reduktionsmitteln (z. B. Lithiumaluminiumhydrid $LiAlH_4$) zu sekundären Alkoholen reduziert:

$$H_3C-CO-CH_3 + H_2 \rightarrow H_3C-CHOH-CH_3\ .$$
Aceton   Isopropanol

Beispiel für ein Keton:

Aceton $H_3C-CO-CH_3$, Siedepunkt $56,2\,°C$, MAK-Wert: 500 ppm.

Verwendung: Lösungsmittel für Harze, Lacke, Farben.

11.4.5 Carbonsäuren und ihre Derivate

Stoffe, die eine oder mehrere Carboxylgruppen $-\overset{\overset{O}{\|}}{C}-OH$ *enthalten, werden als Carbonsäuren bezeichnet. Allgemeine Formel der Carbonsäuren:* R–COOH.

Namen und Formeln einiger Carbonsäuren

gesättigte Carbonsäuren

Ameisensäure   H–COOH

Essigsäure CH_3–COOH

Propionsäure C_2H_5-COOH
Buttersäure C_3H_7-COOH
Palmitinsäure $C_{15}H_{31}-COOH$
Stearinsäure $C_{17}H_{35}-COOH$
Oxalsäure $HOOC-COOH$
Malonsäure $HOOC-CH_2-COOH$

ungesättigte Carbonsäuren

Ölsäure
$H_3C-(CH_2)_7-CH=CH-(CH_2)_7-COOH$
Linolsäure
$H_3C-(CH_2)_4-CH=CH-CH_2-CH=CH-(CH_2)_7-$
COOH
Linolensäure
$H_3C-CH_2-CH=CH-CH_2-CH=CH-CH_2-CH=CH-$
$(CH_2)_7-COOH$

aromatische Carbonsäuren (siehe Tabelle 11-6)

Reaktionen

1. Elektrolytische Dissoziation, Salzbildung
Carbonsäuren dissoziieren in wässriger Lösung gemäß der Gleichung:

$$R-COOH \leftrightharpoons RCOO^- + H^+ \, .$$

Das Dissoziationsgleichgewicht liegt ganz oder überwiegend auf der Seite der undissoziierten Säure; Carbonsäuren sind schwache Säuren.
Mit Basen wie NaOH und KOH reagieren Carbonsäuren unter Salzbildung. Wässrige Lösungen dieser
Salze reagieren alkalisch (vgl. 8.7.6).
Seifen sind die Natriumsalze der höheren Carbonsäuren (z. B. Palmitin-, Stearin- und Ölsäure).

2. Verbrennung
Explosionsgrenzen von Ameisen- und Essigsäure
sind in Tabelle 11-3 angegeben.

3. Veresterung
Mit Alkoholen reagieren Carbonsäuren in einer
Gleichgewichtsreaktion unter Bildung von Carbon-
säureestern und Wasser:

$$H_3C-COOH + HO-C_2H_5$$
$$\text{Essigsäure} \qquad \text{Ethanol}$$

$$\leftrightharpoons \; H_3C-\overset{\overset{\textstyle O}{\|}}{C}-O-C_2H_5 \; + H_2O \, .$$
$$\text{Essigsäureethylester}$$

Der umgekehrte Vorgang – also die Spaltung eines
Esters in Carbonsäure und Alkohol – heißt Versei-
fung.

Wichtige Carbonsäuren

Ameisensäure HCOOH, Siedepunkt 100,7 °C, MAK-
Wert: 5 ppm.
Essigsäure $H_3C-COOH$, Siedepunkt 117,9 °C,
MAK-Wert: 10 ppm.
Verwendung: Speiseessig $H_3C-COOH$-Massenanteil:
ca. 5 bis 10%.

Carbonsäurederivate

Carbonsäurehalogenide. Bei diesen Verbindungen
ist die OH-Gruppe des Carboxylrestes durch ein Ha-
logenatom ersetzt.
Beispiel:

$$H_3C-\overset{\overset{\textstyle O}{\|}}{C}-Cl \quad \text{Acetylchlorid}$$
$$\text{(Säurechlorid der Essigsäure)} \, .$$

Carbonsäureester. Anstelle der OH-Gruppe
des Carboxylrestes haben Carbonsäureester eine O–R-Gruppierung. Allgemeine Formel dieser
Verbindungen:

$$R_1-\overset{\overset{\textstyle O}{\|}}{C}-OR_2$$

Fette und Öle sind die Glycerinester der höheren
Carbonsäuren. Tierische Fette enthalten hauptsächlich gemischte Glycerinester von Palmitin-, Stearin-
und Ölsäure. Pflanzliche Öle bestehen zusätzlich
aus Glycerinestern der mehrfach ungesättigten
höheren Carbonsäuren (Linol- und Linolensäure).

Carbonsäureamide. Bei diesen Verbindungen ist
die OH-Gruppe der Carbonsäure durch eine NH$_2$-
Gruppe ersetzt. Säureamide haben die allgemeine
Formel

$$R-\overset{\overset{\textstyle O}{\|}}{C}-NH_2 \, .$$

11.4.6 Aminocarbonsäuren (Aminosäuren)

Aminocarbonsäuren – oder kurz Aminosäuren – enthalten neben der Carboxylgruppe eine Aminogruppe im Molekül. Sind die NH_2– *und die* COOH-*Gruppe benachbart, liegen α-Aminosäuren vor. α-Aminosäuren haben die allgemeine Formel:*

R–CH—COOH.
|
NH_2

Namen und Formeln einiger α-Aminosäuren:

Aminosäuren mit unpolarem Rest
Glycin (Glykokoll) (Gly) H_2N—CH_2–COOH
Alanin (Ala) H_3C—$CH(NH_2)$–COOH
Valin (Val) $(CH_3)_2CH$—$CH(NH_2)$–COOH
Leucin (Leu) $(CH_3)_2CH$—CH_2–$CH(NH_2)$–COOH
Isoleucin (Ile) $(C_2H_5)CH(CH_3)$–$CH(NH_2)$–COOH

Phenylalanin (Phe)

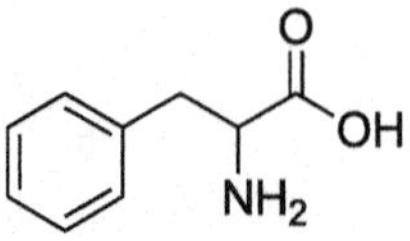

In dieser und in den folgenden Formeln sind zur besseren Übersicht die C-Atome und die an den C-Atomen befindlichen Wasserstoffatome weggelassen worden.

Prolin (Pro)

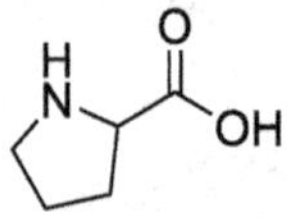

Aminosäuren mit polaren Resten
Serin (Ser) HO–H_2C—$CH(NH_2)$–COOH
Threonin (Thr) HO–$CH(H_3C)$—$CH(NH_2)$–COOH

Cystein (Cys)

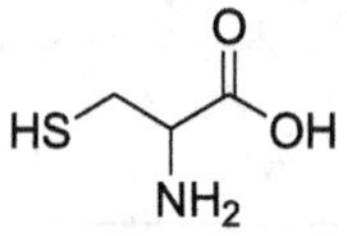

Methionin (Met)

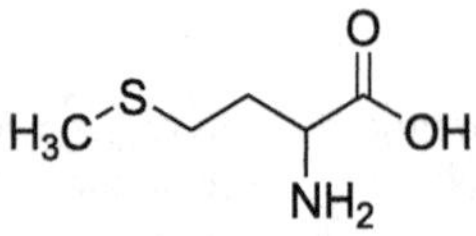

Tryptophan (Trp)

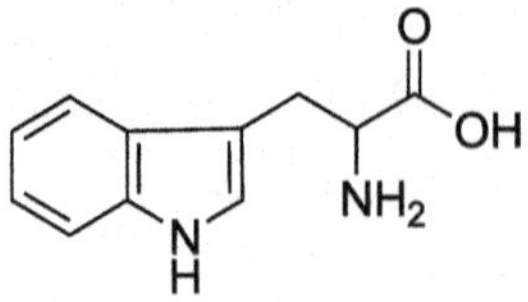

Tyrosin (Tyr)

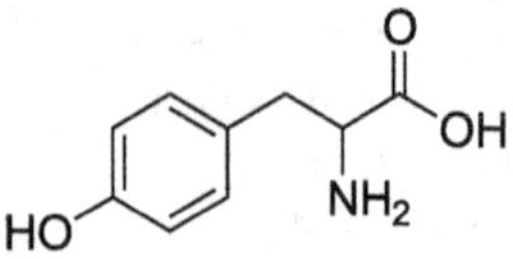

Asparagin (Asn)

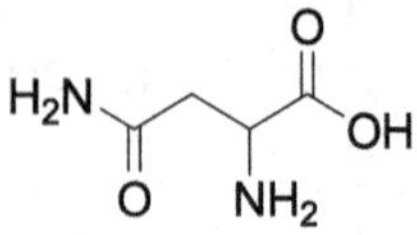

Glutamin (Glu)

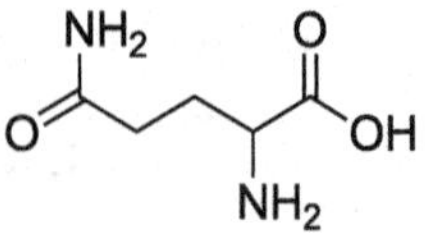

Saure Aminosäuren

Asparaginsäure (Asp)

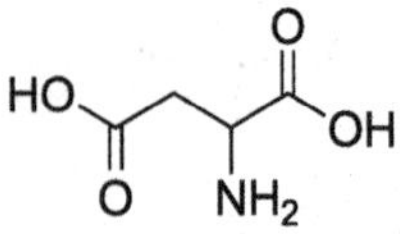

Glutaminsäure (Glu)

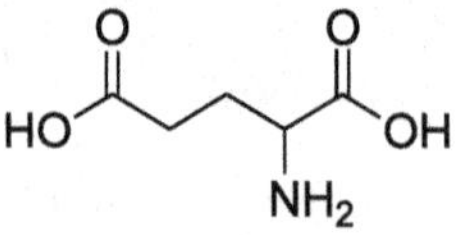

Basische Aminosäuren

Lysin (Lys)

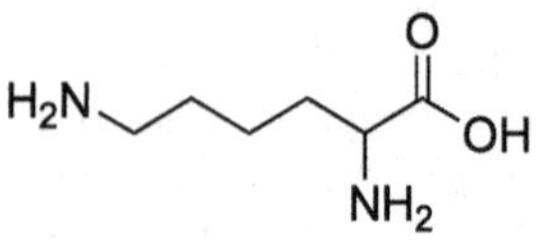

Arginin (Arg)

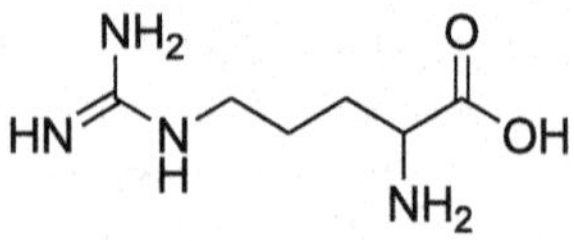

Histidin (His)

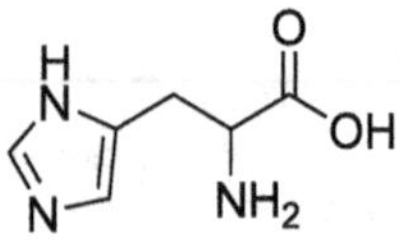

Bis auf Glycin besitzen alle α-Aminosäuren ein oder mehrere asymmetrische Kohlenstoffatome, sie sind also optisch aktive Verbindungen (vgl. 11.2.2). Die in Proteinen vorkommenden Aminosäuren weisen durchweg die L-Konfiguration auf.

Reaktionen

Bei neutralem pH-Wert im wässrigen Milieu ist die Carbonsäuregruppe dissoziiert und die Aminogruppe protoniert, sodass die Aminosäuren in zwitterionischer Form vorliegen. Aminosäuren kondensieren unter Bildung von Peptiden. Die in diesen Verbindungen enthaltene Säureamid-Bindung heißt *Peptidbindung*; Beispiel:

$$H_2N–CH–OOH + H–NH–CH–COOH$$
$$\underset{R_1}{|}\underset{R_2}{|}$$

Aminosäure 1 \qquad Aminosäure 2

$$\rightarrow H_2N–CH–CO–NH–CH–COOH + H_2O .$$
$$\underset{R_1}{|}\underset{R_2}{|}$$

Dipeptid

Proteine (Eiweißstoffe) sind *Polypeptide*. Sie gehören zu den wichtigsten Grundbausteinen des menschlichen und des tierischen Körpers (s. 12.5.1).

12 Synthetische und natürliche Makromoleküle

Unter *Makromolekülen* versteht man Moleküle mit Molmassen in der Größenordnung 10^4–10^7 g/mol. Sie sind in der Regel organischer Natur. Der Grund für eine gesonderte Behandlung liegt darin, dass einige wesentliche Eigenschaften von Stoffen, die aus solchen Molekülen aufgebaut sind, mehr von der Größe der Moleküle als von ihrer individuellen chemischen Zusammensetzung abhängen. Des Weiteren besitzen Stoffe aus solchen Molekülen als Kunststoffe eine erhebliche technische Bedeutung, und natürliche Makromoleküle sind wesentlich am Aufbau lebender Organismen und an den Lebensvorgängen beteiligt.

12.1 Synthetische Polymere

Oft wird synonym zum Begriff Makromolekül auch das Wort Polymer (gr.: viele Teile) benutzt, um hervorzuheben, dass ein Makromolekül aus einer großen Zahl kleiner, im einfachsten Fall identischer Bausteine besteht, die durch kovalente Bindungen miteinander verknüpft sind. Ein Monomer ist ein kleines Molekül, das eine oder mehrere polymerisationsfähige Gruppen besitzt und das bei der Polymerisation in einen Baustein des Polymers überführt wird.

Monomere können zu einem linearen Makromolekül (auch Fadenmoleküle oder Kettenmoleküle genannt) verknüpft sein, wie in Bild 12-1a dargestellt. Andere Molekülarchitekturen sind in verzweigten (12-1b) oder vernetzten (12-1c) Polymeren realisiert.

Eines der einfachsten linearen Polymere ist Polyethylen, das aus einer Aneinanderreihung von Methylengruppen $–CH_2–$ besteht. Der Name Polyethylen leitet sich von der Tatsache ab, dass es durch Polymerisation von Ethylen (systematischer Name: Ethen) hergestellt wird.

Ausgehend von der Struktur des Polymers könnte es auch Polymethylen genannt werden. In der Regel erfolgt die Bezeichnung des Polymers aber nach den Ausgangsmonomeren, die mit der Vorsilbe Poly-

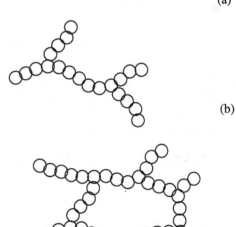

(a)

(b)

(c)

Bild 12-1. Lineare (a), verzweigte (b) und vernetzte (c) Makromoleküle

versehen werden. Die Synthese von Polyethylen lässt sich formal folgendermaßen darstellen:

$$n\ H_2C=CH_2 \rightarrow -[CH_2-CH_2]_n-\quad n \gg 1$$

12.1.1 Verknüpfung von Monomeren

Es gibt drei grundsätzliche Möglichkeiten, um die Verknüpfung von Monomeren zu einem Polymer zu erreichen:

a) Öffnen einer Doppelbindung,
b) Öffnen eines ringförmigen Moleküls,
c) Verwendung von Monomeren mit zwei funktionellen Gruppen.

Eine große Zahl von Polymeren leitet sich von Monomeren des Typs $CH_2=CHX$ ab, wobei X ein Substituent ist. Diese Polymere werden Vinyl-Polymere genannt. Wichtige Beispiele sind:

Polypropylen

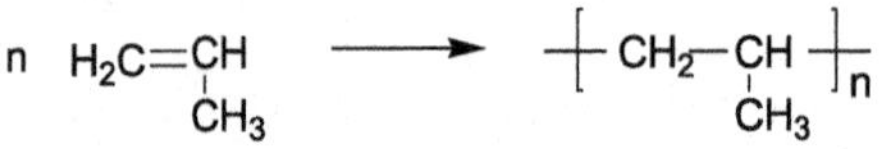

Polystyrol

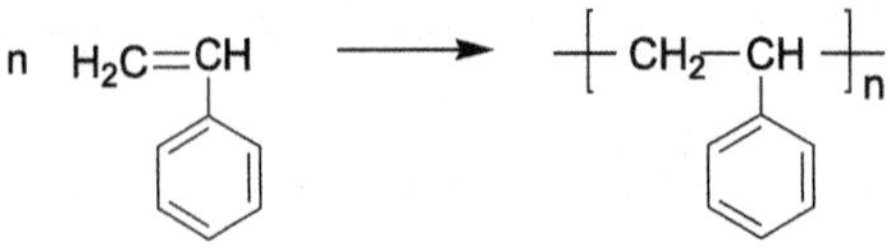

Polyvinylchlorid

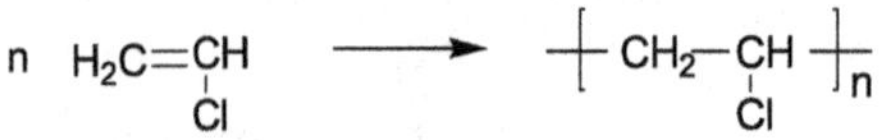

Polyacrylnitril

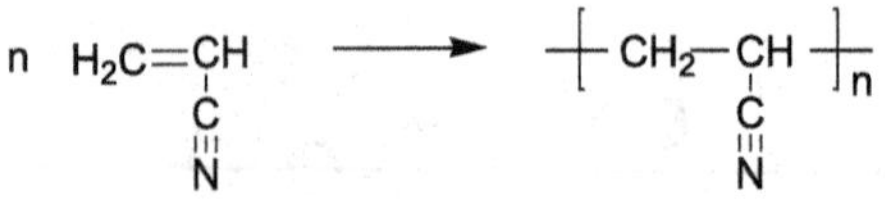

Ein ähnlicher Typ ist:
Polymethylmethacrylat (Acrylglas Plexiglas ™)

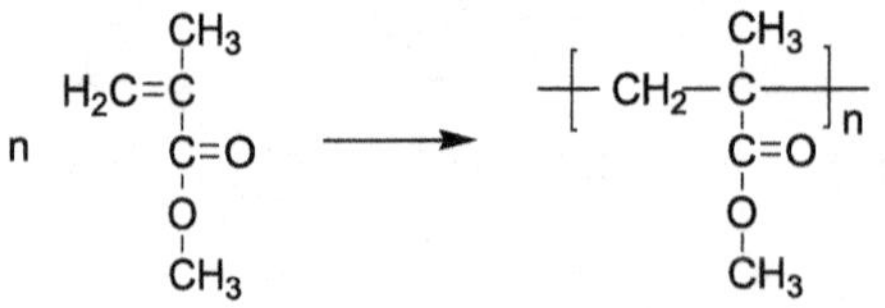

Nach dem Mechanismus b) werden z. B.
Polyoxymethylen

und Polycaprolactam (Nylon 6)

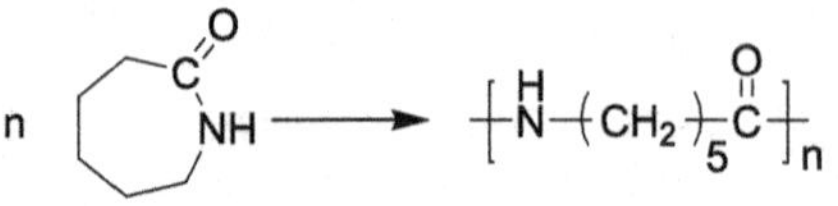

gebildet.

Wichtige Vertreter der Möglichkeit c) sind:
Polyethylenterephthalat

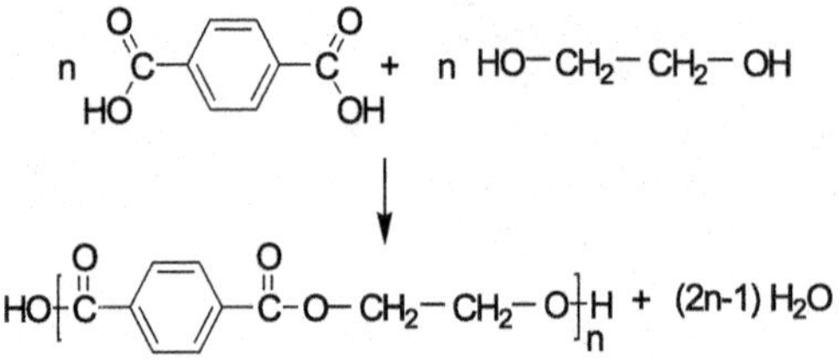

Polyhexamethylenadipinamid (Nylon 66)

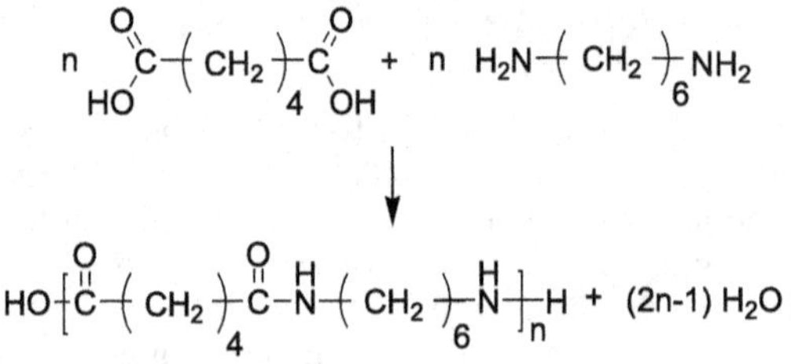

12.1.2 Mittelwerte der Molmassen

Die Zahl n nennt man den Polymerisationsgrad. Zwischen der Molmasse des Polymers M und dem Polymerisationsgrad besteht die Beziehung

$$M = n\ M_0 ,$$

wobei M_0 die Molmasse der Wiederholungseinheit darstellt. Bei dieser Betrachtungsweise vernachlässigt man den Einfluss der Kettenenden. In der Regel werden die Kettenenden auch in der Formeldarstellung nicht angegeben; häufig sind sie nicht genau bekannt. n bzw. M weisen in der Regel für ein bestimmtes Material eine Verteilung auf, die man durch Mittelwerte charakterisieren kann. Der Zahlenmittelwert der Molmasse M_N berechnet sich nach

$$M_N = \sum N_i M_i / \sum N_i . \qquad (12\text{-}1)$$

Hierin bedeutet N_i die Zahl der Moleküle mit der Molmasse M_i. Alle Moleküle werden bei der Mittelwertbildung gleich gewichtet, obwohl sie sich deutlich im Polymerisationsgrad unterscheiden können. Ein anderer wichtiger Mittelwert ist der Massenmittelwert der Molmasse M_w.

$$M_w = \sum w_i M_i / \sum w_i = \sum N_i M_i^2 / \sum N_i M_i .$$
$$(12\text{-}2)$$

Bei dieser Mittelwertbildung wird mit dem Massenanteil w_i der Moleküle mit der Molmasse M_i gewichtet. Als Maß für die Breite der Verteilung (Uneinheitlichkeit) wird häufig das Verhältnis M_w/M_N angegeben.

Homopolymere bestehen aus nur einer Sorte von Wiederholungseinheiten (alle bisher vorgestellten Beispiele sind Homopolymere), während *Copolymere* aus zwei oder mehr unterschiedlichen Monomeren gebildet werden, die wiederum in statistischer Abfolge (–A–A–B–A–B–B–A–B–B–B–B–A–), alternierend (–A–B–A–B–A–B–A–B–) oder blockartig (–A–A–A–A–A–B–B–B–B–B–B–) miteinander verknüpft sein können. Eine weitere wichtige Klasse von Copolymeren sind Pfropfcopolymere, die allerdings zu den verzweigten Polymeren gehören.

12.1.3 Synthese von Polymeren

Es existieren zwei grundsätzlich verschiedene Arten der Polymerisation, die man als *Kettenwachstumsreaktion* und *Stufenwachstumsreaktion* bezeichnet.

Kettenwachstumsreaktion

Die Kettenwachstumsreaktion ist eine typische Kettenreaktion (vgl. 7.7) mit den Schritten Kettenstart (Initiierung), Kettenwachstum und Kettenabbruch. Für den Fall einer radikalischen Polymerisation ergibt sich folgendes Schema:

Start:

$$I \rightarrow 2\,R^{\bullet} \,; \quad R^{\bullet} + M \rightarrow R\text{–}M^{\bullet}$$

Der Initiator I zerfällt thermisch oder lichtinduziert in zwei Radikale $R^{\bullet}$, die jeweils an ein Monomermolekül M addiert werden. Alternative Mechanismen zur Generierung von Radikalen sind ebenfalls möglich.

Wachstum:

$$R\text{–}M^{\bullet} + M \rightarrow R\text{–}M\text{–}M^{\bullet}$$
$$R\text{–}M\text{–}M^{\bullet} + M \rightarrow R\text{–}M\text{–}M\text{–}M^{\bullet} \quad \text{etc.}$$

allgemein

$$R\text{–}M_n^{\bullet} + M \rightarrow R\text{–}M_{n+1}^{\bullet} \quad \text{oder}$$
$$P_n + M \rightarrow P_{n+1}^{\bullet}$$

Das Radikal addiert sukzessive Monomere, wobei der Radikalcharakter immer auf das zuletzt addierte Monomer übertragen wird. Diese Reaktion erfolgt sehr schnell, sodass eine einmal gestartete Reaktion zu relativ großen ($n \gg 1$) Polyradikalen führt.

Abbruch:

$$P_n^{\bullet} + P_m^{\bullet} \rightarrow P_{n+m} \quad \text{oder}$$
$$P_n^{\bullet} + P_m^{\bullet} \rightarrow P_n + P_m$$

Der Kettenabbruch erfolgt durch Kombination zweier Polyradikale oder durch Disproportionierung (Übertragung eines Wasserstoffatoms).

Die kinetische Behandlung dieser Prozesse, bei der von Quasistationarität bezüglich der Radikalkonzentrationen ausgegangen wird, liefert als Bruttopolymerisationsgeschwindigkeit:

$$r_p = -dc(M)/dt \sim c(M)\,\sqrt{c(I)}\,, \qquad (12\text{-}3)$$

d. h. r_p ist proportional zur Monomerkonzentration und zur Wurzel aus der Initiatorkonzentration. In die Proportionalitätskonstante gehen die Geschwindigkeitskonstanten der einzelnen Teilreaktionen ein. Als weitere und wichtigere Konsequenz der kinetischen Behandlung ergibt sich für die Molmasse des Produkts:

$$M_N \sim c(M)/\sqrt{c(I)}\,, \qquad (12\text{-}4)$$

d. h. der Zahlenmittelwert der Molmasse ist ebenfalls proportional zur Monomerkonzentration, aber umgekehrt proportional zur Wurzel aus der Initiatorkonzentration. Die Eigenschaften des Produkts sind demnach kinetisch kontrolliert und lassen sich über diese beiden Konzentrationen steuern. Die Verteilungsfunktion der Molmasse hängt davon ab, ob der Abbruch überwiegend durch Kombination oder Disproportionierung erfolgt. In guter Näherung erwartet man im ersten Fall $M_w/M_N = 1,5$, im zweiten Fall $M_w/M_N = 2$. Allerdings ergeben sich bei der Polymerisation in Masse oder in hochkonzentrierter Lösung zu hohen Umsätzen Abweichungen zu deutlich höheren Molmassen, die auf starke Viskositätserhöhung und daraus folgende Unterdrückung der Abbruchreaktion zurückzuführen sind.

Eine andere Steuerungsmöglichkeit für die erzielte Molmasse bietet der Zusatz eines Reglers. Dabei handelt es sich um ein Agens S, auf das der Radikalcharakter übertragen werden kann, ohne dass die kinetische Kette unterbrochen wird. Als zusätzliche Reaktion im Wachstumsschritt tritt dann

$$P_n^\bullet + S \rightarrow P_n + S^\bullet$$
$$S^\bullet + M \rightarrow S\text{–}M^\bullet$$

auf, wodurch die Länge der Molekülkette begrenzt wird. Sehr wirksame Regler sind zum Beispiel Mercaptane. Übertragungen können aber auch auf das Lösemittel, das Monomer, den Initiator oder das Polymer selber erfolgen.

Neben der radikalischen Polymerisation gehören die ionischen (anionischen und kationischen) Polymerisationen und die koordinative Polymerisation zu den Kettenwachstumsreaktionen. Die einzelnen Schritte verlaufen ähnlich wie bei der radikalischen Polymerisation mit dem Unterschied, dass die reaktiven Spezies als Anionen P_n^-, Kationen P_n^+ oder koordinativ an einen Katalysator gebunden vorliegen.

Als Initiatoren verwendet man bei der anionischen Polymerisation typischerweise Alkylverbindungen der Alkalimetalle, z. B. Butyl-Li, bei der kationischen Polymerisation kommen Protonen- oder Lewis-Säuren oder Carbeniumsalze zum Einsatz. Die Polarität des Lösemittels und die Natur des Gegenions sind entscheidend dafür, ob der Initiator in dissoziierter Form, als Ionenpaar oder kovalent vorliegt. Davon hängen wiederum Reaktionsgeschwindigkeiten und Mechanismen ab. Eine Besonderheit, die vor allem bei der anionischen Polymerisation genutzt wird, ist die Vermeidung von Abbruch und Übertragungsreaktionen (sog. lebende Polymerisation). Durch geeignete Reaktionsführung lassen sich so sehr enge Molmassenverteilungen erzielen ($M_w/M_N < 1{,}05$).

Bei der koordinativen Polymerisation, auch Ziegler-Natta-Polymerisation genannt, werden Mischkatalysatoren aus einer Verbindung eines Übergangsmetalls (z. B. $TiCl_4$) und einer metallorganischen Verbindung (z. B. $Al(C_2H_5)_3$) verwendet. Neuere Katalysatoren sind sog. Metallocene, z. B. Bis-cyclopentadienyl-Metall-Komplexe. Die koordinative Polymerisation wird zur Herstellung von linearem Polyethylen, stereoregulärem Polypropylen und Polybutadien eingesetzt.

Stufenwachstumsreaktion

Monomere mit zwei funktionellen Gruppen polymerisieren in der Regel nach dem Stufenwachstumsmechanismus. Ein typisches Beispiel ist die Polykondensation von Adipinsäure mit Hexamethylendiamin zum Nylon 66, einem Polyamid (s. vorige S.) oder die Kondensation von Terephthalsäure mit Ethylenglykol zum Polyethylenterephthalat (PET), einem Polyester (s. S. 102).

Nach dem gleichen Schema, aber ohne Abspaltung niedermolekularer Substanzen, erfolgt die Bildung von Polyurethanen aus Diisocyanaten und Diolen:

$$n\ OCN\text{-}(CH_2)_6\text{-}NCO + (n+1)\ HO\text{-}(CH_2)_4\text{-}OH$$

$$\downarrow$$

$$HO\text{-}[(CH_2)_4\text{-}O\text{-}\underset{O}{\overset{O}{C}}\text{-}\underset{H}{\overset{H}{N}}\text{-}(CH_2)_6\text{-}\underset{H}{\overset{H}{N}}\text{-}\underset{O}{\overset{O}{C}}\text{-}O]_n\text{-}(CH_2)_4\text{-}OH$$

Die statistische Behandlung der Stufenwachstumsreaktion zeigt, dass hohe Molmassen nur bei sehr großen Umsätzen p erreicht werden. Dies wird in der Carothers-Gleichung ausgedrückt:

$$M_N = M_0/(1 - p) \qquad (12\text{-}5)$$

Hierin ist M_0 die Molmasse der Wiederholungseinheit, also die Summe aus der Molmase der beiden Monomere abzüglich der Summe der Molmasse der ggf. abgespaltenen Verbindungen (in obigen Beispielen Wasser). Für den Massenmittelwert ergibt sich:

$$M_w = M_0(1 + p)/(1 - p)\,. \qquad (12\text{-}6)$$

und für $p \rightarrow 1$ folgt $M_w/M_N = 2$, wie bei der radikalischen Polymerisation mit Abbruch durch Disproportionierung.

Wenn bei einer Stufenwachstumsreaktion auch Monomere eingesetzt werden, die über mehr als zwei funktionelle Gruppen verfügen, bilden sich bei geringem Umsatz verzweigte Polymere, bei höherem Umsatz dreidimensionale Netzwerke. Die Netzwerkbildung äußert sich in einem plötzlichen drastischen Anstieg der Viskosität. Dieser Vorgang wird als Gelierung bezeichnet. Der Übergang von einem löslichen verzweigten Polymer zu einem vernetzten unlöslichen Polymer erfolgt am Gelpunkt. Technisch wichtige Beispiele für derartige vernetzte Polymere, die man auch als Duroplaste bezeichnet, sind Phenol-Formaldehyd-Harze, Melamin-Harze und Epoxidharze (s. 11.4.3 und D 5.6).

12.2 Gestalt synthetischer Makromoleküle

12.2.1 Knäuelmoleküle

Die Gestalt einer flexiblen Kette aus identischen Bausteinen, die keine speziellen Wechselwirkungen aufeinander ausüben, ist ein statistisches Knäuel. Flexibel bedeutet in diesem Zusammenhang, dass durch Rotation um Einfachbindungen unterschiedliche räumliche Anordnungen (Konformationen) ermöglicht werden. Diese Voraussetzung ist für die allermeisten synthetischen Polymere gegeben.

Bei einer Kette mit nur durch Einfachbindungen verknüpften C-Atomen im Rückgrat (z. B. einem Vinylpolymeren) beträgt der Bindungswinkel etwa 109° (Tetraederwinkel). Bezüglich einer herausgegriffenen C–C-Bindung sind die 3 Konformationen, anti, gauche(+) und gauche(−), energetisch in etwa gleich günstig.

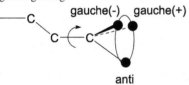

Besteht eine Polymerkette aus n solchen Bindungen, existieren folglich etwa 3^n (genau: $3^{(n-2)}$) energetisch günstige Konformationen, bei großem n also eine sehr große Zahl. Deshalb ist nur eine Beschreibung mit geeigneten Mittelwerten, die als Maß für die wahrscheinlichste Gestalt des Makromoleküls dienen, und mit Verteilungsfunktionen sinnvoll. Die komplexe Problematik wird dadurch etwas erleichtert, als eine reale Polymerkette sich in sehr guter Näherung auf eine Zufallskette, deren Bindungen überhaupt keine Korrelationen zueinander aufweisen, abbilden lässt.

12.2.2 Charakterisierung der Gestalt

Eine wichtige Größe ist der *End-zu-End Abstand* einer Polymerkette, für dessen quadratisch gemittelten Mittelwert gilt:

$$\langle r^2 \rangle = C_\infty n l^2 . \qquad (12\text{-}7)$$

Hierin ist n die Zahl der Bindungen, l deren Länge, und C_∞ stellt einen durch bestimmte Bindungswinkel, Konformationsverhältnisse sowie sterische Effekte für das betreffende Polymer individuellen Parameter dar. C_∞ wird deshalb als charakteristisches Verhältnis bezeichnet. Es liegt für zahlreiche Polymere im Bereich $4 < C_\infty < 10$.

Für die Verteilungsfunktion des Betrags des End-zu-End-Abstands ergibt sich in guter Näherung (für $r \ll nl$, nl ist die hypothetische Länge des vollständig gestreckten Moleküls und wird auch als Konturlänge bezeichnet):

$$P(r)dr = const \cdot r^2 \exp(-3r^2/2\langle r^2 \rangle)dr . \qquad (12\text{-}8)$$

Hieraus folgt über statistisch-thermodynamische Betrachtungen, dass eine Polymerkette, deren End-zu-End Vektor auf einem Wert r gehalten wird, eine rücktreibende elastische Kraft f entgegen die Richtung des End-zu-End Vektors ausübt.

$$f(r) = -(3kT/\langle r^2 \rangle)r . \qquad (12\text{-}9)$$

Eine Polymerkette verhält sich wie eine Hooke'sche Feder. Die Elastizität hat ihre Ursache darin, dass man das Molekül bei einer Vergrößerung des End-zu-End-Abstands aus einer wahrscheinlicheren Konformation in eine weniger wahrscheinliche bringt. Dadurch verringert sich die Entropie. Man spricht deshalb von Entropieelastizität. Dies kommt dadurch zum Ausdruck, dass die Federkonstante in erster Näherung zur absoluten Temperatur proportional ist. Die Entropieelastizität einzelner Polymerketten wirkt sich makroskopisch als Kautschuk- bzw. Gummielastizität aus.

Als weitere wichtige Größe für die mittlere Ausdehnung eines Polymermoleküls wird der *Trägheitsradius (Gyrationsradius)* R_G verwendet, der als quadratisch gemittelter Abstand aller Kettenatome vom Schwerpunkt des Moleküls definiert ist. Er steht zu $\langle r^2 \rangle$ in Beziehung über

$$R_G^2 = \langle r^2 \rangle / 6 . \qquad (12\text{-}10)$$

R_G lässt sich mit Streumethoden (Licht-, Neutronenstreuung) experimentell ermitteln.

Die mittlere Knäueldichte ϱ ergibt sich als Quotient aus der Molekülmasse einer Polymerkette und dem mittleren Volumen des Knäuels. Wenn letzteres als $(4\pi/3)\,R_G^3$ angenähert wird, ergibt sich:

$$\varrho = nM_0/N_A(4\pi/3)R_G^3 \sim n^{-1/2}\,. \qquad (12\text{-}11)$$

Hierin wird unter n wieder der Polymerisationsgrad verstanden. Mit zunehmendem Polymerisationsgrad sinkt die Knäueldichte auf recht kleine Werte; eine Rechnung mit typischen Zahlen ergibt eine Größenordnung von etwa 0,01 g/ml, d. h. das Knäuel einer typischen Polymerkette umfasst ein Volumen, das etwa 100-mal so groß ist wie das Eigenvolumen der Monomereinheiten. Der freie Raum wird im Falle einer verdünnten Polymerlösung von Lösemittelmolekülen eingenommen, im Falle eines reinen Polymers von den Segmenten anderer Polymermoleküle, d. h. die Moleküle sind stark miteinander verschlauft.

12.3 Konfiguration

Ein wesentliches Strukturmerkmal v. a. von Vinylpolymeren ist die stereochemische Konfiguration. Wegen der Tetraedersymmetrie am C-Atom kann jedes unsymmetrisch substituierte C-Atom in zwei Konfigurationen vorliegen (vgl. 11.2.2):

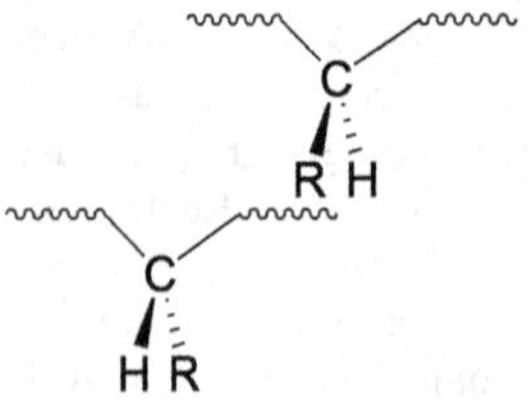

Die beiden Konfigurationen können nicht durch Rotation um Einfachbindungen ineinander überführt werden. Die sterische Ordnung entlang der Hauptkette bezeichnet man mit dem Begriff *Taktizität*. Isotaktische Vinylpolymere sind solche, die alle Substituenten auf einer Seite tragen, wenn die Hauptkette in der Zick-Zack-Konformation dargestellt wird.

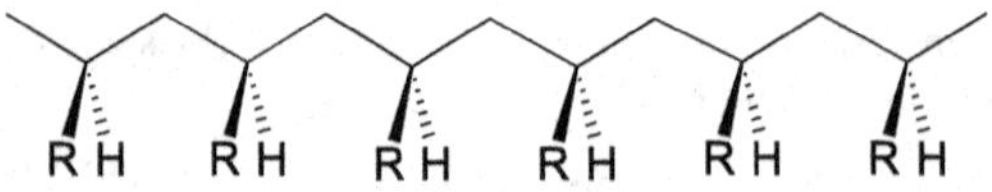

Bei syndiotaktischen Polymeren sind die Substituenten abwechseln vorn und hinten angeordnet.

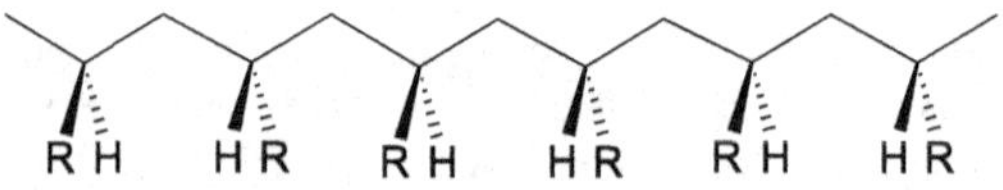

Beide Formen werden als stereoreguläre Polymere bezeichnet. Demgegenüber spricht man bei einer ungeordneten Abfolge von Konfigurationen von einem ataktischen Polymer.

Die Stereoregularität hat eine wichtige Konsequenz: Stereoreguläre Polymere haben einen regelmäßigen Molekülaufbau und können deshalb kristallisieren, ataktische wegen der unregelmäßigen Abfolge der Monomerbausteine hingegen nicht.

Die radikalische Polymerisation von Vinylmonomeren führt in der Regel zu überwiegend ataktischen Polymeren. Zum Aufbau stereoregulärer Polymere werden die koordinative Polymerisation oder ionische Polymerisationen genutzt.

Neben der Taktizität spielen bei einigen Polymeren andere geometrische Isomerien (vgl. 11.2) eine Rolle. Bei der Polymerisation von Butadien entstehen je nach Katalysator überwiegend

cis-1,4-Polybutadien,

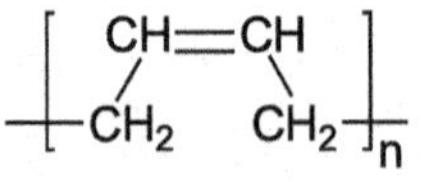

trans-1,4-Polybutadien

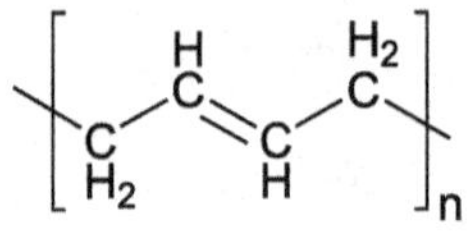

oder 1,2–Polybutadien

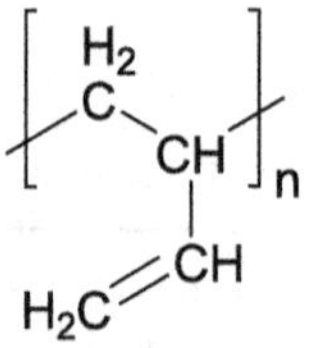

die sich in ihren Eigenschaften deutlich unterscheiden.

12.4 Kristallisation von Polymeren

Kristallisation setzt die Möglichkeit einer regelmäßigen Packung von Einheiten in einem Kristallgitter voraus. Polymere können deshalb nur dann kristallisieren, wenn es sich um regelmäßig aufgebaute lineare Ketten handelt. Stark vernetzte und verzweigte Polymere, ataktische Polymere und statistische Copolymere sind in der Regel nicht kristallisierbar; bei hinreichend niedrigen Temperaturen bilden diese Polymere ein Glas (s. 5.2.4).

Beim Abkühlen der Schmelze eines kristallisationsfähigen Polymers kommt es nur zu einer teilweisen Kristallisation. Der erreichte Kristallisationsgrad hängt stark von der thermischen Vorgeschichte ab, oft lässt sich aber ein Wert in der Größenordnung von 50% kaum überschreiten (eine Ausnahme ist Polyethylen). Das Material liegt dann zweiphasig vor; der andere Teil ist amorph und befindet sich im (im Prinzip) flüssigen Zustand oder im Glaszustand. Die Ursache für die Teilkristallinität liegt in der Verschlaufung der Ketten in der Schmelze und ist kinetisch bedingt. Die einzelnen Kristallite sind oft sehr klein, was zu einem breiten Schmelzbereich führt, und sie weisen untereinander eine Korrelation auf, die zu überkristallinen Morphologien wie Sphäroliten oder Fibrillen führt.

12.5 Biopolymere (natürliche Makromoleküle)

In der belebten Natur spielen Makromoleküle eine wichtige Rolle. Die wesentlichen Typen von Biopolymeren sind

– Polypeptide und Proteine,
– Polynukleotide und
– Polysaccharide.

12.5.1 Polypeptide und Proteine

Polypeptide oder Proteine lassen sich als Polykondensate aus α-Aminosäuren auffassen. Dabei wird der Begriff Polypeptid meist für Makromoleküle mit Polymerisationsgraden bis etwa 50–100 verwendet, während als Proteine höhermolekulare Stoffe bezeichnet werden, manchmal auch Aggregate aus mehreren solchen Makromolekülen. Die Abgrenzung ist nicht scharf.

Natürlich vorkommende Proteine sind Copolymere aus etwa 20 verschiedenen Aminosäuren (s. 11.4.6).

Ihre Primärstruktur lässt sich wie folgt darstellen:

Im Gegensatz zu synthetischen Polymeren, die i. Allg. eine statistische Abfolge der unterschiedlichen Monomerbausteine aufweisen, kommt es bei Proteinen auf die exakte Abfolge (Sequenz) der einzelnen Aminosäurereste an. Diese bestimmt die Struktur des Proteins und ist wesentlich für dessen Funktion.

Die räumliche Gestalt eines Proteins (die Art der Faltung; Sekundärstruktur) wird wesentlich durch intra- oder intermolekulare Wechselwirkungen, insbes. Wasserstoffbrückenbindungen, bestimmt. Die Carbonamidgruppierung kann zu anderen solchen Gruppen H-Brücken ausbilden, es ist aber auch möglich, dass die Funktionalitäten der Seitenketten daran beteiligt sind. Hydrophobe Wechselwirkungen spielen bei Aminosäuresequenzen mit aliphatischen Seitenketten eine Rolle. Darüber hinaus kann es durch Cystein-Cystin Umwandlung zu kovalenten Verknüpfungen (Disulfidbrücken) kommen. Im Cystin sind zwei Cysteinmoleküle unter Wasserstoffabspaltung am Schwefel verbrückt.

Die C–N-Bindung in der Carbonamidgruppe trägt wegen der Mesomerie:

partiellen Doppelbindungscharakter und weist keine freie Drehbarkeit auf. Alle Atome der Einheit liegen deshalb in einer Ebene, Drehbarkeit in der Hauptkette ist nur um die Bindungen am α-C-Atom gegeben:

Proteine fallen grob in zwei Gruppen, die Faser- oder Skleroproteine einerseits und die globulären Proteine andererseits.

Faserproteine

Die i. Allg. unlöslichen Faserproteine finden sich als Stütz- und Gerüstmaterial in Haaren, Haut, Nägeln und Krallen, Vogelfedern, Muskeln und Sehnen. Sie haben von Natur aus eine Faserstruktur, bei der Polypeptidketten zu Strängen vereint und ggf. umeinander gewunden sind.

In der β-Faltblattstruktur liegen mehrere Polypeptidketten so parallel oder antiparallel zueinander, dass jeweils intermolekulare Wasserstoffbrückenbindungen zwischen benachbarten Carbonamidgruppen ausgebildet werden. Das Kettenrückgrat ist dabei leicht gefaltet, um dem Platzbedarf der Aminosäurereste zu genügen. Die Seitenketten der Aminosäuren ragen dabei abwechselnd nach beiden Seiten senkrecht von der Faltblatt-Ebene. Die β-Faltblattstruktur findet man gut ausgebildet bei natürlicher Seide.

In der α-Helix werden die Wasserstoffbrückenbindungen intramolekular ausgebildet. Die Polypeptidkette ist dazu in Form einer Helix gewunden, bei der die Seitengruppen nach außen weisen und bei der Wasserstoffbrückenbindungen zwischen der 1. und 5., 2. und 6., 3. und 7., etc., Aminosäure auftreten. Mehrere solcher Helices werden zu Fibrillen umeinander gewunden. α-Helix-Strukturen findet man z. B. im Keratin und in den globulären Proteinen.

Globuläre Proteine

Globuläre Proteine existieren als kompakte, mehr oder weniger sphärische Gebilde aus einer oder wenigen Polypeptidketten, in die ggf. andere funktionale Struktureinheiten eingelagert sind. Beispiele sind Enzyme, Hämoglobin, Myoglobin. Die Polypeptidkette ist dazu in bestimmter Weise gefaltet und wird durch Disulfidbindungen und Nebenvalenzkräfte in dieser Lage gehalten. Abschnittsweise spielen α-Helix und β-Faltblattstruktur als Ordnungsprinzipien eine Rolle.

12.5.2 Polynucleotide

Polynucleotide, auch Nucleinsäuren genannt, setzen sich aus über Phosphorsäure esterartig verknüpften Zuckerbausteinen zusammen, die an jedem Zucker eine Pyrimidin- oder Purinbase tragen.

Es gibt zwei Sorten von Polynucleotiden: *Ribonucleinsäuren* (RNA) enthalten als Zucker die Ribose, *Desoxyribonukleinsäuren* (DNA) enthalten

2-Desoxyribose.

β-D-Ribose

β-D-Desoxyribose

Die Einheit aus Base und Zucker heißt Nucleosid, die Einheit aus Base, Zucker und Phosphorsäure Nucleotid. Die DNA kommt u. a. im Zellkern vor und ist dort in Chromosomen angeordnet. Sie ist das genetische Material, das die Information für die Synthese der Proteine von einer Generation auf die nächste weitergibt. Ein Gen ist ein Abschnitt der DNA, der die dafür notwendige Information beinhaltet. Viren besitzen ca. 50 Gene, Bakterien in der Größenordnung von 1000, höhere Säugetiere 50 000. Die RNA überträgt die Information und ist bei der Biosynthese der Proteine direkt beteiligt. Die Hauptkette beider Polynucleotide ist streng alternierend aus den entsprechenden Zucker- und Phosphorsäureeinheiten aufgebaut. Die darauf gespeicherte Information liegt in der Sequenz der verschiedenen Basen. Dabei handelt es sich um fünf organische Stickstoffbasen: Adenin (A) und Guanin (G) sind Derivate der Grundstruktur Purin; Cytosin (C), Thymin (T) und Uracil (U) leiten sich von Pyrimidin ab (T kommt in DNA vor, U in RNA.). Eine Sequenz aus drei Basen codiert eine Aminosäure bei der Proteinsynthese (genetischer Code).

Adenin (A)   Guanin (G)

Cytosin (C]   Thymin (T)   Uracil (U)

Native DNA-Moleküle weisen einen außerordentlich hohen Polymerisationsgrad auf, die Molmassen können in der Größenordnung 10^9–10^{12} g/mol liegen. Zwei solcher Moleküle bilden eine Doppelhelix, bei der die Basen zum Zentrum zeigen und jeweils zwei Basen miteinander mehrere Wasserstoffbrückenbindungen ausbilden. Dies ist nur für die Paarungen A-T (bzw. A-U) und C-G möglich. Auf Grund dieser Basenpaarung legt die Sequenz in einem DNA-Molekül die Sequenz im komplementären Molekül vollständig fest. Die Wasserstoffbrückenbindungen halten die beiden Stränge der Doppelhelix zusammen und stabilisieren sie (s. Bild 12-2). Für ein menschliches Gen sind ca. 70 000 Basenpaare erforderlich.

Die Analyse der Reihenfolge der Bausteine der DNA (*Sequenzanalyse*) geschieht heute weitgehend automatisiert. Dabei wird die DNA normalerweise durch Enzyme in kürzere Bruchstücke geschnitten, die vervielfältigt, gelelektrophoretisch aufgetrennt und schließlich spektroskopisch und mit Unterstützung bioinformatischer Methoden analysiert werden. Bei der Teilung von Zellen wird die DNA als Ganzes kopiert. Im Labor dient die sogenannte *polymerase-chain-reaction* (PCR) zur Vervielfältigung der DNA. Dabei können durch enzymatische Katalyse große Mengen identischen Materials hergestellt werden. Auf diese Weise erfolgen Identitätsbestimmungen in der forensischen Medizin.

12.5.3 Polysaccharide

Saccharid ist ein anderes Wort für Zucker. Man bezeichnet solche Verbindungen auch als *Kohlenhydrate*, weil sie die Summenformel $C_x(H_2O)_y$ aufweisen, wobei x und y ganze Zahlen sind. Aus dieser Summenformel leitet sich der Begriff Kohlenhydrat für Hydrat des Kohlenstoffs ab. Einfache Zucker, sog. Monosaccharide, haben die Zusammensetzung $(CH_2O)_n$ mit $3 \leq n \leq 6$. Die Ribose mit $n = 5$ (eine Pentose) ist der Zucker, der in der RNA auftritt. Desoxyribose ist ein Derivat davon und findet sich in der DNA.

Der am weitesten verbreitete Zucker ist die *Glucose*, eine Hexose mit $n = 6$ und der Summenformel $C_6H_{12}O_6$; die Strukturformel ist aus Bild 12-3 ersichtlich. Von der Glucose leiten sich die beiden wichtigsten Polysaccharide ab: *Cellulose* und *Stärke*.

Cellulose ist das am weitesten verbreitete natürliche Polymer. Sie bildet das strukturelle Gerüst von Holz (s. D 5.1.1) und findet sich in der Zellwand fast aller Pflanzen. In nahezu reiner Form kommt sie in Baum-

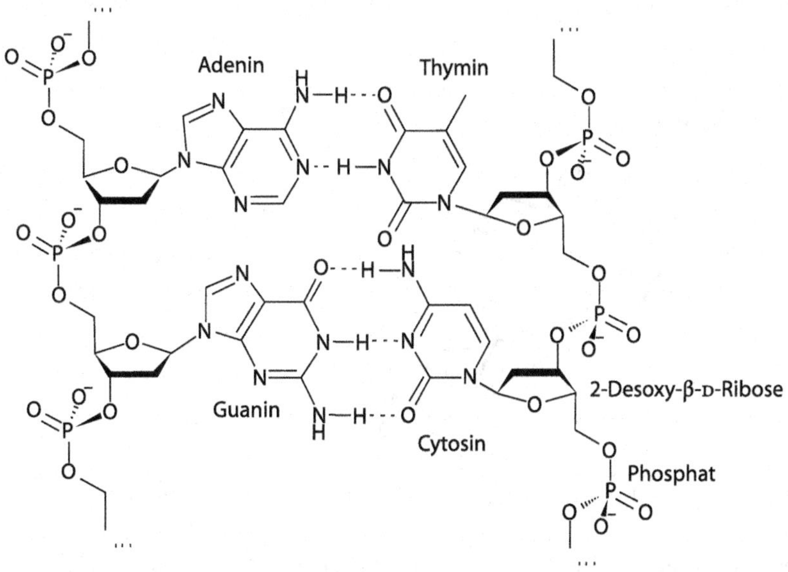

Bild 12-2. Struktur der Basenpaare in einem Ausschnitt der DNA-Doppelhelix

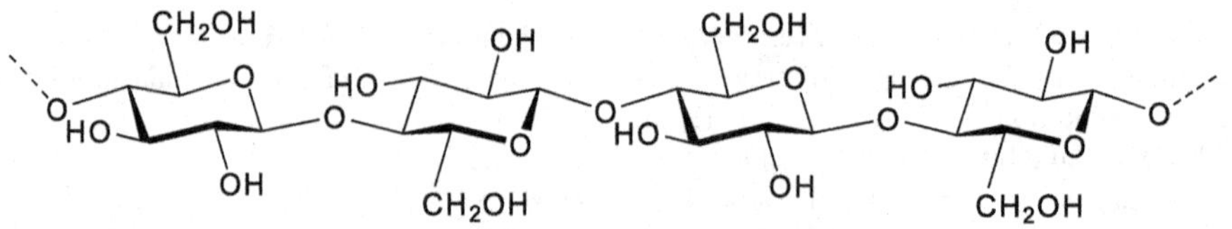

Bild 12-3. Struktur der Cellulose. Die Glucoseringe sind β-1,4-glykosidisch verknüpft

Amylose

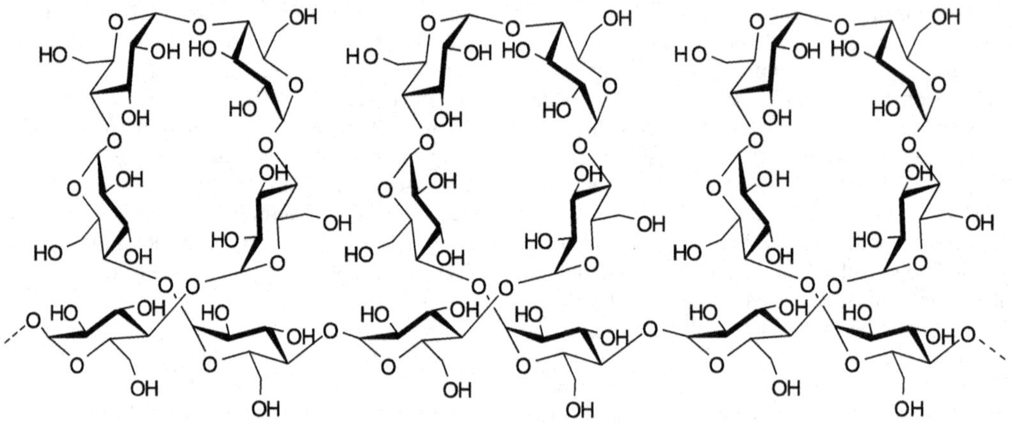

Amylopektin

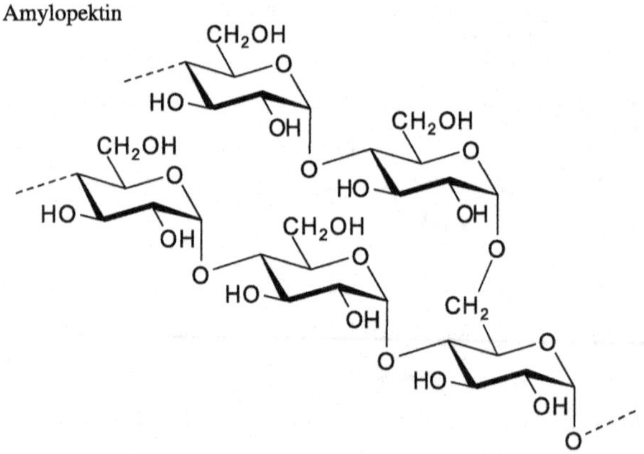

Bild 12-4. Struktur der Stärke; Stärke besteht aus Amylose (ca. 25%), die vom (verzweigten) Amylopektin umhüllt wird. Die Glucoseringe sind α-1,4-glykosidisch (im Amylopektin auch α-1,6-glykosidisch) verknüpft

wolle vor. Die globale biologische Produktion von Cellulose beträgt etwa 10^{11} t/Jahr.

Cellulose ist ein unverzweigtes β-1,4-Polymer der Glucose mit Polymerisationsgraden in der

Größenordnung 500–5000. Intramolekulare Wasserstoffbrückenbindungen sorgen dafür, dass keine freie Drehbarkeit um die glykosidischen Bindungen besteht; glykosidische Bedingungen sind Etherbindungen (vgl. 11-5). Cellulose ist deshalb ein recht steifes, bändchenförmiges Molekül. Cellulose ist hoch kristallin, wobei intermolekulare Wasserstoffbrückenbindungen ausgebildet werden. Aufgrund der starken intermolekularen Wechselwirkungen ist Cellulose wasserunlöslich.

Stärke ist ebenfalls aus Glukose-Einheiten aufgebaut, allerdings erfolgt die Verknüpfung hier im Gegensatz zur Cellulose über eine α-glykosidische Bindung. Stärke besteht zu ca. 25% aus Amylose, die vom Amylopektin umhüllt wird. Amylopektin enthält außer den α-1,4- auch α-1,6-glykosidische Bindungen, die eine verzweigte Struktur ermöglichen, sowie geringe Anteile von Phosphatgruppen. Das Amylopektin ist für die Quellfähigkeit der Stärke in Wasser verantwortlich.

Formelzeichen der Chemie

a, b	van-der-Waals'sche Konstanten
b	Molalität
c_B	Konzentration des Stoffes B
c_S	Sättigungskonzentration
C_p, C_V	Wärmekapazität bei konstantem Druck bzw. Volumen
e	Elementarladung
E	Energie
E_A	Aktivierungsenergie
E_G	Gitterenergie
E_I	Ionisierungsenergie
F	Faraday-Konstante
G	Freie Enthalpie
$\Delta_r G$	Freie Reaktionsenthalpie
$\Delta_r G^0$	Freie Standardreaktionsenthalpie
H	Enthalpie
$H_m = H/n$	molare Enthalpie
$\Delta_r H$	molare Reaktionsenthalpie
$\Delta_r H^0$	molare Standardreaktionsenthalpie
$\Delta_B H_m$	molare Bildungsenthalpie
$\Delta_B H_m^0$	molare Standardbildungsenthalpie
k	Reaktionsgeschwindigkeitskonstante

K_B, K_S	Dissoziationskonstanten von Basen bzw. Säuren
K_c, K_p, K_x	Gleichgewichtskonstanten
K_W	Ionenprodukt des Wassers
L	Löslichkeitsprodukt
M_B	molare Masse des Stoffes B
n	Stoffmenge
N	Teilchenzahl
N_A	Avogadro-Konstante
p	Druck; Impuls
Q	Wärme
r	Reaktionsgeschwindigkeit
R	universelle Gaskonstante
R_G	Gyrationsradius
S	Entropie
$\Delta_r S$	Reaktionsentropie
t	Zeit
T	(thermodynamische) Temperatur
$T_{1/2}$	Halbwertszeit
U	innere Energie
$\Delta_r U$	Reaktionsenergie
V	Volumen
w_B	Massenanteil des Stoffes B
x_B	Stoffmengenanteil des Stoffes B
z	Ladungszahl von Ionen
μ_B	chemisches Potenzial des Stoffes B
μ_B^0	chemisches Standardpotenzial des Stoffes B
ν_B	Stöchiometrische Zahl des Stoffes B in einer Reaktion
ξ	Umsatzvariable
π	osmotischer Druck
ϱ	Dichte
ϱ_B	Massenkonzentration des Stoffes B
χ	Elektronegativität

Literatur

Nachschlagewerke

Beilstein: Handbuch der Organischen Chemie. 4. Aufl. (Hauptwerk und 5 Ergänzungswerke). Berlin: Springer

CRC Handbook of Chemistry and Physics. 90th ed. Boca Raton, Fla.: CRC Press 2009

JANAF Thermochemical Tables. 3rd ed. J. Phys. Chem. Ref. Data, Suppl., 1985

Landolt-Börnstein, Zahlenwerte und Funktionen aus Naturwissenschaft und Technik. Neue Serie. (Zahlreiche Bände in 7 Gruppen). Berlin: Springer

Nabert, K.; Schön, G.: Sicherheitstechnische Kennzahlen brennbarer Gase und Dämpfe. 3. Aufl. Braunschweig: Dt. Eich-Vlg. 2004

Römpp Lexikon Chemie, 6 Bde. (Falbe, J; Regitz, M. (Hrsg.)). 10. Aufl. Stuttgart: Thieme 1996–1999 (auch als elektronische Version erhältlich)

Ullmann's Encyclopedia of Industrial Chemistry. 6th ed. Weinheim: Wiley-VCH 2002 ff

TRGS 900: Arbeitsplatzgrenzwerte, GMBI 2012 S. 11 [Nr. 1] (hierzu Änderungen!)

TRGS 905: Verzeichnis krebserzeugender, erbgutverändernder oder fortpflanzungsgefährdender Stoffe. BArbBl. Heft 7/2005 (hierzu Änderungen!)

Allgemeine Chemie

Christen, H.R., Meyer, G.: Allgemeine und anorganische Chemie, 2Tle, Frankfurt a. M.: Salle; Aarau: Sauerländer 1994, 1995

Forst, D.; Flottmann, D.; Roßwag, H.: Chemie für Ingenieure. 2. Aufl. Berlin: Springer 2003

Pauling, L.: General Chemistry. Mineola, USA: Dover Publications 1988

Mortimer, Ch. E., Müller, U.: Chemie. Das Basiswissen der Chemie. 9. Aufl. Stuttgart: Thieme 2007

Riedel, E.: Allgemeine und Anorganische Chemie. 10. Aufl. Berlin: de Gruyter 2010

Anorganische Chemie

Büchel, K.H.; Moretto, H.-H.; Woditsch, P.: Industrielle Anorganische Chemie. 3. Aufl. Weinheim: Wiley-VCH 1999

Cotton, F.A.; Wilkinson, G.; Gaus P.L.: Basic inorganic chemistry. 3rd ed. New York: Wiley 1995

Cotton, F.A.; Wilkinson, G.; u. a.: Advanced inorganic chemistry. New York: Wiley 1999

Greenwood, N.N.; Earnshaw, A.: Chemistry of the elements. 2nd ed. Oxford: Butterworth-Heinsmann 1997

Huheey, J.E.; Keiter, E.; Keiter, R.: Anorganische Chemie. 3. Aufl. Berlin: de Gruyter 2003

Liebscher, W. GDCh (Hrsg.): Nomenklatur der Anorganischen Chemie. Weinheim: VCH 1994

Riedel, E.: Anorganische Chemie. 5. Aufl. Berlin: de Gruyter 2002

Shriver, D.F.; Atkins, P.W.; Langford, C.H.: Anorganische Chemie. 2. Aufl. Weinheim: Wiley-VCH 1997

Steudel, R.: Chemie der Nichtmetalle. 2. Aufl. Berlin: de Gruyter 1998

Wayne, R.P.: Chemistry of atmospheres. Oxford: Clarendon Pr. 2000

Wiberg, N.: Hollemann-Wiberg: Lehrbuch der Anorganischen Chemie. 102. Aufl. Berlin: de Gruyter 2007

Organische Chemie

Beyer, H.; Walter, W.: Lehrbuch der Organischen Chemie. 24. Aufl. Stuttgart: Hirzel 2004

Carey, F.A.; Sundberg, R.J.: Organische Chemie. Weinheim: VCH 1995

Christen, H.R.; Vögtle, F.: Grundlagen der organischen Chemie. 2. Aufl. Frankfurt a.M.: Salle; Aarau: Sauerländer 1998

Hart, H.; Craine, L.E.; Hart, D.J.: Organische Chemie. 2. Aufl. Weinheim: Wiley–VCH 2002

IUPAC; Kruse, G. (Hrsg.): Nomenklatur der Organischen Chemie. Weinheim: Wiley-VCH 1997

Streitwieser, A.; Heathcock, C.H.; Kosower, E.M.: Organische Chemie. 2. Aufl. Weinheim: VCH 1994

Sykes, P.: Reaktionsmechanismen der Organischen Chemie. 9. Aufl. Weinheim: VCH 1988

Vollhardt, K.P.C.; Schore, N.E.: Organische Chemie. 3. Aufl. Weinheim: Wiley-VCH 2000

Weissermel, K.; Arpe, H.-J: Industrial Organic Chemistry. 4. Aufl. Weinheim; Wiley-VCH 2003

Physikalische Chemie

Atkins, P.W.: Physikalische Chemie. 4. Aufl. Weinheim: Wiley-VCH 2006

Brdička, R.: Grundlagen der physikalischen Chemie. 15. Aufl. Weinheim: VCH 1992

Moore, W.J.: Grundlagen der Physikalischen Chemie. Berlin: de Gruyter 1990

Wedler, G.: Lehrbuch der Physikalischen Chemie. 5. Aufl. Weinheim: Wiley-VCH 2004

Spezielle Literatur zu Kapitel 4 und zur Analytischen Chemie

Doerffel, K.; Geyer, R.: Analytikum. 9. Aufl. Leipzig: Dt. Vlg. f. Grundstoffindustrie 1994

Jander, G.; Jahr, K.F.: Maßanalyse. 16. Aufl. Berlin: de Gruyter 2003

Küster, F.W.; Thiel, A.: Rechentafeln für die Chemische Analytik. l05. Aufl. Berlin: de Gruyter 2003

Nylén, P; Wigren, N.; Joppien, G.: Einführung in die Stöchiometrie. 19. Aufl. Darmstadt: Steinkopff 1999

Otto, M.: Analytische Chemie. 4. Aufl. Weinheim: VCH 2011

Wittenberger, W.: Rechnen in der Chemie. 14. Aufl. Berlin: Springer 1995

Spezielle Literatur zu Kapitel 1 und 2

Gray, H.B.: Elektronen und Chemische Bindung. Berlin: de Gruyter 1973

Großmann, G.; Fabian, J.; Kammer, H.-W: Struktur und Bindung: Atome und Moleküle. Weinheim: Vlg. Chemie 1973

Haken, H.; Wolf, H.C.: Molekülphysik und Quantenchemie. 3. Aufl. Berlin: Springer 1998

Hensen, K.: Theorie der chemischen Bindung. Darmstadt: Steinkopff 1974

Kutzelnigg, W.: Einführung in die theoretische Chemie, Weinheim: Wiley-VCH 2001

Lieser, K.H.: Nuclear and Radiochemistry. 2. Aufl. Weinheim: Wiley-VCH 2001

Sieler, J., u. a.: Struktur und Bindung: Aggregierte Systeme und Stoffsystematik. Weinheim: Vlg. Chemie 1990

Spezielle Literatur zu Kapitel 5

Poling, B.; Prausnitz, J.; O'Connell, J.: The properties of gases and liquids. New York: McGraw-Hill 2001

Doremus, R.H.: Glass science. 2nd ed. NewYork: Wiley 1994

Egelstaff, P.A.: An introduction to the liquids state. London: Oxford Univ. Pr. 1992

Robinson, R.A.; Stokes, R.H.: Electrolyte solutions. 2nd ed. New York: Dover Publ. 2002

Kelker, H.; Hatz, R.: Handbook of Liquid Crystals. Weinheim: Verlag Chemie 1980

Scholze, H.: Glas: Struktur und Eigenschaften. 3. Aufl. Berlin: Springer 1988

Kleber, W; Bautsch, H.-J.; Bohm, J.: Einführung in die Kristallographie. München: Oldenbourg Verlag 2010

Müller, U.: Structural inorganic chemistry. New York: Wiley 1993

Rösler, H.J.: Lehrbuch der Mineralogie. Heidelberg: Spektrum Akad. Verlag 2002

Wells, A.F.: Structural inorganic chemistry. London: Oxford Univ. Pr. 1983

Spezielle Literatur zu Kapitel 6

Haase, R.: Thermodynamik der Mischphasen. Berlin: Springer 1956

Haase, R.: Thermodynamik. 2. Aufl. Darmstadt: Steinkopff 1985

Kortüm, G.; Lachmann, H.: Einführung in die chemische Thermodynamik. 7. Aufl. Weinheim: Vlg. Chemie; Göttingen: Vandenhoeck & Ruprecht 1981

Prigogine, I.; Defay, R.: Chemische Thermodynamik. Leipzig: Dt. Vlg. f. Grundstoffindustrie 1962

Strehlow, R.A.: Combustion fundamentals. New York: McGraw-Hill 1985

Warnatz, J.; Maas, U.; Dibble, R.W.: Combustion. Berlin: Springer 2001

Spezielle Literatur zu Kapitel 7

Baker, W.E.; Tang, M.J.: Gas, dust and hybrid explosions. Amsterdam: Elsevier 1991

Houston, P.L.: Chemical Kinetics and Reaction Dynamics. New York: McGraw-Hill 2001

Lewis, B.; von Elbe, G.: Combustion, flames and explosions of gases. 3rd ed. Orlando, Fla.: Academic Pr. 1987

Logan, S.R.: Grundlagen der Chemischen Kinetik. Weinheim: Wiley-VCH 1997

Nettleton, M.A.: Gaseous detonations. London: Chapman & Hall 1987

Steen, H. (Hrsg.): Handbuch des Explosionsschutzes. Weinheim: Wiley-VCH 2000

Dörfler, H.-D.: Grenzflächen- und kolloid-disperse Systeme. Berlin: Springer 2002

Robinson, R.A.; Stokes, R.H.: Electrolyte Solutions. 2nd ed. New York: Dover Publ. 2002

Tombs, M. P; Peacocke, A.R.: The osmotic pressure of biological macromolecules. London: Oxford Univ. Pr. 1974

Spezielle Literatur zu Kapitel 8 und 9

Haase, R.: Elektrochemie I: Thermodynamik elektrochemischer Systeme. Darmstadt: Steinkopff 1972

Hamann, C.H.; Vielstich, W.: Elektrochemie. 4. Aufl. Weinheim: Wiley-VCH 2005

Kortüm, G.: Lehrbuch der Elektrochemie. Weinheim: Vlg. Chemie 1972

Strehlow, R.A.: Combustion fundamentals. New York: McGraw-Hill 1985

Wang, J.: Analytical Electrochemistry. 2. Aufl. Heidelberg: Wiley-VCH 2000

Spezielle Literatur zu Kapitel 10

Bantista, R.G.; Mistiva, B.: Rare Earths and Actinides: Science, Technology ans Aplications. TMS The Minerals, Metals and Materials. Soc.: 2000

Katz, J.J.; Seaborg, T.; Mors, L.R.: The chemistry of the actinide elements, vols. 1,2. London: Chapman & Hall 1986

Lieser, K.H.: Nuclear- and Radiochemistry. Weinheim: Wiley-VCH 2001

Loveland, W.; Morrissey, D.J.; Seaborg, G.: Modern Nuclear Chemistry. New York: Wiley 2004

Pope, M.T.: Heteropoly and isopoly oxometalates. Berlin: Springer 1983

Seaborg, G.T.; Loveland, W. D.: The elements beyond uranium. New York: Wiley 1990

Sinha, S.P.: Systematics and properties of the lanthanides. Dordrecht: Reidel 1983

Spezielle Literatur zu Kapitel 12

Echte, A.: Handbuch der technischen Polymerchemie, Weinheim: VCH 1993

Elias, H.G.: Makromoleküle, Band 1–4, 6.Aufl. Wiley-VCH 2003

Lehninger, A.L.; Nelson, D.L.; Cox, M.M.: Lehninger Biochemie. 4. Aufl. Berlin: Springer 2009